走进自动控制:从基础到应用

主　编　吴　皓
副主编　李晓磊　刘成云　朱文兴

山东大学出版社
SHANDONG UNIVERSITY PRESS
·济南·

图书在版编目(CIP)数据

走进自动控制 ：从基础到应用 / 吴皓主编.
济南 ：山东大学出版社，2024. 11. -- ISBN 978-7
-5607-8539-4

Ⅰ. TP273

中国国家版本馆 CIP 数据核字第 2024QN1688 号

策划编辑　毕玉璇
责任编辑　曲文蕾
封面设计　蓝海文化

走进自动控制：从基础到应用
ZOUJIN ZIDONG KONGZHI：CONG JICHU DAO YINGYONG

出版发行　山东大学出版社
社　　址　山东省济南市山大南路 20 号
邮政编码　250100
发行热线　(0531)88363008
经　　销　新华书店
印　　刷　山东蓝海文化科技有限公司
规　　格　787 毫米×1092 毫米　1/16
　　　　　15 印张　342 千字
版　　次　2024 年 11 月第 1 版
印　　次　2024 年 11 月第 1 次印刷
定　　价　56.00 元

《走进自动控制:从基础到应用》编委会

前言 PREFACE

自动化是指机器设备、系统或过程(包括生产和管理过程)在无人或较少人工直接参与的情况下,按照预设要求,通过自动检测、信息处理、分析判断和操纵控制等手段,实现预期目标的过程。自动化技术的应用能够显著减少和减轻人类的体力与脑力劳动,提升工作效率、效益和效果。目前,自动化技术几乎覆盖了人类活动的所有领域:从蒸汽机到高铁、自动驾驶汽车、高性能飞机,从火箭到航天器,从有线电话到智能手机,从数码相机到医学影像技术,从敏捷制造系统到智能机器人,从医疗设备到远程手术器械等。自动化是人类自古以来不断追求的梦想和目标。可以说,人类社会进步与发展的历程就是不断追求"自动化"的过程,"自动化"被视为人类文明进步和现代化的重要标志。文学、理学、工学、农学、医学、军事学、管理学、经济学等学科的发展,都离不开自动化技术的支持与推动。

2021 年 4 月 19 日,习近平总书记在考察清华大学时强调,要用好学科交叉融合的"催化剂",加强基础学科培养能力,打破学科专业壁垒,对现有学科专业体系进行调整升级,瞄准科技前沿和关键领域,推进新工科、新医科、新农科、新文科建设,加快培养紧缺人才。面向非自动化专业学生编写一本自动化技术科普教材,正好契合"四新"建设背景下的学科交叉融合需求。本教材旨在为读者提供一个全面的、系统的自动控制知识框架,从基本概念、基本原理到实际应用,逐步引导读者走进自动化的世界。

本教材的内容涵盖以下四个方面:

(1)自动控制创新发展之路综述。从自动控制技术的发展历史、研究现状和未来趋势等方面,系统梳理自动控制技术的演进历程,阐述控制论与多学科的交叉融合关系,并说明自动控制技术的应用领域、实用价值与创新内涵。

(2)自动控制实现的技术认知。介绍自动控制实现技术,帮助非自动化专业学生初步理解系统稳定性、准确性和快速性等核心概念的意义与技术内涵,了解自动控制中的系统建模、系统分析与系统设计等相关知识，掌握实现自动控制的基本思路和方法。

(3)自动控制闭环与系统等核心特性认知。介绍自动控制系统的工程应用背景、研究目的及基础概念，帮助非自动化专业的学生建立系统观，深入理解闭环控制的本质及其在工程实践中的重要性。

(4)自动控制技术多领域应用案例。借助航空航天、智慧农业、智能交通、医疗卫生、智能制造等领域的自动化技术应用案例，展示自动控制前沿技术的广泛应用。本教材注重将自动控制原理与实际应用相结合，通过丰富的实例和案例分析，帮助读者更好地理解和掌握自动控制技术在各领域的应用。书中详细介绍了自动控制技术在工业生产、航空航天、能源管理、环境保护、医疗卫生等领域的具体应用，以及如何通过自动控制技术提升系统性能和效率。

在本教材的编写过程中，我们力求做到内容全面、结构清晰、表述精练，并注重理论与实践的结合，同时充分考虑读者的自学需求，配有丰富的例题、思考题，并对例题进行了详细解答，以帮助读者巩固知识并提高解决问题的能力。

最后，衷心感谢所有对本教材编写给予支持和帮助的同事、学生以及关注自动控制事业发展的朋友们。我们也欢迎广大读者提出宝贵意见和建议，以便不断完善和提高本教材的质量。

希望通过对本教材的学习，读者能够深入了解自动化技术的发展历程，领会其中蕴含的创新精神，并基于典型创新案例，激发原创性与颠覆性创新思维，提升创新设计的自动化与智能化水平。

编　者

2024 年 9 月

目录 CONTENTS

第一章　什么是自动控制?

在数字化、网络化、信息化与自动化交织的时代,自动化技术已经成为推动社会进步和生产力发展的重要力量。从工业生产到日常生活,从国防军事到现代农业,自动化的身影无处不在,为人们带来了前所未有的便利与效率。

自动化正在改变人们的生活。洗衣服时用自动洗衣机,天热时打开智能空调,储存食物用电冰箱自动保鲜,上下楼乘坐升降电梯,洗手时感应水龙头自动出水。恒温热水器解决了四季洗澡的问题,自动洗碗机让刷碗变得轻松便捷,微波炉、烤箱、空气炸锅随时为人们烹制美味佳肴。无人驾驶汽车可实现自动导航和泊车,充电装置可自动完成电动汽车的充电;高铁列车高速运行在祖国大地,让人们实现朝发夕至的便捷出行。餐厅里,自动送餐机器人提供实时服务;医院里,送药机器人将药品准时送到病床前;停车场里,智能管理系统自动进行车牌识别、出入管理;商场里,中央空调智能调节空气质量,安防系统实时保证环境安全。无论是在家里、单位、学校、医院还是商场,自动化技术时刻陪伴在人们身边。

自动化技术正在改变各行各业。工厂里的数控机床和智能机械加工中心可自动完成零部件加工,工业机器人也能自动完成装配、焊接、抛光、喷漆、钻孔、处理危险品等任务。许多汽车公司已经在全世界非常先进的工厂推行"熄灯"生产,全自动化的生产流程完全能够在黑暗环境中运行,而无须人工操作。现代农业的各种设备可实现自动化播种、灌溉、施肥、杀虫、收割,无人机可自动完成航拍、快递运输、灾难救援、测绘、新闻报道、电力巡检、救灾、影视拍摄等任务,载人潜水器可深入水下 7000 m 进行海底照相、摄像、海底地形地貌测量、海洋环境参数测量、海底定点取样等海底作业,载人飞船可自动完成发射、并轨、对接、返航,高射炮可自动进行目标搜索、瞄准和发射,导弹可自动修正轨迹以击中目标。自动化装置"天上飞、水中游、地上跑",无所不在,随处可见。

在享受这些便利时,人们对自动化的深入理解和探索显得尤为重要。所谓自动化,就是运用机械设备、电子系统或计算机程序等技术手段,实现生产、生活等过程中的某种或某些功能在无人干预或少量干预的情况下自动完成。而自动控制作为自动化的核心,涉及对系统或设备的运行状态进行监测、分析和调节,从而有助于实现预期的目标或功能。

自动化技术的快速发展为人们带来了前所未有的机遇和挑战。作为现代社会的员，每个人都应该积极学习和掌握自动控制技术的基本原理和应用方法，不断提高自己的创新能力和实践能力；同时，也应该关注自动化技术的社会影响和伦理问题，推动其健康、可持续地发展。

本章将讨论自动控制的发展历程、基本概念，自动控制系统的组成与分类，以及对自动控制系统的基本性能要求。

让我们从这一章开始，慢慢揭开自动化技术的神秘面纱，探索其奥秘和魅力吧！

引导阅读

都江堰中的自动化

都江堰位于中国四川省成都市都江堰市，是世界上最古老且仍在使用的无坝引水工程之一。都江堰不仅在防洪、灌溉和航运等方面发挥了重要作用，更是中国古代水利工程智慧的杰出代表。

都江堰水利工程由鱼嘴、飞沙堰和宝瓶口三大部分组成，各部分发挥着重要的作用。鱼嘴是一个自然分水装置，能根据岷江的水量情况自动将水流分为内江和外江。通常情况下，内江的水多用于灌溉，而在洪水季节，鱼嘴能自动引导多余的水进入外江，从而减少进入内江的水量，降低洪水对内江区域的威胁。飞沙堰的设计高度低于鱼嘴，当岷江上游水量过大时，多余的水可以自动从飞沙堰溢出流入外江。这种设计利用水位差来自动调节水流，避免内江水位过高，同时将泥沙和漂浮物排至外江，防止内江淤积。宝瓶口控制着进入内江的水量，狭窄的进口设计使得它可以自然约束水流量。在洪水期间，如果内江水位上升到一定高度，洪水会自动通过飞沙堰流入外江，宝瓶口则进一步限制水流进入内江，从而发挥防洪作用。

总的来说，都江堰基于水力学原理，通过鱼嘴、飞沙堰和宝瓶口之间的巧妙配合，实现了水流的自动调节和分配。这种设计无须任何现代机械或电子设备，完全利用自然地形和水力，实现了高度的自动化。

1.1 自动控制的历史、现状和发展趋势

1.1.1 自动控制科学

自动控制是人类在探索世界和进行创新过程中形成的一项重要科学技术。自动化作为现代科学技术与工业的结晶，充分展示了科学技术的综合应用。在 20 世纪 60 年代的“阿波罗”计划(Apollo program)中，自动控制技术为航天器的精确导航、姿态控制、自动着陆以及安全返回提供了关键支持与保障。这项计划不仅推动了航天技术的发展，也

大大促进了自动控制理论的研究与应用。自动控制技术是顺应社会需求而逐步发展的,目前的自动控制理论可以分为四个主要的发展阶段。

1.1.1.1 早期控制理论

大约在公元前 1500 年,人类历史上首次出现了具备反馈控制概念的计时装置——水钟和漏壶,这些装置通过控制水流速度的稳定性来实现准确的时间测量。一千多年后出现的西汉沉箭式铜漏壶如图 1-1(a)所示。大约在公元前 3 世纪,古希腊的发明家克特西比乌斯(Ctesibius,公元前 285—前 222 年)利用齿轮机构改进了水钟,从而制造出了更加精确的机械水钟,如图 1-1(b)所示。

(a)西汉沉箭式铜漏壶

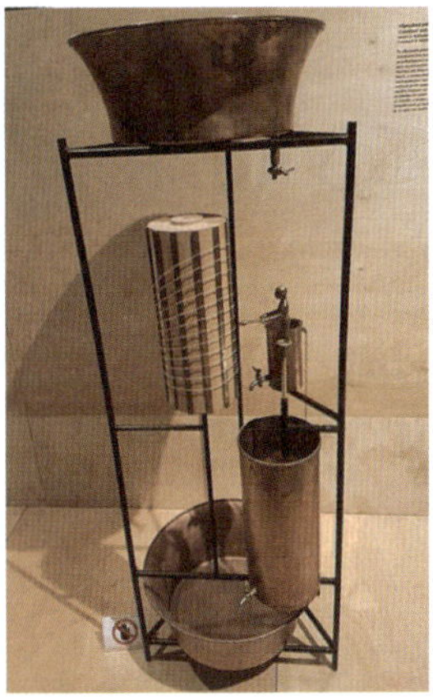

(b)古希腊克特西比乌斯水钟①

图 1-1 西汉沉箭式铜漏壶与古希腊克特西比乌斯水钟

公元 1 世纪中叶(约 50—60 年),古希腊数学家希罗(Hero)设计了多种基于开环控制原理的自动化装置,包括自动开关庙门[见图 1-2(a)]、自动分发圣水装置和自动贩卖机等。这些发明代表了早期自动控制技术的运用,展示了人类在实现自动化过程中的创造性思维。到 117 年,东汉时期的张衡发明了漏水转浑天仪[见图 1-2(b)],这一装置在天文观测和时间测量领域具有重要意义。1092 年,北宋的苏颂与韩公廉等人发明并制造了水力驱动的水运仪象台。这座天文台结合了浑仪、浑象和计时装置,能够同时进行天象观测、演示和计时,展现了水力技术与天文学、时间控制相结合的高超技艺。

大约在 235 年,三国时期的发明家马钧成功研制了指南车。这种独特的车辆无论如何翻滚、旋转或调整,其上的木人手臂始终指向南方,因此被称为“指南车”。虽然早期文献对其构造和工作原理的记载较为零散,但宋代燕肃在 1027 年对指南车进行了更详细的记录。1936 年,中国著名科技史学家和博物馆学家王振铎(1911—1992 年)对燕肃记录的指南车进行了深入研究,并提出了复原设计方案。根据这一方案,后人成功绘制了指南车的结构图[见图 1-3(a)],并制作了复原模型[见图 1-3(b)]。英国科学技术史学家李约瑟

① 资料来源:https://www.historyofinformation.com/detail.php?id=1946。

(Joseph Needham，1900—1995 年)称指南车为“人类历史上迈向控制论机器的第一步”，并认为它是“所有控制论机器的始祖”。这一评价标志着自动控制技术进入萌芽阶段。

(a)希罗自动开关庙门示意图

(b)漏水转浑天仪复原图①

图 1-2　希罗自动开关庙门示意图与漏天转浑天仪复原图

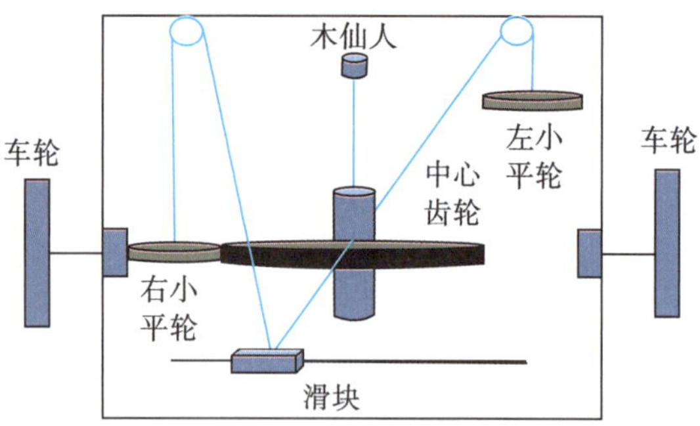

(a)指南车结构图

(b)指南车模型

图 1-3　指南车结构图与模型

自动控制理论的起源可以追溯到 18 世纪中叶，恰逢英国第一次工业革命兴起。1776 年，英国发明家詹姆斯·瓦特(James Watt，1736—1819 年)改良出第一台有实用价值的蒸汽机，并于 1788 年引入了离心式飞球调速器[见图 1-4(a)]，这标志着人类进入了以蒸汽机为动力的机械化时代。接着，在 1814 年，英国工程师乔治·史蒂芬森(George Stephenson，1781—1848 年)将瓦特的调速蒸汽机首次应用于铁路机车，如图 1-4(b)所示。这一技术革新大大提高了铁路机车的安全性，显著降低了事故发生率，并显著提升了铁路机车的运行效率。

① 资料来源：苏山. 中国科技文化史速读[M]. 北京：北京工业大学出版社，2012.

(a)带有离心式飞球调速器的蒸汽机①　　(b)调速蒸汽机应用于铁路机车

图 1-4　带有离心式飞球调速器的蒸汽机与调速蒸汽机应用于铁路机车

1868 年,英国物理学家和数学家詹姆斯·麦克斯韦[James Maxwell,1831—1879 年,见图 1-5(a)]在其论文《论调速器》(*On Governors*)中首次提出了反馈控制的概念,并对反馈控制系统的稳定性进行了严密的数学分析。他还从理论角度研究了蒸汽机自动调速器和钟表机构的运动稳定性问题,这篇论文被认为是反馈控制思想的开创性研究。随后,在 1877 年,英国数学家爱德华·劳斯[Edward Routh,1831—1907 年,见图 1-5(b)]发表了《运动的稳定性》(*The Stability of Motion*)一文,并因此获得了剑桥大学 1848 年设立的亚当斯奖。在这篇论文中,他提出了著名的劳斯稳定性判据,该判据至今在控制理论中仍具有重要影响。

(a)詹姆斯·麦克斯韦　　(b)爱德华·劳斯

图 1-5　詹姆斯·麦克斯韦与爱德华·劳斯

1890 年,阿道夫·赫尔维茨[Adolf Hurwitz,1859—1919 年,见图 1-6(a)]提出了系统稳定性的代数判据。劳斯稳定性判据与赫尔维茨的代数判据是等价的,因此这两者合称为"劳斯-赫尔维茨稳定性判据"。1892 年,俄国数学家和力学家亚历山大·李雅普诺夫[Alexander Lyapunov,1857—1918 年,见图 1-6(b)]在其博士论文《论运动稳定性的一

① 资料来源:https://www.alamy.com/stock-photo/2FBE2FK.html? sortBy=relevant。

般问题》(*The General Problem of the Stability of Motion*)中阐明了运动稳定性的科学概念、研究方法和理论体系。这一理论的提出推动了数理科学与技术科学的进步，特别是在数学、力学和控制理论等与稳定性相关的领域中。

(a)阿道夫·赫尔维茨

(b)亚历山大·李雅普诺夫

图 1-6　阿道夫·赫尔维茨与亚历山大·李雅普诺夫

引导阅读

名人故事(詹姆斯·麦克斯韦)

19 世纪，蒸汽机的广泛应用极大地推动了工业革命的进程和生产力的大幅提升。为确保蒸汽机能够持续、高效地运行，调速器——这一调控蒸汽机速度的核心设备，发挥了至关重要的作用。然而，在实际操作中，人们逐渐发现调速器在调节速度时常常会出现频繁振荡和失稳现象，这不仅影响了蒸汽机的正常运行，还对工业生产造成了许多影响。

针对这一问题，苏格兰杰出的物理学家詹姆斯·麦克斯韦发表了具有里程碑意义的论文《论调速器》。在该论文中，他开创性地引入了反馈控制的概念。他指出，调速器的不稳定性往往源于反馈回路的延迟以及增益设置不合理。在反馈控制系统中，输出信号被反馈至输入端以调节系统行为，但如果反馈信号存在滞后或增益(即反馈信号的强度)设置不当，系统便可能陷入振荡甚至失稳的状态。通过对调速器模型的深入分析，麦克斯韦详细阐释了这些现象背后的原因，并提出了消除振荡与失稳的有效方法。

麦克斯韦的研究成果不仅优化了当时的调速器设计，而且显著提升了蒸汽机的稳定性和工作效率，更重要的是开创了控制理论的新纪元。控制理论作为研究系统行为及其调控方法的科学理论，其应用范围广泛，涵盖了自动控制、通信、经济管理、生物医学工程等诸多领域。麦克斯韦的工作为控制理论奠定了坚实的理论基础，为自动控制系统的发展铺平了道路。在此后的岁月中，科学家和工程师们在麦克斯韦的理论基础上不断探索与研究，逐步发展出现代控制理论。自动控制系统在工业生产、航空航天、交通运输、能源管理等众多领域得到了广泛应用，极大地提升了生产效率和系统运行的可靠性。

1.1.1.2　经典控制理论

随着通信和信息处理技术的快速发展，电气工程师们逐步完善了基于实验的频率响应分析方法。1913 年，美国汽车工程师兼企业家亨利·福特（Henry Ford，1863—1947 年，见图 1-7）将装配线的概念引入工厂，建立了世界上第一条汽车流水生产线。1921 年，俄裔美国应用数学家尼古拉斯·米诺尔斯基（Nicholas Minorsky，1885—1970 年）基于在“新墨西哥号”战列舰上安装和测试自动转向系统的实践经验，撰写了一篇关于比例-积分-微分控制（PID 控制）的论文《自动转向机构的航向稳定性》（*Directional Stability of Automatically Steered Bodies*）。在这篇论文中，他首次通过解析方法对 PID 控制的稳定性问题进行了研究和分析。

图 1-7　亨利·福特

1925—1940 年，美国发明家、企业家老埃尔默·斯佩里[Elmer Sperry Sr.，1860—1930 年，见图1-8(a)]及其创立的斯佩里陀螺仪公司（Sperry gyroscope company）开发了人工伺服防空火炮控制器[见图 1-8(b)]。这种人工伺服防空火炮控制器包括多个部件，如望远镜、上下方向（高低角）仪表盘、水平方向（方位角）仪表盘、当前水平量程仪表盘、发射指挥官平台、方位跟踪操作员座位以及高程跟踪手轮和操作员座位等。

(a)老埃尔默·斯佩里

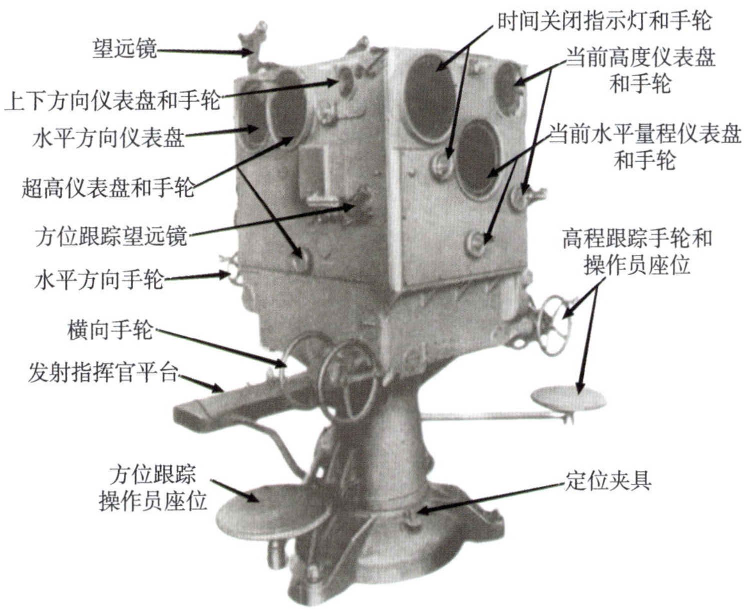

(b) 斯佩里 T-6 人工伺服防空火炮控制器

图 1-8　老埃尔默·斯佩里与斯佩里 T-6 人工伺服防空火炮控制器

1927 年，贝尔实验室的工程师哈罗德·布莱克（Harold Black，1898—1983 年）提出了负反馈放大器理论。布莱克进行了严格的数学分析，有效解决了电话自动转发装置中放大器失真的问题，缓解了贝尔系统的线路状况，并通过载波电话技术扩展了长途网络。这一理论突破在第二次世界大战期间使得精确的火控系统成为可能，并为早期运算放大器和精确的可变频率音频振荡器的研发奠定了基础。1932 年，美国贝尔实验室的工程师哈里·奈奎斯特（Harry Nyquist，1889—1976 年）发表了关于反馈放大器稳定性的经典论文《再生理论》（*Regeneration Theory*），提出了奈奎斯特判据以评估系统的稳定性。此后，苏联学者将奈奎斯特判据推广至条件稳定和开环不稳定系统的一般情况。1937 年，英国数学家、计算机科学家以及“人工智能之父”艾伦·图灵（Alan Turing，1912—1954 年，见图 1-9）发表了论文《论可计算数及其在判定性问题上的应用》（*On Computable Numbers, with an Application to the Entscheidungsproblem*），提出了现代计算机的原型——图灵机。

图 1-9　艾伦·图灵

引导阅读

贝尔系统

贝尔系统是美国电信史上具有里程碑意义的企业集团，由美国电话电报公司（AT&T）及其下属公司组成。其核心是贝尔实验室（Bell Labs，现为诺基亚贝尔实验室），这个被誉为“创新殿堂”的研究机构在通信、计算机和控制领域做出了诸多开创性贡献。贝尔实验室汇聚了众多顶尖科学家，产生了 8 位诺贝尔奖得主，在其辉煌历史上诞生了晶体管、激光器、UNIX 操作系统、C 语言等革命性发明。在控制理论领域，贝尔实验室的科学家奈奎斯特和伯德开创了经典控制理论的重要分支，他们提出的奈奎斯特图和伯德图等理论工具，至今仍是控制系统分析与设计的基础方法。

1937 年，美国数学家、“信息论之父”克劳德·香农（Claude Shannon，1916—2001 年）在他的硕士论文《继电器与开关电路的符号分析》（*A Symbolic Analysis of Relay and Switching Circuits*）中首次提出继电器逻辑自动化理论。这一理论的核心思想在第二次世界大战期间及战后发挥了重要作用，并成为实用数字电路设计的基础。1938 年，荷兰裔美国科学家、现代控制理论先驱亨德里克·伯德（Hendrik Bode，1905—1982 年）在《网络分析与反馈放大器设计》（*Network Analysis and Feedback Amplifier Design*）一文中给出控制系统设计与分析方法——伯德图法。伯德图法与奈奎斯特图法被并称为“频率响应分析法”。图 1-10 中，$G(s)$为系统的传递函数，横坐标 ω（单位为 rad/s）代表角频率，其刻

度按照 $\lg\omega$ 均匀分布；纵坐标 $L(\omega)=20\lg|G(j\omega)|$ 代表传递函数的幅值特性，$\varphi(\omega)=\arctan\left(-\frac{\omega}{z_m}\right)+\arctan\left(\frac{\omega}{p_n}\right)$ 代表传递函数的相位特性，其中 z_m 表示传递函数的 m 个零点，p_n 表示传递函数的 n 个极点。

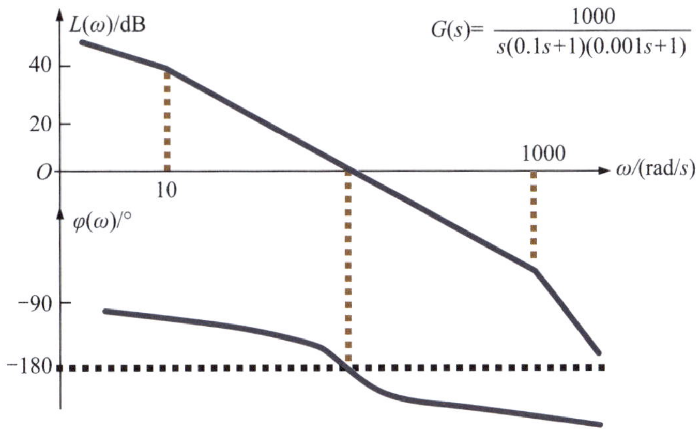

图 1-10　伯德图示例

在第二次世界大战期间，德国空军的作战优势与英国有缺陷的防御体系形成鲜明对比，迫使美国、英国等国的科学家们集中力量解决防空火力控制系统和飞机自动导航系统等军事技术问题。这一过程推动了频率响应分析法在离散系统、随机过程和非线性系统中的应用。通过解决这些技术问题，经典控制理论逐渐形成并得以完善。在此期间，科学家们设计出多种精密的自动调节装置，开创了“系统与控制”这一全新的科学领域。

图 1-11　沃尔特・埃文斯

随着第二次世界大战的落幕，经典控制技术和理论体系已基本形成。1948 年，沃尔特・埃文斯(Walter Evans，1920—1999 年，见图 1-11)进一步发展了根轨迹设计法。根轨迹设计法是一种经典控制理论方法，揭示了系统参数变化与时域性能变化之间的关系。至此，复数域与频率域的分析方法进一步完善。1948 年，美国应用数学家诺伯特・维纳(Norbert Wiener，1894—1964 年)出版了一部对现代科学影响深远的著作《控制论——关于在动物和机器中控制和通信的科学》(*Cybernetics: Or Control and Communication in the Animal and the Machine*)，开创了全新的交叉与边缘学科——控制科学，维纳也因此被誉为“控制论之父”。1954 年，空气动力学家、系统科学家钱学森先生(1911—2009 年)的《工程控制论》(*Engineering Cybernetics*)出版。他在书中首次提出了可直接应用于工程设计和实验的受控工程系统的概念、理论和操作方法。该书被公认为自动控制领域的经典著作之一，截至 2005 年，该书一直是该领域引用率最高的文献之一，其核心内容还被纳入中外相关专业教科书中。同时，钱学森先生的这一贡献使中国科学家成为推动控制论科学思想发展的重要力量。

"经典控制理论"这一术语于 1960 年在第一届全美联合自动控制会议上首次提出。在这次会议上，研究单变量控制问题的学科被命名为"经典控制理论"，而研究多变量控制问题的学科则被命名为"现代控制理论"。

引导阅读

名人故事(诺伯特·维纳和钱学森)

1.诺伯特·维纳

1948 年，维纳首创"Cybernetics"这一术语，它源自希腊词汇"κυβερνήτης"，意指舵手或领航者。在其著作《控制论——关于在动物和机器中控制和通信的科学》中，维纳力图将生物系统与机械系统中的控制与通信问题置于同一研究框架下，旨在揭示反馈机制是如何确保系统的稳定性与功能实现的。

其核心原理包括：

(1)反馈：作为控制论的核心要素之一，反馈指的是系统输出的信息被回送至输入端，用以调节并控制系统的运行。这一机制分为正反馈(增强系统行为)与负反馈(抑制系统行为以实现稳定)两种形式。

(2)信息与通信：控制论高度重视信息的作用，认为信息的获取、传输及处理是系统控制的核心所在。无论是生物体还是机械设备，系统中的信息传输与处理均主导着系统的行为模式。

2.钱学森

1954 年，钱学森出版了《工程控制论》一书，首次系统地将控制论原理应用于实际的工程设计与实验验证，从而极大地拓宽了控制论的实践边界，使其不仅限于理论探讨，更在工程技术领域内获得了广泛应用。

其核心原理包括：

(1)受控系统建模：钱学森提出了一种系统建模与分析的新方法，强调在工程设计及系统分析阶段，必须构建精确的数学模型来捕捉和描述系统的动态响应特性。

(2)控制策略与技术：钱学森深入探讨了经典控制理论中的多种策略(如 PID 控制、状态空间控制等)，这些策略在后续的工程实践中被证明是极为有效的，并在众多工程系统中得到了广泛采纳。

(3)多学科融合：工程控制论并非孤立于某一学科之内，而是巧妙地融合了数学、物理学、计算机科学等多个学科的知识体系，形成了一个跨学科的综合性科学框架。这种跨学科的整合方法使得控制理论能够更加灵活地应对各种复杂系统的挑战。

1.1.1.3 现代控制理论

现代控制理论是在 20 世纪 50 年代中期，随着空间技术的快速发展而兴起的。空间技术的发展需求催生了新的控制原理，例如，如何使用最少的燃料或最短的时间，将运载火箭和人造卫星精确地发射到预定轨道的控制问题。这类控制问题极为复杂，传统的经典控制理论难以提供有效的解决方案。在随后的几十年里，现代控制理论得到了快速的发展，涌现出许多新的理论和方法，如最优控制理论、自适应控制理论等。现代控制理论发展史如图 1-12 所示。

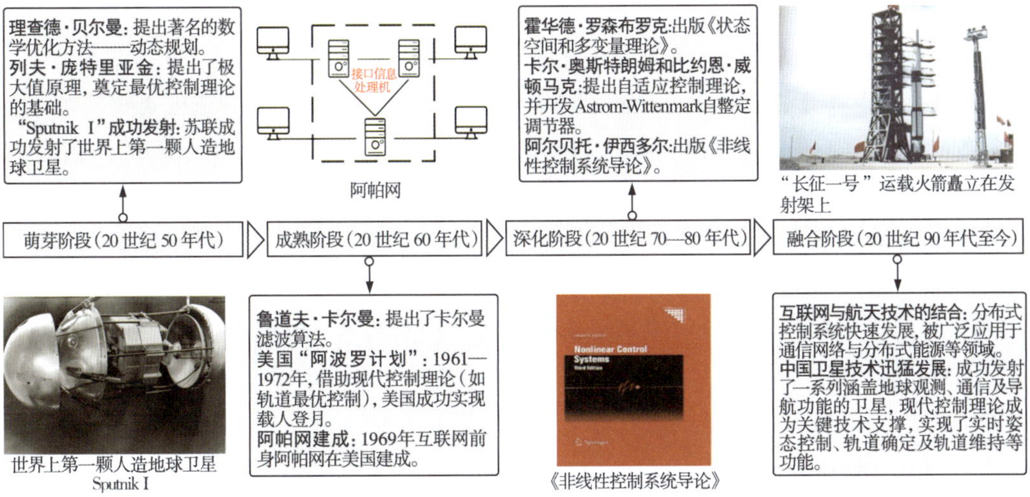

图 1-12 现代控制理论发展史

1952—1954 年，美国数学家理查德·贝尔曼(Richard Bellman，1920—1984 年)提出了著名的数学优化方法——动态规划(dynamic programming，简称 DP)，并在 1956 年将其应用于控制过程。动态规划的核心思想是通过分解子问题并存储求解的结果来避免重复计算，从而节省时间。1958 年，苏联科学家列夫·庞特里亚金(Lev Pontryagin，1908—1988 年)提出了名为"极大值原理"(maximun principle)的综合控制系统的新方法。这些研究成果不仅解决了空间技术中的复杂控制问题，还开创了控制理论的一个全新分支——最优控制理论。

引导阅读

名人故事(理查德·贝尔曼和列夫·庞特里亚金)

1.理查德·贝尔曼

动态规划诞生于 20 世纪 50 年代，由美国数学家理查德·贝尔曼提出。贝尔曼在研究多阶段决策过程的优化问题时发现，需要一种高效的方法来求解这类复杂问题。于是，他提出了"动态规划"这一方法。其核心思想是把原问题分解为相对简单的子问题，从而求解复杂问题。该方法适用于具有最优子结构性质和无后效性的问题。动态规划为求解复杂的多阶段决策问题提供了有效途径，不仅在数学领域取得了重要的理论成果，还在计算机科学、经济学、生物信息学等多个领域得到了广泛的应用和发展。

此外，动态规划在路径优化、资源分配、生产调度、库存管理和投资组合等实际问题中也展现出了强大的应用价值，成功解决了交通运输、生产管理、工程技术、军事决策等领域的诸多实际问题，为这些领域的优化决策提供了有力支持。

2.列夫·庞特里亚金

庞特里亚金提出的极大值原理是对分析力学中古典变分法的推广，用于处理由于外力源的限制而导致系统输入(即控制)作用受到约束的问题。这一原理由庞特里亚金在 20 世纪 50 年代中期提出，并在《最优过程的数学理论》(*The Mathematical Theory of Optimal Processes*)一书中进行了详细阐述。其核心思想在于解决最优控制问题，即在控制向量受限制的情况下，使哈密顿函数取极大值。这一原理克服了古典变分法的局限性，扩大了其适用范围。该原理被称为“极大值原理”，后来也被称为“极小值原理”，因为一个函数的极小值与其反号函数的极大值是相同的。这一原理的提出为最优控制问题求解提供了新方法，为后续的研究和应用奠定了基础。

1957 年，苏联成功发射了世界上第一颗人造地球卫星——Sputnik Ⅰ，开启了人类航天时代。这颗卫星直径 58 cm，重 83.6 kg，配备两台无线电发射机，用于将太空气象、宇宙射线和陨石数据传回地球。它的成功发射不仅是航天技术的里程碑，更为人类探索宇宙迈出了历史性的第一步。

我国首颗人造地球卫星——“东方红一号”由“东方红”乐音装置、短波遥测、跟踪装置、天线、热控系统、能源和姿态测量部件等组成。1970 年 4 月 24 日，“长征一号”运载火箭成功将其送入太空。“东方红一号”的主要任务包括测量卫星本体的工程参数、探测空间环境参数，以及为卫星轨道测量和遥测遥控奠定物质技术基础。

1960 年，美国学者鲁道夫·卡尔曼(Rudolf Kalman，1930—2016 年)将滤波器的研究成果扩展至状态空间领域，并发表了名为《线性滤波与预测问题的一种新方法》(*A new Approach to Linear Filtering and Prediction Problems*)的论文，提出了广为人知的卡尔曼滤波理论。状态空间方法对于揭示和理解控制系统的众多关键特性具有重要作用。到20 世纪 60 年代初期，基于状态空间法、极大值原理、动态规划以及卡尔曼滤波的全新分析和控制系统设计原理与方法体系已经形成，这标志着现代控制理论的正式诞生。

引导阅读

名人故事(鲁道夫・卡尔曼)

1960 年,为解决航空航天工业中的轨迹估计问题,统计学家鲁道夫・卡尔曼提出了经典的卡尔曼滤波理论。该理论提供了一种递归算法,可以高效地处理线性动态系统的估计问题。随后几年,卡尔曼滤波算法得到了进一步的改进和推广,尤其是对非线性系统的扩展,即扩展卡尔曼滤波算法。卡尔曼滤波是一种递归滤波,能够从一系列不完全且包含噪声的测量中估计动态系统的状态。算法步骤包括:①预测,卡尔曼滤波会产生有关当前状态的估计,包括不确定性状态。②更新,通过加权平均来更新估计值,确定性越高的测量加权平均比重也越高。

卡尔曼滤波算法填补了控制理论的一大空白,实现了对系统状态的有效估计,并能够适应过程中的不确定性。在航空航天领域,卡尔曼滤波算法是不可或缺的工具,用于航天器的轨迹估计和控制。在汽车导航和机器人定位领域,卡尔曼滤波算法提高了定位的准确性,并能帮助人们实时更新车辆状态和环境信息。随着信息技术的不断进步,卡尔曼滤波算法正与神经网络、深度学习等新兴技术不断融合,以解决更为复杂的预测与估计问题。

自 1961 年 7 月起,美国启动了载人登月工程,即著名的"阿波罗"计划,该计划一直持续到 1972 年 12 月,历时约 11 年。在此期间,美国共发射了 17 艘宇宙飞船,其中后 7 艘执行了载人登月任务,成功实现 6 次登月,使 12 名宇航员踏上了月球表面。除了成功登月之外,"阿波罗"计划还推动了火箭技术、载人航天以及相关技术领域的重大发展,具体包括航空电子设备、电信和计算机科学等领域。1967 年,美国高等研究计划署的电气工程师劳伦斯・罗伯茨[Lawrence Roberts,1937—2018 年,见图 1-13(a)]开始筹备分布式网络,并提出了阿帕网[见图 1-13(b)]的概念。罗伯茨绘制了数以百计的网络连接设计图,旨在实现不同节点上计算机的互联互通。1969 年,互联网的前身阿帕网在美国建成。

(a)劳伦斯・罗伯茨

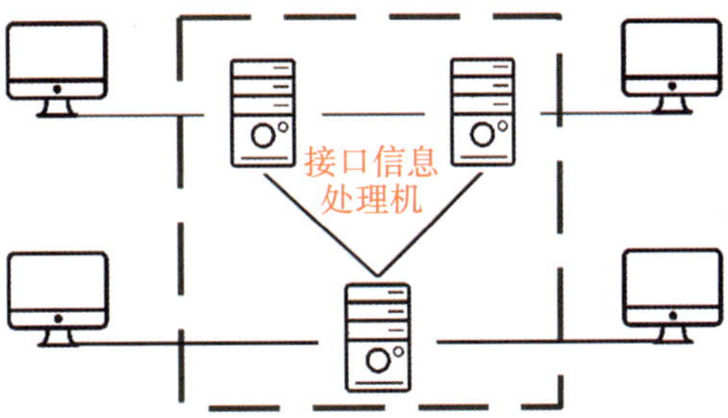

(b)阿帕网

图 1-13　劳伦斯・罗伯茨与阿帕网

1970 年，英国控制领域专家霍华德·罗森布罗克(Howard Rosenbrock，1920—2010 年)出版了其影响深远的著作《状态空间和多变量理论》(*State-space and Multivariable Theory*)。1974 年，加拿大控制理论专家沃尔特·温纳姆(Walter Wonham，1934—2023 年)也出版了其著作《线性多变量控制：一种几何方法》(*Linear Multivariable Control*：*A Geometric Approach*)。这两部作品共同解决了多输入多输出控制系统的分析与建模问题。1973 年，瑞典控制理论家卡尔·奥斯特朗姆(Karl Åström，1934—)和比约恩·威顿马克(Björn Wittenmark，1943—)合作出版了《论自整定调节器》(*On Self-tuning Regulators*)一书。在这部著作中，他们全面阐述了实时参数估计、模型参考自适应系统、自校正调节器、随机自适应控制等自适应控制的理论、设计及应用。以他们名字命名的Åström-Wittenmark 自整定调节器，在工业过程控制领域得到了广泛应用，并在自适应控制领域拥有重要的地位。

图 1-14　阿尔贝托·伊西多尔

1976 年，美国控制理论家罗杰·布罗克特(Roger Brockett，1938—2023 年)发表论文《非线性系统与微分几何》(*Nonlinear Systems and Differential Geometry*)；1981 年，波兰裔加拿大控制理论家乔治·詹姆斯(George Zames，1934—1997 年)发表论文《反馈和最佳灵敏度控制》(*Feedback and Optimal Sensitivity Control*)；1985 年，意大利控制理论家阿尔贝托·伊西多尔(Alberto Isidori，1942—，见图 1-14)出版《非线性控制系统导论》(*Nonlinear Control Systems*：*An Introduction*)，为非线性控制领域作出了一定贡献。

引导阅读

现代控制理论与中国的航空航天

20 世纪 50 年代，中国的航天工业尚处于初创阶段，国家开始将国防与科学发展置于优先地位，为航天工业的萌芽播下了希望的种子。进入 20 世纪 70 年代，中国成功发射了首颗卫星"东方红一号"，这标志着中国太空探索之旅正式启程。随着太空计划的逐步扩展，中国对先进控制系统的需求也日益迫切。到了 20 世纪 80 年代，全球航天工程领域因现代控制理论的探索而焕发新生，中国也不例外。在这一时期，中国控制理论的先驱陈翰馥等人，在最优控制和自适应控制等控制系统领域取得了显著成就。

现代控制理论的一个核心应用领域，便是航天器自动驾驶系统的设计。通过引入模型预测控制、鲁棒控制等现代控制技术，中国工程师极大地提升了航天器的稳定性和机动性，使其导航更为精确，任务执行时间更长。

20 世纪 80 年代,中国凭借"长征"系列火箭的研发取得了重大进展,这一系列火箭已成为支持中国太空发射能力的坚强后盾。在"长征"火箭的制导与导航系统设计中,现代控制理论发挥了举足轻重的作用,确保了火箭轨迹的精确控制以及燃料的高效利用。20 世纪 90 年代,中国卫星技术迅猛发展,成功发射了一系列涵盖地球观测、通信及导航功能的卫星。这些卫星的设计同样离不开现代控制理论的支撑。进入 21 世纪,中国航天事业迎来了新的飞跃,探月计划正式启动。"嫦娥一号""嫦娥二号"及"嫦娥三号"任务的圆满完成,标志着中国在深空探测领域迈出了坚实步伐。如今,中国航天工业正不断拓展太空探索的边界,科研人员与工程师正运用先进的控制技术,攻克深空探测的种种难关。

综上所述,中国航天事业的发展历程充分展示了现代控制理论的强大力量。从早期的卫星研发到如今的深空探测,现代控制理论始终是中国航天事业取得成功的关键所在。未来,随着航天工业的持续演进,现代控制理论将在更多领域展现其创新性应用,推动中国航天事业创造新的辉煌。

1.1.1.4 智能控制

智能控制代表着自动控制技术的高级发展阶段,是一门融合了人工智能、控制论、系统论、信息论、仿生学、神经生理学、进化计算以及计算机科学等多学科精髓的新兴交叉学科,旨在实现对复杂不确定系统的高效控制。1987 年 1 月,"第一届智能控制国际会议"在美国费城由电气与电子工程师协会(IEEE)控制系统学会与计算机学会联合举办,这标志着智能控制正式成为一门独立学科。

自 20 世纪 60 年代以来,计算机科学与人工智能技术经历了前所未有的迅猛发展,这一时期的科技进步彻底改变了人类社会的面貌。随着计算机处理能力的飞速提升和算法的不断优化,人工智能不再局限于简单的计算与逻辑判断,而是逐步迈向了更加复杂、智能的应用领域。在这一背景下,为了显著增强控制系统的自适应学习能力与智能化水平,控制领域的专家学者们开始积极探索将人工智能技术深度融入传统控制系统的新途径。

1965 年,美国华裔科学家傅京孙(King-Sun Fu,1930—1985 年)首次提出将人工智能领域的直觉推理方法和规则应用于学习控制系统。随后,杰里 · M.门德尔(Jerry M. Mendel,1938—)将人工智能技术应用于空间飞行器的学习控制,并提出人工智能控制概念。1967 年,科尼利厄斯 · T.莱昂德斯(Cornelius T. Leondes,1927—)和门德尔首次使用"智能控制"一词。1971 年,傅京孙从发展学习控制的角度首次正式提出智能控制这一新兴的科学领域,并归纳了三种类型的智能控制系统:人作为控制器的控制系统,具有自学习性、自组织性、自适应性的控制系统,人机结合作为控制器的控制系统。20 世纪 70 年代初,傅京孙、乔治 · 尼古拉奥斯 · 萨里迪斯(George Nikolaos Saridis,1931—2006 年)等人从控制理论的角度出发,归纳了人工智能技术与自适应、自学习和自组织控制之间的联系,提出了智能控制就是人工智能技术与控制理论交叉的理论；他们还创立了人机交互式分级递阶智能控制的系统结构。

1974 年，易卜拉欣 · H.马姆达尼(Ebrahim H. Mamdani，1941—2010 年)将他提出的模糊控制器首次应用于工业过程控制，这一创新举措开创了模糊控制在实践中应用的先河。随后，他又成功研发了自组织模糊控制器，进一步显著提升了模糊控制器的智能化水平。模糊控制的构建和发展，以及与人工智能技术的深入融合，极大地推动了智能控制理论的形成与发展。

20 世纪 80 年代，随着专家系统技术的逐步完善和计算机技术的飞速进步，智能控制与决策领域的研究也实现了显著的突破。1985 年，IEEE 在美国纽约召开"首届智能控制技术讨论会"，讨论了智能控制原理和系统结构，这标志着智能控制作为一门新兴学科得到了广泛认同。1986 年，卡尔 · 奥斯特朗姆发表的著名论文《专家控制》(*Expert control*)中，将人工智能中的专家系统技术引入控制系统，从而开创了一种新型的智能控制系统——专家控制系统，如图 1-15 所示。

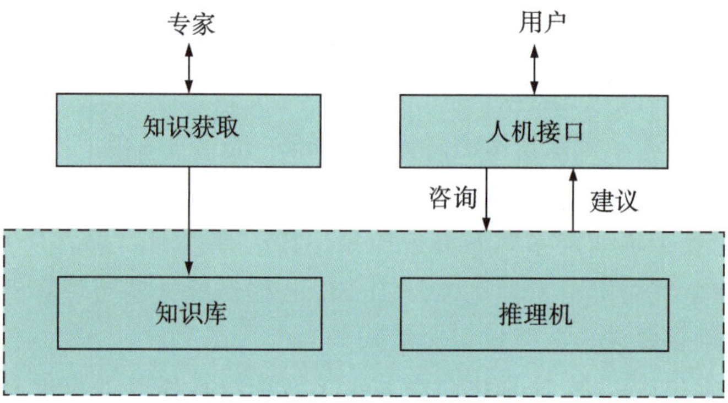

图 1-15　专家控制系统

1994 年 6 月，"全球计算智能大会"在美国奥兰多召开，成为智能控制研究领域的又一重要里程碑。大会对模糊系统、神经网络和进化计算三门新兴学科的研究内容进行了深入探讨，这一跨领域的整合吸引了国际学术界的广泛关注与热烈讨论。这三门学科不仅各自取得了显著的研究成果，更在智能控制研究领域发挥着举足轻重的作用，共同构成了智能控制研究的重要基石，为智能控制技术的进一步发展和应用奠定了坚实的基础。

近年来，智能控制技术在国内外取得了显著进展，应用领域也日益拓宽，已经步入工程化和实用化阶段。例如，智能冰箱能够帮助用户购买食材，自动翻译机器和智能助理(如 Siri、Alexa 以及 Cortana)能够提供便捷服务，以及无人车和 AlphaGo 等也展现了智能控制技术的潜力。作为一项新兴理论和技术，智能控制目前仍处于发展阶段，并未完全形成一套成熟的理论体系。然而，随着人工智能和计算机技术的飞速发展，智能控制必将涌现出新的发展高潮。

1.1.2 自动控制的发展趋势

自动控制技术的发展与工业革命进程紧密相连,体现了从机械化到智能化的历史演进。本节将按照历史发展脉络,系统回顾自动控制技术的重要发展阶段,通过梳理这一发展历程,帮助读者理解自动控制技术的演进规律和未来发展方向。

1.1.2.1 第一次工业革命——蒸汽时代

18 世纪,英国的手工业已经有了长足的发展,工厂内出现了精细分工,工序也变得简单易操作,因此用机器替代手工劳动成为可能。尽管如此,手工业仍在很大程度上依赖人力劳动,这限制了劳动生产率的提升。同时,随着殖民地增多和市场拓展,工厂对产品生产速度的要求日益提高,促使人们寻求更高效的生产方式。这一需求为机器的发明和创造提供了强大的推动力。

1788 年,英国企业家、发明家詹姆斯·瓦特发明了离心式调速器(又称"飞球调速器"),将其与蒸汽机的阀门相连,形成了一个闭环自动控制系统(见图 1-16)。随后,一系列技术革命推动了生产方式从手工劳动向动力机器生产的重大飞跃。瓦特的发明不但开启了近代自动调节装置应用的新纪元,而且对第一次工业革命以及后续控制理论的发展产生了深远影响。图 1-17 是蒸汽时代的工厂图。

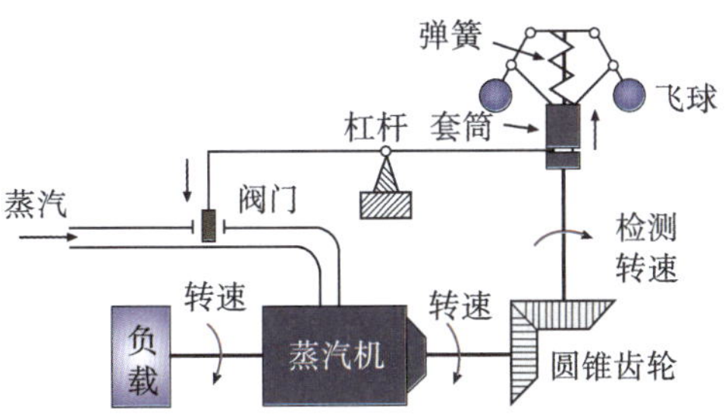

图 1-16 蒸汽机控制系统原理图

图 1-17 蒸汽时代的工厂图

1.1.2.2 第二次工业革命——电气时代

随着电力的广泛应用和内燃机技术的不断革新,电气设备开始崭露头角,逐步取代传统的蒸汽动力机械,成为重要的新型动力来源。这一转变不仅极大地提高了工业生产的效率,也为人类社会的能源利用开启了新的篇章。随后,电灯、电车和电影放映机等电气设备的相继问世,如同一股强劲的旋风,席卷了整个社会,使得人们的生活方式发生了翻天覆地的变化。这些设备的普及和应用,标志着人类社会正式迈入了璀璨夺目的"电气时代",开启了人类文明的新纪元。

在 20 世纪上半叶,特别是第二次世界大战期间,战争的硝烟催生了科技的飞速发展。在这场全球性的冲突中,经典控制理论应运而生,对战后自动化的发展起到了至关重要的推动作用。二战期间,紧张的对峙局面迫使美国、英国以及西欧的科学家们将目光投向军事技术领域，专注于解决防空火力控制系统和飞机自动导航系统等复杂而紧迫的技术难题。正是在这一特殊历史背景下，经典控制理论得以逐步成熟和完善，科学家们设计出了多种精密的自动调节装置，为战争胜利提供了有力的技术保障。同时，这一过程不仅开创了“系统与控制”这一全新的科学领域，更为后来的科技发展和工业进步奠定了坚实的基础。

1.1.2.3 计算机化、网络化

随着原子能、电子计算机、微电子技术、航天技术、分子生物学和遗传工程等领域取得重大突破，一场新的科学技术革命正在兴起，这场革命被称为“第三次科技革命”，其为后续第三次工业革命提供了科学基础。这场革命以电子技术、信息技术和生物技术的突破为核心，极大地改变了人类社会的生产方式、生活方式和思维方式。

第三次科技革命始于20世纪40年代末到50年代初，随着第二次世界大战后科学技术的迅速发展而兴起，以信息技术为核心驱动力，推动了社会信息化、自动化、全球化和跨学科融合的发展。它的标志性事件包括：1946年，世界上第一台电子计算机ENIAC（Electronic Numerical Integrator and Computer）的诞生（见图1-18）；20世纪40年代末至50年代，晶体管的发明和集成电路的出现；20世纪60年代，计算机技术、通信技术和自动化技术的快速发展。

图1-18 世界上第一台电子计算机ENIAC诞生

引导阅读

世界上第一台电子计算机

世界上第一台电子计算机是ENIAC，于1946年由美国宾夕法尼亚大学的约翰·莫奇利和约翰·埃克特领导团队研制而成，主要为解决二战期间炮弹弹道计算问题而设计。ENIAC重30 t，占地约170 m^2，使用17468个电子管，耗电150 kW·h，能够每

秒执行约 5000 次加法或 357 次乘法运算,速度显著超过当时的机械计算设备。尽管其体积庞大、耗电量高且编程复杂,但它首次实现了全电子化计算,标志着现代通用计算机的诞生与发展,为之后电子计算机的发展奠定了重要基础。

计算机技术的问世显著提升了人类的计算能力,使得构建复杂、大容量及高吞吐量的软硬件系统成为可能。此外,与模拟技术相比,基于数字化技术的计算机系统能让信息以更高的精确度保存、传输和还原。卫星的发明使人类能够从太空中俯瞰地球全貌,从而催生了其在通信、地理、气象和军事等多个领域的应用。互联网技术已经将信息应用推向了前所未有的高度。无论是信息的生产、存储、传递方式,还是人们的消费方式,乃至信息类型的多样性、信息的数量和传输速度,都实现了巨大转变。更重要的是,互联网解决了点对点信息传递的难题。借助互联网,地球上任意两个人都能实现即时交流,人类的信息传递变得更高效和流畅。

随着互联网技术以及现代通信技术的发展,未来的企业为了适应经济全球化的发展需要,多将通过以太网接口,建立基于 Windows NT 或 Windows 2000 的企业级局域网。这种网络架构促进了控制系统与管理层及现场仪表间的数据交换,使得控制系统的计算机能够与财务、销售和管理层的计算机互联,从而实现数据共享。这不仅显著提升了企业的管理效率,还增强了整体运营的协同性。图 1-19 是网络化水厂监控系统示例,图 1-20 是计算机监控系统示例。

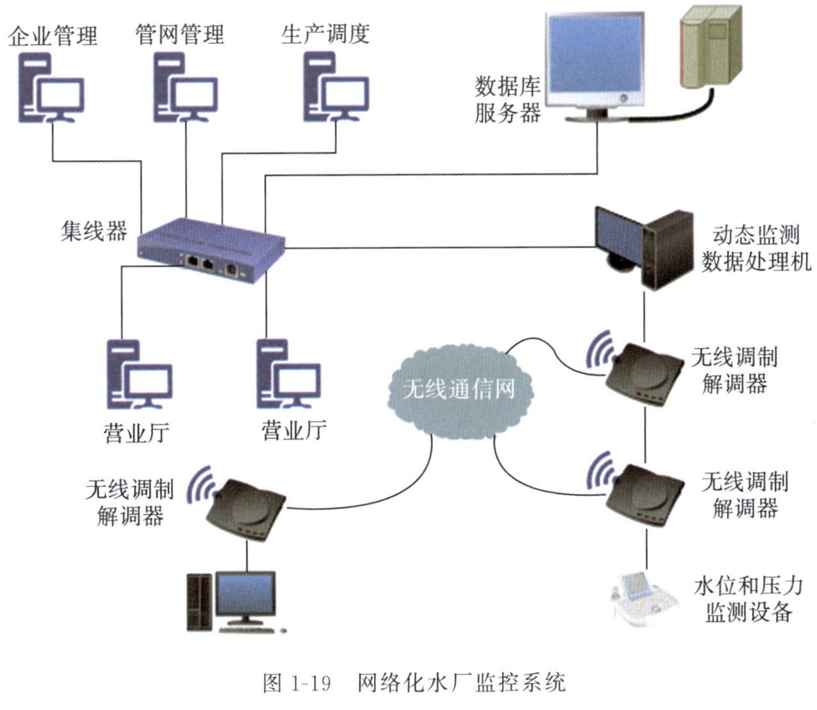

图 1-19　网络化水厂监控系统

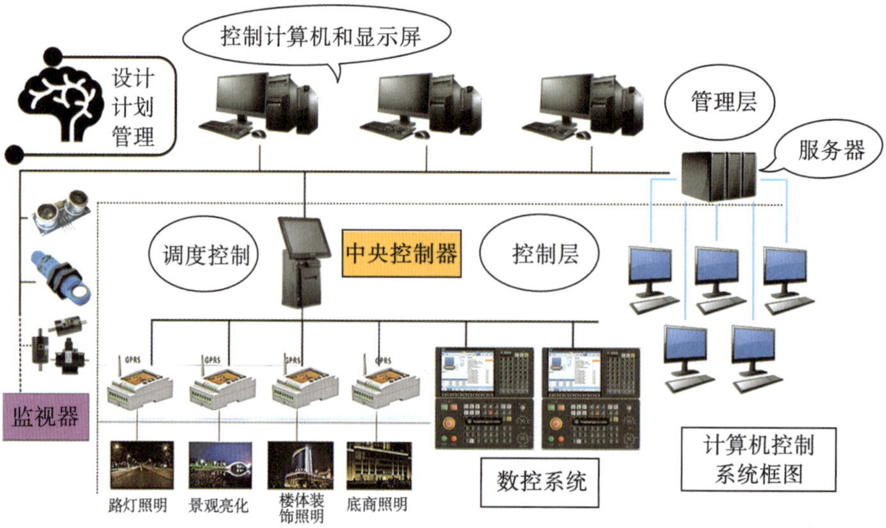

图 1-20　计算机监控系统

在信息化时代，除了计算机和卫星技术的飞速发展，原子能领域的探索也取得了重大突破。原子弹和氢弹的成功试爆，以及核电站的持续建设，标志着这一科技革命不仅极大地促进了人类社会在经济、政治和文化等领域的变革，还深刻地影响了人们的生活方式和思维模式。这些科技进步推动了人类生产生活和个体现代化向更高层次迈进，为第四次工业革命（以人工智能、大数据、物联网为核心）奠定了基础，同时也带来了新的挑战，如环境问题、网络安全问题和社会不平等问题。

1.1.2.4　信息化、集成化、智能化

第四次工业革命（又称“工业 4.0”），是由物联网、大数据、机器人技术及人工智能等前沿技术驱动的社会生产方式的根本性变革。这场技术革命的核心在于网络化、信息化与智能化的深度融合。这场革命促进了工厂之间、工厂与消费者之间的“智能连接”，推动了生产方式从大规模制造向大规模定制转型。同时，工业增值领域从制造环节向服务环节扩展，程序化劳动逐渐被智能化设备所取代，极大提升了生产效率和产品质量。在此背景下，包括中国在内的全球主要工业国家纷纷启动新一轮的产业结构转型升级，这一变革在制造流程、终端产品、生产设备、数据分析平台以及价值链等多个方面，引发了全球竞争格局的深刻变化，并推动了全球经济和产业格局的深刻变革。图 1-21 和图 1-22 分别是可编程逻辑控制器（PLC）集成控制系统和制造执行系统（MES）的架构图。

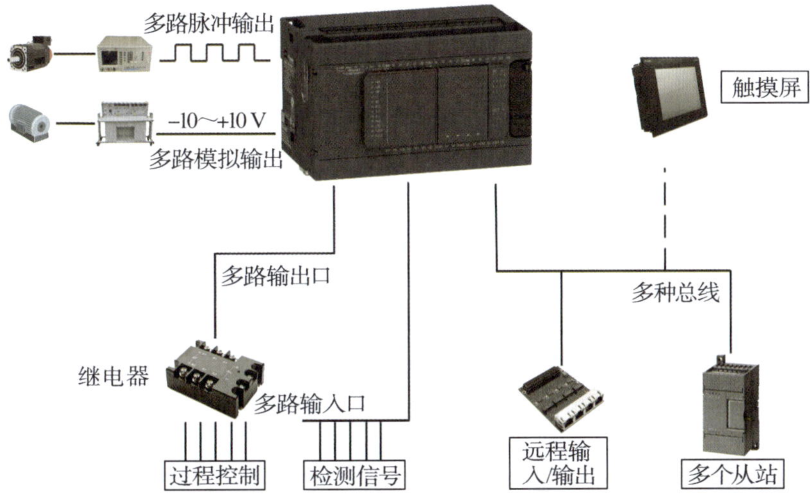

图 1-21 PLC 集成控制系统的架构图

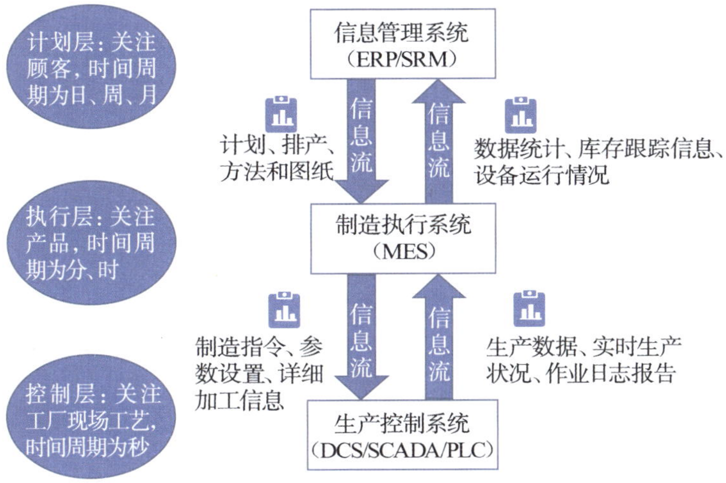

图 1-22 MES 的架构图

引导阅读

智能制造

智能制造是新一代信息技术与先进制造技术深度融合的产物，它贯穿于设计、生产、管理、服务等制造活动的全过程，并具备自感知、自决策、自执行、自适应及自学习等特性。这种先进的生产方式旨在提升制造业的质量、效益和核心竞争力，是制造强国建设的关键方向。智能制造的发展水平，直接关系到中国未来在全球制造业中的地位，对于加速现代产业体系的构建、巩固壮大实体经济基础、构建新发展格局以及推进数字中国建设，都具有至关重要的作用。

随着全球科技革命和产业变革的不断深化，新一代信息技术、生物技术、新材料技术和新能源技术等领域不断取得新突破，并与先进制造技术加速融合，为制造业向高端化、智能化、绿色化方向发展提供了前所未有的历史机遇。然而，国际环境日益复杂多变，全球科技和产业竞争日益激烈，制造业成为大国战略博弈的焦点。美国、德国、日本等国家和欧盟等组织纷纷推出以重振制造业为核心的发展战略，如美国的"先进制造业领导力战略"、德国的"国家工业战略2030"、日本的"社会5.0"和欧盟的"工业5.0"等，均以智能制造为核心，力图在全球制造业新一轮竞争中占据领先地位。

当前，中国已迈入高质量发展阶段，正处于转变发展方式、优化经济结构、转换增长动力的关键时期。然而，制造业在供给与市场需求适配性、产业链供应链稳定性以及资源环境约束等方面仍面临诸多挑战。在这一背景下，站在新一轮科技革命和产业变革与加快转变经济发展方式的历史交汇点上，中国必须坚定不移地以智能制造为主攻方向，推动产业技术变革和优化升级，实现制造业产业模式和企业形态的根本性转变。通过"鼎新"带动"革故"，提升制造业的质量、效率和效益，降低资源能源消耗，畅通产业链供应链，助力碳达峰碳中和目标的实现，推动中国制造业向全球价值链中高端迈进。

推进智能制造的核心在于深刻把握制造的本质，紧密围绕其智能特性，聚焦于工艺优化与装备升级，以数据为基石，依托制造单元、车间、工厂、供应链乃至整个产业集群，构建一个虚实交融、知识驱动、动态优化且安全高效的智能制造体系。这是一项长期且需要不断迭代升级的系统性工程，需持之以恒，分阶段推进。

我国智能制造业发展的相关目标如下：

(1)转型升级成效显著：超过50%的规模以上制造业企业智能制造能力成熟度达到2级及以上，而在重点行业和特定区域内，达到3级及以上的企业分别超过20%和15%。这将带来生产效率、产品合格率和能源资源利用率的显著提升。

(2)供给能力显著增强：智能制造装备和工业软件的技术实力与市场竞争力将大幅提升，国内市场满足率分别达到70%和50%以上。同时，将涌现10家以上主营业务收入超过50亿元的系统解决方案供应商。

(3)基础支撑更加坚实：建设一批专注于智能制造的创新中心和公共服务平台，形成完善的服务网络。此外，制定或修订超过200项智能制造相关的国家和行业标准，并打造120个以上在行业和区域中具有显著影响力的工业互联网平台。

1.2　自动控制的基本概念

1.2.1　自动控制基本原理

在许多工业生产过程中，为了确保设备的正常运行，常常需要对一些物理量（如温度、压力、流量、液位、电压、位移和转速等）进行控制，以使其尽量保持在某个特定值附近或按照一定规律变化。为满足这一需求，必须对生产机械或设备进行及时调整，以抵消外部干扰的影响。这种调整通常被称为“控制”，若由人工完成则称为“人工控制”，而若由自动装置完成则称为“自动控制”。

自动控制系统是指在没有人工直接参与的情况下，利用自动控制装置（通常称为“控制器”），使整个生产过程或工作机械（称为“被控对象”）按照预先设定的规则自动运行，或使其某些参数（称为“被控量”）按照预定要求变化的系统。为了实现各种复杂的自动控制任务，自动控制系统首先需要将被控对象与控制装置以一定方式连接，形成一个有机整体。任何自动控制系统都由被控对象和控制器有机组成。

根据信息传递的方式，自动控制系统可以分为开环控制系统和闭环控制系统。

1.2.1.1　开环控制系统

开环控制系统的结构框图如图 1-23 所示，其显著特征在于控制装置对被控对象施加的控制作用并不依赖于被控量实际值与期望值的比较结果。在开环控制系统中，控制器依据预设的输入信号或参考轨迹直接进行计算并输出相应的控制信号，以此驱动执行机构对被控对象实施控制。然而，该系统并不会追踪被控对象的实际输出，也不会将这些信息反馈给控制器。

图 1-23　开环控制系统的结构框图

生活中常见的电热扇就是一个典型的开环控制系统，用户通过选择不同的挡位来调整风扇的转速和电热丝的温度，从而控制输出的温度和风速。图 1-24 是电热扇开环控制系统的结构框图。

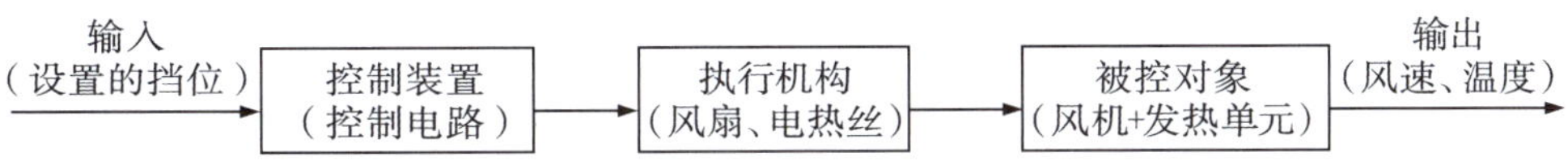

图 1-24　电热扇开环控制系统的结构框图

1.2.1.2 闭环控制系统

闭环控制系统又称“反馈控制系统”，是一种在控制过程中使用输出信号的反馈来调整控制行为的系统。在闭环控制系统中，反馈是指将系统的输出值（被控量）与期望值（给定值）进行比较生成偏差信号，然后将这个偏差信号反馈到控制器。偏差信号用来调整控制器的输出，以便使系统的实际输出更接近期望值。闭环是指控制系统中存在一个闭合的信号路径，使得输出信号能够反馈到输入端，形成一个完整的循环。在闭环控制系统中，控制器根据反馈的偏差信号来调整其控制行为，从而实现对被控对象的精确控制。

闭环控制系统的工作原理与人类和动物的目标导向行为相似。闭环控制系统的组成包括反馈装置（相当于感官）、控制装置（相当于大脑和神经）以及执行机构（相当于手和腿）。反馈装置负责检测被控对象的状态信息（输出量），并将其转换为物理（电）信号传递给控制装置。控制装置比较被控对象的当前状态（输出量）与期望状态（给定值）之间的偏差，生成控制指令，通过执行机构作用于被控对象，使其输出接近给定值。图 1-25 是闭环控制系统的结构框图。

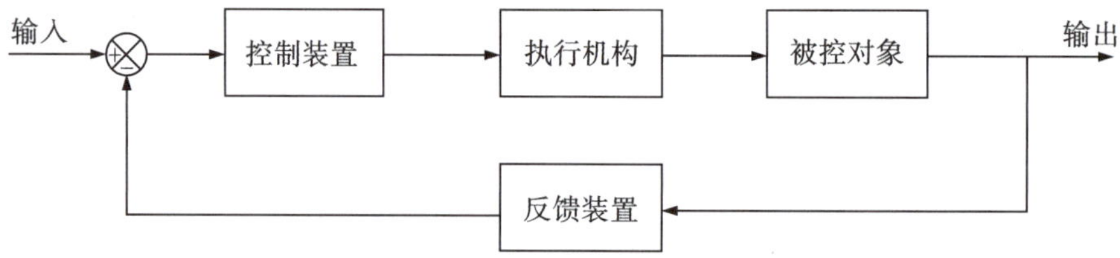

图 1-25　闭环控制系统的结构框图

在自动控制系统中，被控对象的输出量（即被控量）是需要严格控制的物理量，通常要求保持在某一恒定值，如温度、压力或飞行轨迹等。而控制装置则是对被控对象施加控制作用的相关机构的总称。控制装置可以采用不同的原理和方式来控制被控对象，其最基本的形式是基于反馈控制原理构建的反馈控制系统。在闭环控制系统中，控制装置基于被控量的反馈信息对被控对象施加控制作用，它通过不断修正被控量与控制量之间的偏差，从而实现对被控量的有效控制，这就是反馈控制的基本原理。

引导阅读

水箱的人工控制和自动控制

为了满足生产和生活的需求，人们期望水箱的液面高度（h）能够保持稳定。在理想状态下，当进水量与出水量相等时，水箱的液面会维持在预设高度。然而，当出水量增加或进水量减少时，这种平衡状态会被打破，液面高度无法自然维持恒定。由于这种出水量与进水量不平衡的现象经常发生，因此实现水位恒定的目标变得颇具挑战。

为了应对这一挑战,人们需要进行控制操作,即通过调整某些物理量(如进水量)来维持其他特定物理量(如液面高度)在设定值。人工控制过程[见图1-26(a)]涉及一系列步骤:首先,用眼睛观察水箱的实际液位,然后将观察到的信息传递给大脑;接着,大脑对比观察到的液位与预设标准,计算出偏差,并发出相应的操作指令;最后,用手操作进水阀门,以调整水箱的进水量,从而维持液面高度恒定。在这个过程中,眼睛负责检测液位变化,大脑负责判断并发出指令,而手则负责执行指令,三者协同工作,共同实现测量、计算偏差和纠正偏差的任务。

如果采用自动控制装置[见图 1-26(b)],当系统受到干扰导致水箱液位变化时,检测仪表会测量出具体的液位水平(即测量值)。然后,这个测量值会被传输到控制器,与预设值进行对比,生成偏差信号。控制器会根据一定的算法进行计算,并输出相应的控制信号。当控制阀门接收到这个信号后,会调整阀门的开合程度,从而改变水箱的进水量。这样,被控变量(即水箱液位)就会逐渐恢复到预设值,从而减小系统扰动的影响,使水箱液位最终达到稳定状态。

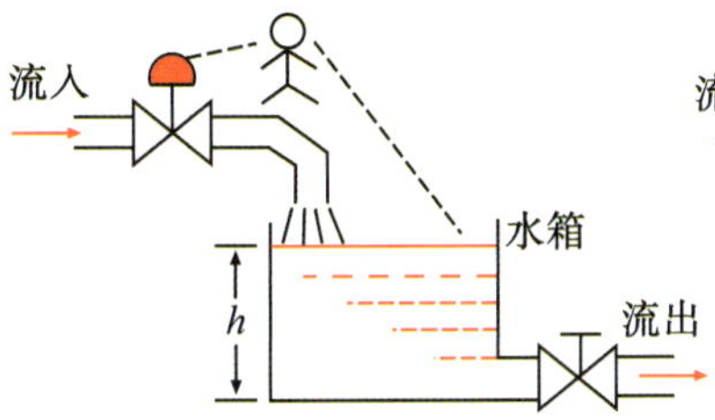

(a)水箱的人工控制

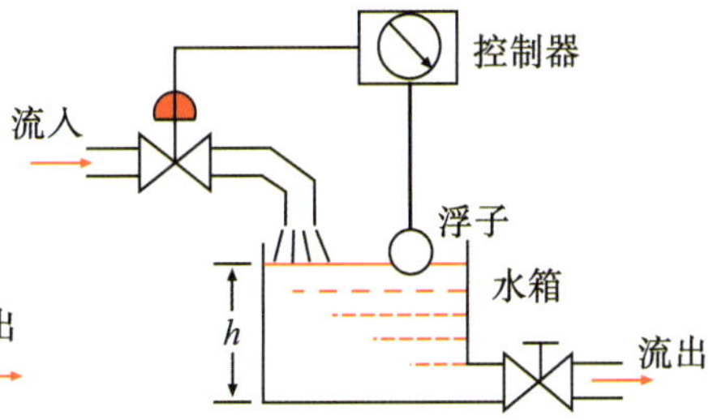

(b)水箱的自动控制

图 1-26 水箱液位控制

1.2.2 自动控制应用举例

自动控制理论是人类在征服自然的生产实践活动中孕育、产生,并随着社会生产的发展和科学技术的进步而不断发展、完善起来的。

早在古代,劳动人民就凭借在生产实践中积累的丰富经验和对反馈概念的直观理解,创造出了许多体现控制理论智慧的杰作。例如,北宋时期,苏颂和韩公廉利用天平装置制造了水运仪象台(见图 1-27),该装置实际上是一个基于负反馈原理的闭环非线性自动控制系统;1681 年,丹尼斯·帕潘(Dennis Papin,1647—1712 年)发明了锅炉压力安全调节器;1765 年,俄罗斯的伊万·波尔祖诺夫(Ivan Polzunov,1728—1766 年)发明了蒸汽锅炉水位调节器等。1788 年,瓦特在蒸汽机上采用了离心式调速器(见图1-28),成功解决了蒸汽机的速度控制问题,这引起了人们对控制技术的广泛关注。

图 1-27 水运仪象台

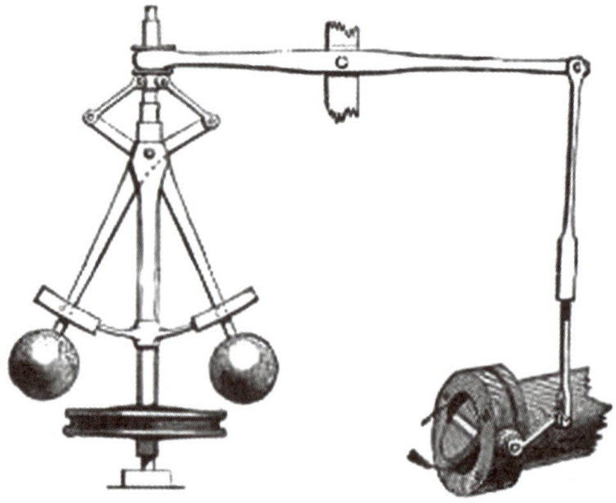

图 1-28 离心式调速器

在现代科学技术的众多领域，如工农业生产、交通运输、国防、航空航天、经济管理和生物工程等，自动控制技术得到了广泛应用。随着电子计算机技术的发展，自动控制技术已扩展到更多的社会生活领域，成为现代社会不可或缺的重要组成部分。例如，我国的探月计划正在稳步推进，“嫦娥三号”探测器成功在月球表面着陆，“玉兔”月球车也顺利完成月面巡视工作，并传回了大量图像数据。此外，无人驾驶汽车通过车载传感系统感知道路环境，由车载计算机进行分析和运算，并根据计算结果进行行驶控制。虽然人们可能并未意识到自动控制在许多设备和系统中的重要性，但毫无疑问，越来越多与自动控制相关的应用正在不断涌现，其技术优势也日益凸显。

在工业领域，冶金、化工和机械制造等生产过程中涉及的各种物理量（如温度、流量、压力、厚度、张力、速度、位置、频率和相位等）都配备了相应的控制系统。在此基础上，人们通过引入数字计算机，搭建了性能更优、自动化程度更高的数字控制系统和同时具备控制与管理功能的过程控制系统。

在农业方面，自动控制技术被广泛应用于水位自动控制系统和农业机械的自动操作系统等。在军事技术领域，自动控制的应用实例涵盖了各类伺服系统、火力控制系统和制导与控制系统等。在航空航天和航海领域，除了各种形式的控制系统外，导航系统、遥控系统和各种仿真器也应用了自动控制技术。此外，自动控制技术在办公自动化、图书管理、交通管理以及智能家居等领域也得到了广泛应用。

将自动控制技术应用于生产，可以提高劳动生产率、改善产品质量和劳动条件；将自动控制技术应用于国防领域，可以增强部队的战斗力，推动国防现代化；将自动控制技术应用于日常生活，则有助于提升人民的生活质量。总之，随着科学技术和经济社会的发展，自动控制技术的重要性日益凸显。随着控制理论和控制技术的不断进步，自动控制系统的应用领域也在不断扩展，几乎涵盖了生物、医学、生态、经济等各个领域。

引导阅读

什么是准确性？什么是振荡？

控制系统准确性反映了其输出与预期目标之间的偏差程度。在设计与分析控制系统时，准确性作为关键性能指标，体现了系统在特定输入条件下的输出精度和稳定性，通常由稳态误差来具体表征。一般而言，准确性越高，控制系统的性能越优异。以温度控制系统为例，准确性具体表现为系统实际温度与设定温度之间的接近程度。

振荡现象是指控制系统输出在趋近期望值过程中出现的周期性波动。在控制系统中，振荡往往源于控制器参数配置不当、系统动力学特性不稳定或控制信号反馈回路不稳定等。振荡不仅会降低系统性能，严重时甚至会导致系统失效。因此，在控制系统的设计与调整阶段，必须采取有效手段来抑制或消除振荡，以保障系统的稳定性和可靠性。

1.3　自动控制系统的组成与分类

1.3.1　自动控制系统的基本组成

自动控制系统是一种能够使机器或设备在无人工直接操作的情况下，按照预定规律自动运行的系统。它广泛应用于工业、农业、交通、国防等多个领域，是现代技术的重要组成部分。自动控制系统的结构框图如图 1-29 所示。

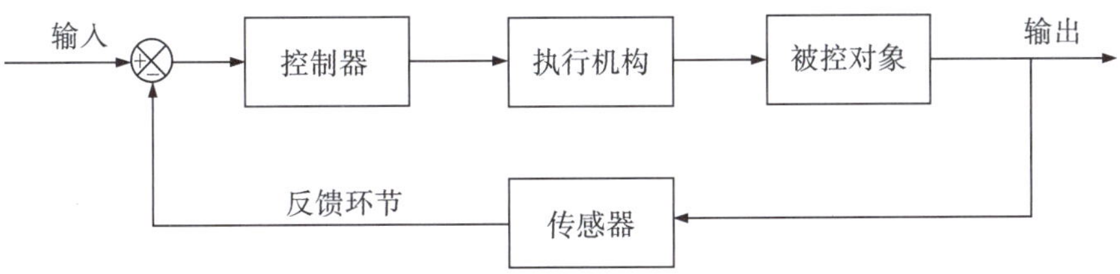

图 1-29　自动控制系统的结构框图

（1）控制器：控制器是自动控制系统的核心部分，类似于系统的“大脑”。它负责接收来自传感器的信号，并根据预设的控制算法对这些信号进行处理，最终输出控制信号到执行机构。控制器可以是简单的机械装置，也可以是复杂的计算机系统。

（2）传感器：传感器是自动控制系统的“感觉器官”，用于检测被控对象的状态，如温度、压力、速度和位置等。它能将这些物理量转换为电信号等，以供控制器进行处理。传感器的准确性和灵敏度对整个系统的性能至关重要。

（3）执行机构：执行机构是自动控制系统的“肌肉”，根据控制器输出的控制信号对被控对象进行实际操作，如电动机、阀门和液压缸等。执行机构的响应速度和力量会直接影响系统的控制效果。

(4)被控对象：被控对象是指需要通过自动控制系统进行管理的设备或过程，如生产线、机器人和飞行器等。被控对象的特性和动态行为对控制系统的设计和性能有着重要影响。

(5)反馈环节：反馈环节是自动控制系统的重要组成部分，它可将被控对象的状态信息反馈给控制器，从而形成闭环控制。反馈环节有正反馈和负反馈两种形式，其中负反馈是最常见的形式，能够增强系统的稳定性和准确性。

引导阅读

一个机械臂的组成

机械臂作为当前机器人技术领域广泛采纳的自动化机械设备，其基本构造包括关节、连杆、执行机构、传感器以及控制系统等多个部分。

关节作为机械臂的连接枢纽，可使机械臂在三维空间内灵活运动。一个机械臂往往配备多个关节，每个关节都能围绕一个或多个轴线旋转或平移，从而赋予机械臂多自由度的运动特性。连杆是连接各个关节的刚性结构件，构成了机械臂的主体框架。连杆的尺寸与形态依据具体应用需求定制，直接影响机械臂的作业范围和灵活性。执行机构负责驱动机械臂运动，常见的类型包括电动、液压和气动执行机构等。传感器负责检测并感知机械臂及其周围环境的信息，如位置、速度、力度和姿态等，为控制系统提供实时的运动状态反馈，以便进行精确的调节与控制。控制系统作为机械臂的智慧中枢，由硬件(如电路板、微处理器)和软件(包括编程算法)共同构成。控制系统负责接收来自传感器的数据、处理信息并生成控制指令，进而驱动执行机构完成预定动作。

作为一个完整的控制系统，机械臂通过感知、决策、执行与反馈等环节的紧密协作，实现了精确且高效的运动与操作功能。因此，机械臂在诸如工业制造、医疗救治、娱乐服务、军事行动以及太空探索等多个领域均得到了广泛的应用。

1.3.2 自动控制系统的分类

自动控制系统是工程领域的重要分支，广泛应用于工业、农业、交通、航空航天等多个领域，以实现对各种动态过程的精确控制。根据系统特性和结构，自动控制系统可以分为线性定常连续控制系统、线性定常离散控制系统以及非线性系统等多个类型。

1.3.2.1 线性定常连续控制系统

线性定常连续控制系统是控制理论中的一个重要概念，指输入、状态和输出均为时间的连续函数,且系统参数保持不变的控制系统。这类系统的动态特性可以用线性微分方程来描述,从而使得分析和设计相对简单且易于应用。

线性定常连续控制系统具有以下几个主要特点:

(1)线性:系统响应遵循叠加原理,即多个独立输入的响应等于各个输入响应的总和。这意味着系统的数学模型可以通过线性微分方程进行描述。图 1-30 为线性定常连续控制系统的闭环控制结构框图。

(2)定常性:系统参数是固定不变的,不随时间变化。这一特性排除了那些参数随时间变化的时变系统。

(3)连续性:系统的输入、状态和输出都是连续函数,这意味着系统的行为在任意时间点都是确定的,不会出现突变。

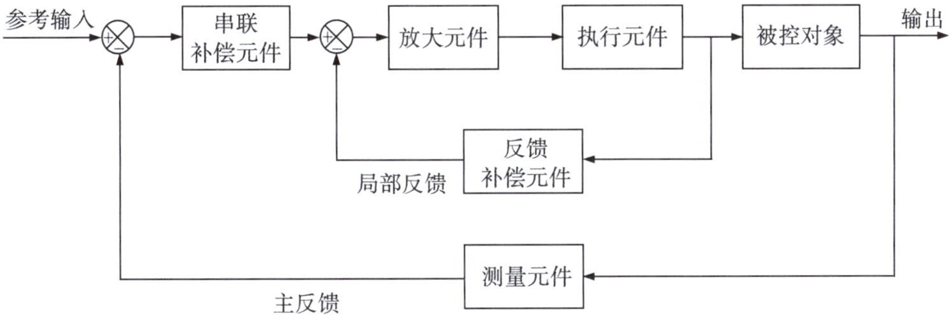

图 1-30 线性定常连续控制系统的闭环控制结构框图

线性定常连续控制系统通常可以用一组线性微分方程来表示,这些方程描述了系统状态随时间的变化。一个典型的线性定常连续控制系统可以表示为:

$$\dot{\boldsymbol{x}}(t)=\boldsymbol{A}\boldsymbol{x}(t)+\boldsymbol{B}\boldsymbol{u}(t)$$

$$\boldsymbol{y}(t)=\boldsymbol{C}\boldsymbol{x}(t)+\boldsymbol{D}\boldsymbol{u}(t)$$

式中,$\boldsymbol{x}(t)$为系统 t 时刻的状态向量;$\boldsymbol{u}(t)$为输入向量;$\boldsymbol{y}(t)$为输出向量;$\boldsymbol{A}$、$\boldsymbol{B}$、$\boldsymbol{C}$ 和 $\boldsymbol{D}$ 为系统的参数矩阵。对于这类系统,常用的控制策略包括:

(1)PID 控制:PID 控制是一种经典的控制方法,通过调整比例、积分和微分三个环节的参数来优化系统性能。

(2)状态反馈控制:设计一个状态反馈增益矩阵 $\boldsymbol{K}$,使得闭环控制系统具有期望的动态特性。

(3)极点配置:适当选择控制器参数,将闭环控制系统的极点移动到复平面的左半部分,从而确保系统的稳定性。

1.3.2.2 线性定常离散控制系统

线性定常离散控制系统是控制理论中的一个重要分支,主要研究由线性时不变(linear time invariant, LTI)系统构成的离散时间控制系统。这类系统在工程领域,特别是在自动控制、信号处理和通信系统中,具有广泛的应用前景。图 1-31 是线性定常离散控制系统的闭环控制结构框图。

线性定常离散控制系统具有以下几个主要特点：

(1)线性：系统响应遵循叠加原理，即多个独立输入的响应等于各个输入响应的总和。这表明系统的数学模型可以通过线性差分方程进行描述。

(2)定常性：系统参数保持固定，不随时间变化。这一特性排除了那些参数随时间变化的时变系统。

(3)离散性：系统的操作和输出发生在离散的时间点上，与连续控制系统相反。

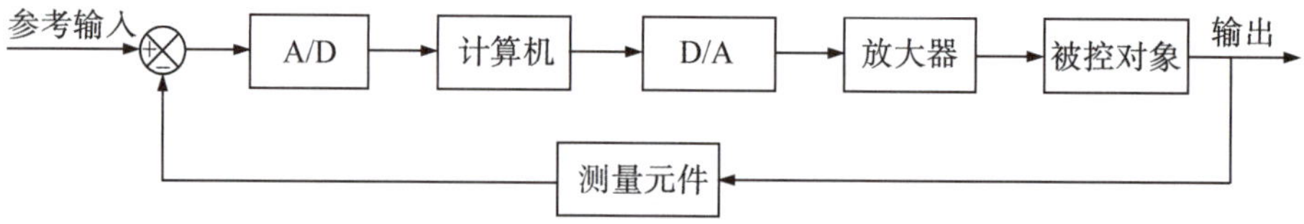

图 1-31 线性定常离散控制系统的闭环控制结构框图

线性定常离散控制系统通常可以用一组线性差分方程来表示，这些方程描述了系统状态随时间的变化。一个典型的线性定常离散控制系统可以表示为：

$$\boldsymbol{x}(k+1)=\boldsymbol{A}\boldsymbol{x}(k)+\boldsymbol{B}\boldsymbol{u}(k)$$

$$\boldsymbol{y}(k+1)=\boldsymbol{C}\boldsymbol{x}(k)+\boldsymbol{D}\boldsymbol{u}(k)$$

式中，$\boldsymbol{x}(k)$为系统在 k 时刻的状态向量；$\boldsymbol{u}(k)$为 k 时刻的输入向量；$\boldsymbol{y}(k+1)$为 $k+1$ 时刻的输出向量；$\boldsymbol{A}$、$\boldsymbol{B}$、$\boldsymbol{C}$ 和 $\boldsymbol{D}$ 为系统的参数矩阵。

引导阅读

离散控制系统的应用

离散控制系统的应用案例广泛存在于社会生活的各个方面，以下是一些具体的应用实例：

1.城市交通管理

(1)交通信号灯控制：离散控制系统能够根据不同时间段的车流量，精准地调整信号灯的时长。例如，在早晚高峰时段，通过增加绿灯时间或调整信号灯周期，以缓解交通拥堵。

(2)智能交通调度：利用离散控制理论和技术，可以实现交通流量的实时监测和调度，优化交通路线，提高道路通行能力。

2.城市基础设施管理

(1)供水系统：离散控制系统能够控制水泵的开启和关闭，根据用水量来调整水压和供水量，确保城市供水稳定和可靠。

(2)垃圾处理系统：离散控制系统可以调度垃圾车按照设定好的路线和时间来收运垃圾，确保垃圾能够被及时清理，以维护城市环境卫生。

(3)路灯系统:离散控制系统能够根据环境和需求进行精准的调节,如根据天色变化自动开关路灯,根据路段人流量调整路灯亮度等。

3.工业生产过程控制

(1)生产线自动化:离散控制系统广泛应用于生产线自动化中,如自动装配线、自动包装线等,通过精确控制各个生产环节,提高生产效率和产品质量。

(2)温度与湿度控制:在工业生产过程中,离散控制系统可以精确控制生产环境的温度和湿度,确保生产过程的稳定性和产品质量。

(3)故障检测与报警:离散控制系统能够实时监测生产设备的运行状态,一旦发现故障或异常情况,立即发出报警信号,并采取相应措施进行处理。

4.电力系统控制

(1)发电机组控制:在电力系统中,离散控制系统可以精确控制发电机组的运行状态和输出功率,确保电力系统的稳定运行和供电质量。

(2)电网调度:离散控制系统能够根据电网负荷和供电需求,实时调整电网的调度策略,优化电力资源的分配和利用。

5.其他应用

(1)航空航天:在航空航天领域,离散控制系统被广泛应用于飞行器的姿态控制、导航控制等方面,旨在确保飞行器的安全和稳定。

(2)医疗设备:在医疗设备中,离散控制系统可以用于监测患者的生理参数,并根据参数变化自动调整治疗设备的工作状态,旨在提高治疗效果和安全性。

这些应用案例展示了离散控制系统在各个领域中的广泛应用和重要作用。通过精确的控制和调度,离散控制系统能够提高生产效率、降低能耗、优化资源配置,并保障设备和系统的稳定运行。

1.3.2.3 非线性系统

非线性系统是指系统的行为或特性不符合线性原则的系统。在数学和工程学中,线性系统的一个关键特征是其响应与输入成正比,这意味着系统的行为可以通过叠加原理来预测。也就是说,如果一个输入产生一个特定输出,那么两个输入的组合将产生两个单独输出的总和。相反,非线性系统的行为更加复杂多样。在这些系统中,输入和输出之间的关系可能是复杂的,并且不能简单地通过叠加原理来预测。

非线性系统可能表现出多种独特现象,例如:

(1)饱和:如图 1-32(a)所示,当输入增加到一定程度时,系统的输出不再增加,这可能导致非线性失真。

(2)死区:如图 1-32(b)所示,输入信号在达到一定阈值之前不会引起系统输出变化的一段区域。

(3)间隙:如图 1-32(c)所示,在某些机械系统中,当输入信号改变方向时,输出信号不会立即跟随变化,而是存在一个间隙或者滞后,直到输入信号的变化超过某个特定阈值后，输出信号才会发生相应的变化。

(4)混沌：系统的行为可能对初始条件非常敏感，导致动态行为呈现难以预测的、看似随机的特征。

(5)突变：系统可能会在某些参数变化时经历突然的、不连续的变化。

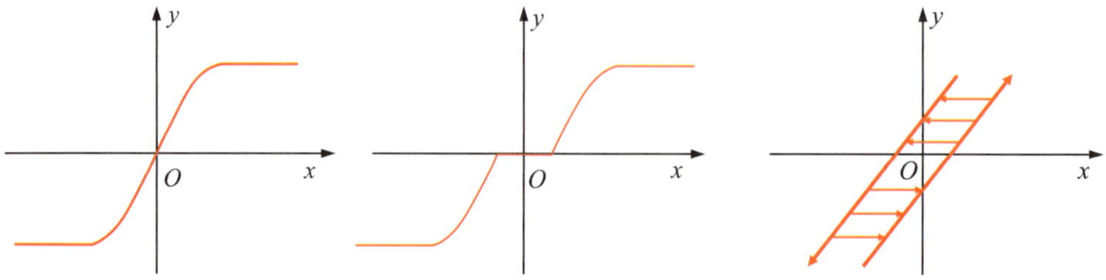

(a)饱和特性　(b)有死区的饱和特性　(c)间隙特性

图 1-32　非线性系统的特性

非线性系统的运动具有如下特点：

(1)稳定性分析复杂：对于线性系统，通常只有一个平衡状态 $y=0$，其稳定性仅取决于该平衡状态的稳定性，且与系统的结构和参数无关，不受外部作用和初始条件的影响。而对于非线性系统，可能存在多个平衡状态，其中某些状态可能是稳定的，而另一些则可能是不稳定的。不同的初始条件会导致系统自由运动的稳定性有所不同，平衡状态的稳定性不仅与系统的结构和参数相关，还与系统的初始条件直接相关。

(2)可能存在自激振荡现象：自激振荡是指在没有外界周期性变化信号作用时，系统内部产生的具有固定振幅和频率的稳定周期运动，通常称为“自振”。而线性系统在无外部周期性信号作用时所呈现的周期运动并不是自激振荡，因为线性系统的周期运动在受到外部扰动时会发生变化，无法维持稳定的周期性。

(3)频率响应发生畸变：非线性系统的频率响应除了包含与输入信号同频率的正弦信号分量(基频分量)外，还含有关于角频率 ω 的高次谐波分量，这些谐波会使系统波形发生非线性畸变。如果系统中存在多值非线性环节，输出的各次谐波分量的幅值可能出现跃变。

针对非线性系统的分析和设计相对复杂，常用的方法包括相平面法、描述函数法等。

引导阅读

生活中的非线性系统实例

日常生活中有许多非线性系统的例子，这些例子展示了非线性现象在日常生活中的普遍性和多样性。以下是一些具体的非线性系统实例：

(1)人口增长：人口增长通常不是线性的，因为受到资源限制、疾病、战争、政策变化等多种因素的影响。这些因素会导致人口增长率的波动，使得人口增长曲线呈现出非线性特征。

(2)股票价格波动:股票市场的价格波动通常是非线性的,受到公司业绩、政策变化、市场情绪、国际形势等多种因素的影响。这些因素相互作用,使得股票价格呈现出复杂的非线性波动。

(3)疾病传播:疾病的传播过程通常是非线性的。在发病初期,感染者数量可能较少,但随着感染者的增多,病毒的传播速度可能迅速加快,形成爆发式增长。同时,随着防控措施的实施,疾病的传播速度可能迅速下降。

(4)天气变化:天气变化是非线性的,受到大气、海洋、地表等多种因素的影响。这些因素相互作用,使得天气变化呈现出不可预测的非线性特征。

(5)交通流量:交通流量受到道路条件、车辆数量、驾驶员行为等多种因素的影响。在高峰时段,交通流量可能急剧增加,形成拥堵;而在非高峰时段,交通流量则可能相对平稳。这种变化呈现出非线性特征。

(6)教育水平提升:教育水平的提升通常是非线性的。在教育资源有限的情况下,随着教育投入的增加,教育水平可能会呈现缓慢增长的趋势。但当教育资源达到一定水平后,教育水平可能会迅速提升,形成质的飞跃。

(7)人际关系:人际关系的发展也是非线性的。人与人之间的关系可能受到多种因素的影响,如性格、经历、环境等。这些因素相互作用,使得人际关系的发展呈现出复杂多变的非线性特征。

这些非线性现象展示了生活中各种系统的复杂性和多样性。非线性系统通常具有不可预测性、敏感性、混沌性等特征,这使得人们需要更加深入地研究和理解这些现象,以便更好地应对生活中的挑战和问题。

1.4　自动控制系统的基本要求

自动控制系统的设计与应用需要满足一系列基本要求,以确保系统能够有效且可靠地完成既定的控制任务。稳定性、快速性和准确性是评估自动控制系统性能的三个关键指标。

1.4.1　稳定性

稳定性是指系统在受到扰动或负载发生变化时,能够维持或恢复到正常工作状态的能力。一个稳定的控制系统能够在各种工况下保持预定性能,不会因外界干扰或参数变化而产生无限制的输出或失控。稳定性对于任何自动控制系统都是至关重要的,因为它决定了系统能否在不同操作条件下安全、可靠地运行。

根据稳定程度不同,稳定性可以分为三类:稳定、不稳定和临界稳定,如图 1-33 所示。

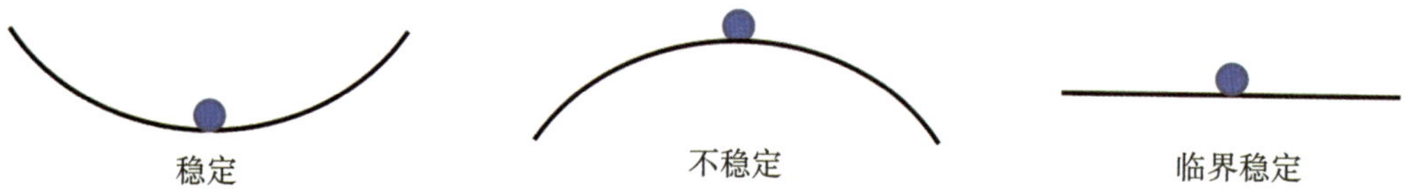

图 1-33　不同稳定性类型

稳定状态是指系统在扰动消失后能够恢复到原来的平衡状态；不稳定状态是指系统在受到扰动后无法恢复，输出可能趋于无穷大；临界稳定状态是指系统在扰动消失后，输出与原始平衡状态之间存在恒定偏差，或输出维持等幅振荡的状态，这意味着系统输出虽然不会趋于无穷大，但也无法完全恢复到原始状态。

稳定性判据通常包括劳斯判据、赫尔维茨稳定性判据、奈奎斯特判据、根轨迹法、描述函数法、伯德图稳定性分析法以及李雅普诺夫法。

以图 1-34 所示的典型阶跃响应曲线为例进行介绍，其中，y_m 为阶跃响应的峰值，表示在阶跃输入作用后，系统输出达到的最大值；y_s 为阶跃响应的稳态值，表示系统输出最终趋于稳定的值；t_r 为上升时间，表示阶跃响应从初始值上升到稳态值的 90% 所需的时间；t_m 为峰值时间，表示阶跃响应达到峰值所需的时间；t_s 为调节时间，表示阶跃响应进入以稳态值 y_s 为中心、Δ 为误差带范围的区域后，不再超出此范围所需的最短时间。稳定性可以通过以下几个指标来量化评估：

（1）超调量 σ（%）：输出信号在达到稳态前超过最终稳态值的最大幅度。超调量与系统的阻尼特性有关，超调量越小，系统的快速性和稳定性越好。

（2）振荡情况：系统响应中的振荡次数和振荡衰减情况。振荡次数过多或振荡衰减过慢都会影响系统的快速性和稳定性。

为了保证系统的稳定性，通常需要通过设计合理的控制策略和优化控制参数来实现。例如，可以通过引入适当的反馈环节、合适的控制算法，或应用先进的控制理论（如 PID 控制、自适应控制、鲁棒控制等）来提高系统的稳定性。

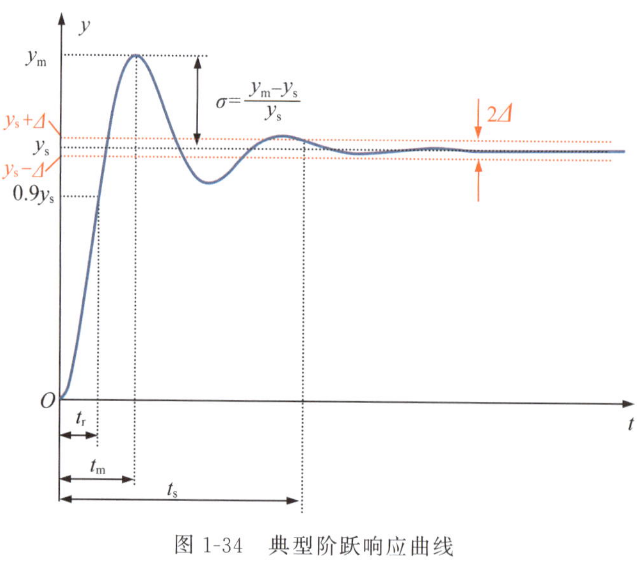

图 1-34　典型阶跃响应曲线

1.4.2 快速性

快速性是指系统对输入变化或外部扰动的响应速度。一个快速性良好的系统能够迅速对控制指令或环境变化作出反应,并在较短时间内达到或接近期望状态。

快速性的评估通常涉及以下关键指标:

(1)上升时间 t_r:输出信号从初始值增加到最终稳态值的一定百分比(通常为 90%)所需的时间。上升时间是衡量系统响应速度的一个重要指标。

(2)峰值时间 t_m:输出信号达到第一个峰值所需的时间。该指标反映了系统响应的快速程度,并揭示了系统在达到稳态之前可能出现的振荡特性。

(3)调节时间 t_s:输出信号首次进入并保持在最终稳态值的一个小范围内(通常为稳态值的 2%或 5%误差带)所需的时间。调节时间是一个重要的性能指标,直接关系到系统达到稳定状态所需的时间。

控制系统的快速性受多种因素的影响,包括控制策略、控制器参数、系统结构以及外部负载等。设计工程师通常通过调整控制器参数(如 PID 控制器的比例、积分和微分环节的参数)或采用先进的控制策略(如自适应控制、滑模控制等)来优化系统的快速性。

提高快速性通常需要优化系统的动态特性,如减少系统延迟、提高控制器增益、改善执行机构的响应速度等。然而,响应速度并非越快越好。在某些情况下,过快的响应速度可能使系统过于敏感,从而导致系统不稳定或性能下降。因此,在设计控制系统时,必须在快速性与其他性能指标(如稳定性、准确性)之间找到适当的平衡点。

1.4.3 准确性

准确性是指系统输出与期望目标之间的一致性程度。一个具有高准确性的系统能够精确控制被控对象,使其状态严格遵循预定轨迹或设定值,实现精确控制。通常,系统的准确性通过稳态误差 K 来衡量。稳态误差的大小直接反映了系统对输入信号的跟踪能力以及对扰动的抑制能力。稳态误差通常与以下几种输入类型相关:

(1)阶跃输入:当系统输入为阶跃信号 $r(t)=R\cdot 1(t)$(即从零突然变化为一个非零值 R 并保持不变)时,稳态误差 K_p 是指系统输出在足够长时间后与输入阶跃值之间的偏差。

(2)斜坡输入:对于斜坡输入 $r(t)=Rt$(即输入随时间变化呈线性增加),稳态误差 K_v 是指系统输出在达到输入斜坡终点时与输入斜坡值之间的偏差。

(3)加速度输入:对于抛物线输入 $r(t)=Rt^2/2$(即输入随时间变化呈平方增加),稳态误差 K_a 是指系统输出与输入抛物线轨迹对应点之间的偏差。

表 1-1 是稳态误差系数表。

表 1-1　稳态误差系数表

系统类型	静态(稳态)误差系数			阶跃输入	斜坡输入	加速度输入
	K_p	K_v	K_a	位置误差 $e_{ss}=\frac{R}{1+K_p}$	速度误差 $e_{ss}=\frac{R}{1+K_v}$	加速度误差 $e_{ss}=\frac{R}{1+K_a}$
0	K	0	0	$\frac{R}{1+K}$	∞	∞
Ⅰ	∞	K	0	0	$\frac{R}{K}$	∞
Ⅱ	∞	∞	K	0	0	$\frac{R}{K}$
Ⅲ	∞	∞	∞	0	0	0

提高准确性需要确保系统的各个组成部分都具有高精度性能，包括传感器的测量精度、控制器的计算精度、执行机构的动作精度等。此外，通过精确的系统建模和校准，采用高精度的控制算法，也可以提高系统的准确性。

引导阅读

都江堰、葛洲坝、大藤峡水利工程：技术发展与国家实力的缩影

都江堰、葛洲坝、大藤峡水利工程无疑是中国水利技术发展与国家实力的缩影。以下是对这三个水利工程的简单介绍：

(1)都江堰水利工程：都江堰建于公元前 256 年，由秦国蜀郡太守李冰父子主持修建。这一工程旨在解决成都平原的农田灌溉与排涝问题，使成都平原成为秦国的重要粮仓，为秦始皇统一六国提供了坚实的经济基础。都江堰主要由鱼嘴、飞沙堰和宝瓶口三大主体工程构成。都江堰的设计遵循“因地制宜、因势利导”的原则，未修建大坝，而是充分利用地势特征与水流规律。同时，都江堰的岁修制度确保了其长期稳定运行。如今，都江堰配备了视频监控系统、物联网系统、无人机等科技设备，并通过数字孪生系统实现了对水量水位的精准监测与控制。

(2)葛洲坝水利工程：葛洲坝位于湖北省宜昌市，是万里长江上的第一座大型水电站。该工程于 1970 年 12 月 30 日开工，经过多次停工与复工，于 1988 年 12 月全部竣工，历时 18 年。葛洲坝水电站是世界上最大的低水头大流量、径流式水电站之一，总装机容量达 2.715×10^6 kW。葛洲坝采用闸坝式水电站设计，结构稳固且美观，同时融入了中国传统文化元素，其不仅是一座水利工程，更是一座充满文化底蕴的人文景观。葛洲坝在发电、航运、防洪等方面发挥了重要作用。它的建成极大地改善了长江的航运条件，提升了长江的航运能力，并为周边地区提供了稳定的电力供应，支持

了当地经济的持续发展。

(3)大藤峡水利工程:大藤峡水利工程位于广西境内,是国家水网重要骨干工程,也是国务院确定的172项节水供水重大水利工程的标志性项目。该工程于2014年11月正式开工建设,历时9年,于2023年9月2日完成最后一台机组投产发电。大藤峡水利工程总投资357.36亿元,总库容34.79亿立方米,防洪库容15亿立方米。大藤峡水利工程集合了我国水利的诸多前沿技术,如世界水头最高的单级船闸、国内最大的轴流转桨式水轮发电机组等。同时,大藤峡水利工程推动了智慧工地建设,并利用先进技术手段提高了工程质量和安全管理水平。大藤峡水利工程在防洪、航运、发电、水资源配置、灌溉等方面发挥了重要作用。它的建成完善了珠江流域防洪体系,提升了西江下游和珠江三角洲的防洪能力。同时,大藤峡水利工程通过应急调水,有效遏制了珠江河口咸潮上溯,为粤港澳大湾区水安全提供了坚实屏障。此外,大藤峡水利工程还带动了地方经济发展,推动了乡村振兴。

综上所述,都江堰、葛洲坝和大藤峡水利工程不仅是中国水利技术发展的里程碑,更是国家实力的缩影。它们在不同的历史时期,以各自独特的方式,为中国的经济发展和社会进步做出了巨大贡献。

思考题

1.请概述自动控制理论从古典控制论到现代控制论的主要发展阶段,并指出每个阶段的关键人物、理论或技术突破。

2.举例说明在第二次工业革命期间,哪些具体的技术进步推动了自动控制系统的初步应用。

3.解释“反馈”在自动控制中的作用,并讨论它在不同历史时期是如何被理解和应用的。

4.对比经典控制理论(如PID控制)与现代控制理论(如状态空间分析、最优控制)在方法论和应用范围上的差异。

5.探讨计算机技术的发展是如何影响现代控制系统的设计与实现的。

6.分析自动控制技术在航空航天、制造业、交通运输、能源管理等领域中的具体应用,并讨论这些应用是如何改变相关行业的。

7.讨论智能家居、物联网等新兴技术中自动控制的新角色,以及它们对未来社会可能产生的影响。

8.简述当前自动控制领域面临的主要挑战,包括技术瓶颈、伦理道德问题、环境可持续性等。

9.预测未来十年内自动控制技术可能的发展方向,包括人工智能、机器学习、量子计算等新兴技术在自动控制中的应用前景。

10.探讨自动控制与其他学科(如信息科学、经济学、社会学)的交叉融合,以及这种跨学科融合产生的新理论和新技术。

11.分析自动控制技术在解决全球性问题(如气候变化、公共卫生危机)中的潜在作用。

12.基于对自动控制发展史的认识,归纳出推动该领域发展的关键因素。

13.设想一个未来自动控制应用场景,描述其工作原理、潜在影响及面临的挑战。

第二章 自动控制系统的“感知器官”——传感器

传感器俗称“感知器”，是感知、获取与检测信息的窗口。在一切科学实验和生产实践中，尤其是自动控制系统中，所需信息都需要先通过传感器获取并转换为易于传输和处理的电信号。传感器技术能够为人们带来巨大的经济效益和社会效益。自动化水平是衡量一个国家现代化程度的重要指标，而自动化水平的高低则取决于检测、控制类仪表及传感器的种类、数量和质量。

引导阅读

仿生传感器

传感器的设计灵感源于自然界中的生物，这些生物在生存过程中需要不断与外界环境进行信息交换，从而进化出了感知自身状态及周围环境变化的器官。下面是几个仿生传感器的例子。

(1)电子蛙眼：青蛙能够迅速识别出它喜欢捕食的苍蝇等飞虫，同时忽略其他移动物体或静止背景。基于对青蛙视觉机制的研究，科学家们研制出了电子蛙眼，这种设备可以精确地辨认特定形状的目标。在现代军事防御中，当面对敌方导弹来袭时(包括真弹头和诱饵)，集成了电子蛙眼的雷达系统能够有效区分真假目标并快速锁定。

(2)盲人“探路仪”：受蝙蝠利用超声波进行回声定位的启发，人们为视力障碍者设计了一种携带式装置——探路仪。该装置通过内置的超声波发射器帮助使用者避开障碍物(如电线杆、台阶等)。此外，人们还设计了功能相似的超声眼镜。

(3)水母耳风暴预测仪：模仿水母感知远处次声波的能力，研究人员创造了一种能够提前 15 h 预测风暴的仪器。该仪器对保障海上航行以及渔业生产安全具有重要价值。

2.1 传感器概述

2.1.1 传感器的定义

传感器是“信息获取—处理—传输—应用”链条中的源头技术。传感器处于被测对象与检测系统的接口位置，是一种信号转换装置，能直接感受被测量并按一定规律转换为可用输出信号。传感器通常由敏感元件和转换元件组成。其中，敏感元件是指传感器中直接感受被测量的部分，转换元件是指能将敏感元件的输出转换为电信号的部分。需要说明的是，并不是所有的传感器都能明显区分敏感元件与转换元件，有些传感器的这两部分合二为一，如半导体气体传感器、湿度传感器等，它们通常直接将感知的被测量转换为电信号，无须中间转换环节。

传感器的输出信号有很多形式，如电阻、电感、电容、电压、电流、频率、脉冲等，输出信号的形式由传感器的工作原理确定。

2.1.2 传感器的分类方法、命名与图形符号

分类研究是近现代科学技术的基本研究方法。传感器的分类方法多种多样，归纳如下：①按结构特点，传感器可分为结构型传感器、物性型传感器、复合型传感器。②按功能特点，传感器可分成单功能传感器、多功能传感器、智能传感器。③按输出信号，传感器可分为模拟传感器、数字传感器。④按能源供给方式，传感器可分为有源传感器、无源传感器。⑤按被测量所属范畴，传感器可分为物理量传感器、化学量传感器、生物量传感器。⑥按转换原理，传感器可分为电感式传感器、电容式传感器、电动势式传感器。

根据国家标准，传感器被系统地划分为三大门类：物理量传感器、化学量传感器和生物量传感器。这三大门类又进一步细分为 12 个小类，具体分类如下：①物理量传感器。包括力学量传感器、热学量传感器、光学量传感器、磁学量传感器、电学量传感器、声学量传感器、射线传感器；②化学传感器包括气体传感器、离子传感器、湿度传感器；③生物量传感器包括生化量传感器和生理量传感器。每个小类下还包含多种具体品种，以满足不同应用场景的需求。根据国家标准《传感器命名法及代号》(GB/T 7666—2005)的规定，一只传感器的全称应由主题词、四级修饰语组成，即：

(1)主题词：传感器。

(2)一级修饰语：被测量，包括修饰被测量的定语。

(3)二级修饰语：转换原理，通常加“式”字。

(4)三级修饰语：特征描述，指必须强调的传感器结构、性能、材料特征、敏感元件以及其他必要的性能特征，通常加“型”字。

(5)四级修饰语：主要技术指标，如量程、精度、灵敏度范围等。

本命名法只在有关传感器的统计表格、图书索引、检索以及计算机汉字处理等特殊场合使用，在技术文件、产品样本、学术论文、教材及书刊的陈述句中，产品名称应采用与其相反的顺序。在实际运用中，除第一级修饰语外，其他各级修饰语可根据产品的具体情况任选或省略，如某公司购进了 150 只拥有各种测量范围的电感式线位移传感器（省略了第二级、第四级修饰语）。

传感器图用图形符号是电气图用图形符号体系的一个组成部分。根据《传感器图用图形符号》(GB/T 14479—93)的规定，传感器的一般图形符号由正方形和等边三角形构成，如图 2-1 所示，其中正方形表示转换元件，三角形表示敏感元件。图 2-2 给出了一个电容式压力传感器的图形符号。

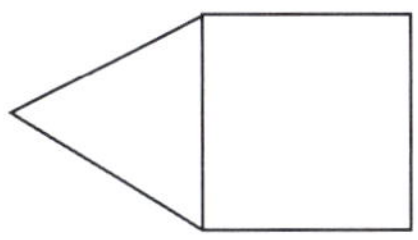

图 2-1　传感器的图形符号

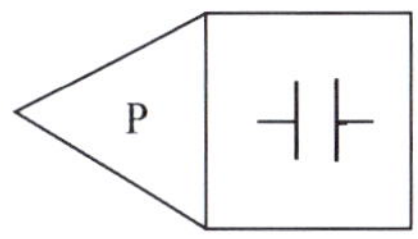

图 2-2　电容式压力传感器的图形符号

2.1.3　传感器的一般特性

2.1.3.1　传感器的静态特性与静态特性指标

若要正确使用传感器，必须充分了解传感器的特性。传感器的输入-输出特性是传感器的基本特性。传感器的各种性能指标都是根据传感器的输入-输出特性进行描述的。输入-输出特性是传感器的外部特性，但由其内部结构、参数决定。不同的传感器有不同的内部结构、参数，因而有不同的输入-输出特性。

传感器所测量的物理量（输入信号）有两种形式：一种是静态（或准静态）的形式，即信号不随时间变化（或变化很缓慢，在观测时间内可忽略）；另一种是动态形式，即信号随时间变化而变化。因此检测过程可分为静态检测和动态检测，相应其输入-输出特性可分为静态特性和动态特性。

在研究传感器特性时，无论是静态特性还是动态特性，都必须用一定的数学表达式来表示输入和输出的关系。在静态检测中，描述传感器静态特性的方程是代数方程，可表示为下列形式：

$$y = f(x) \tag{2-1}$$

式中，x 为不随时间变化的输入量；y 为输出量。

2.1.3.2　传感器的动态特性与动态特性指标

在实际应用中，大量被测信号都是动态信号。传感器的输出能否良好地跟踪输入的变化是一个重要问题。有的传感器尽管其静态特性良好，但不能很好地跟踪输入的快速变化，从而导致严重的测量误差。若不加以控制，这种动态误差可能高达百分之几十甚至百分之几百，因此必须重视传感器的动态响应特性。

动态特性研究可以从时域和频域两个方面，采用瞬态响应法和频率响应法进行。由于输入信号的时间函数形式是多种多样的，在时域内研究传感器的响应特性时，只能研究几种特定的输入时间函数(如阶跃函数、脉冲函数和斜坡函数等)的响应特性。在频域内研究动态特性时，可以采用正弦信号发生器和精密测量设备，便捷地获取频率响应特性。动态特性良好的传感器应具备极短的瞬态响应时间或者较宽的频率响应范围。

为了便于比较和评价，传感器动态特性的分析和动态标定经常采用单位阶跃输入和正弦输入这两种标准输入信号。大多数传感器在特定范围内被认为是线性系统，集总参数线性系统在时域中可用有限阶的线性常系数微分方程来描述，在频域中可用传递函数来描述。与阶跃响应有关的指标有时间常数、上升时间、超调量等；与正弦响应有关的指标有通频带、上限截止频率、下限截止频率、固有频率等。

2.2 三种常用传感器介绍

本节将对电感式传感器、电容式传感器和电动势式传感器三种常用传感器进行介绍。通过对三种常用传感器的学习，学生可以深入理解传感器技术的核心原理与应用范围。

2.2.1 电感式传感器

电感式传感器是一种利用非电量变化引起传感元件(即线圈)自感和互感变化，从而实现非电量电测量的装置。电感式传感器可以分为自感式、互感式和涡流式三种类型。自感式和互感式传感器直接测量的物理量是位移，通过配合不同的敏感元件，可以测量力、转速、流量等多种物理量。这种传感器的工作原理是，当传感器测量的物理量(如距离)发生变化时，内部线圈的自感或互感发生变化，进而改变传感器的输出信号。涡流式传感器应用更为灵活，它通过检测被测物体在线圈上产生的涡流来实现测量。电感式传感器广泛应用于金属检测、材料厚度测量以及裂缝检测等领域，其灵敏度和分辨率都很高，能够分辨 0.01 μm 的位移变化。电感式传感器的非线性误差一般为 0.05%～0.1%。凭借这些优良特性，电感式传感器已成为传感器家族中的重要分支，并得到了广泛应用。

2.2.1.1 变磁阻式电感传感器(自感式)

变磁阻式电感传感器是根据铁芯线圈磁路中气隙的改变引起磁路磁阻改变，从而改变线圈自感的装置。气隙的改变可通过改变气隙长度和气隙截面积两种方式实现。

变磁阻式电感传感器的结构如图 2-3 所示，它由线圈(1)、铁芯(2)、衔铁(3)、气隙(4)组成。当衔铁移动时，气隙厚度发生变化，引起磁路磁阻变化，从而导致线圈的电感值变化。通过测量电感值的变化就能确定衔铁位移量的大小和方向。

根据磁路知识，线圈电感 L 可按式(2-2)计算。

$$L=\frac{N^2}{R_m} \tag{2-2}$$

式中，N 为线圈匝数；R_m 为磁路总磁阻。与串联电阻类似，串联磁路的磁阻为各环节磁阻之和，即

$$R_m=\frac{l_1}{\mu A}+\frac{l_2}{\mu A}+\frac{2\delta}{\mu_0 A} \tag{2-3}$$

式中，l_1、l_2、δ 分别为铁芯、衔铁和气隙的长度；A 为铁芯、衔铁和气隙的截面积；μ 为铁芯、衔铁的磁导率；μ_0 为气隙的磁导率，$\mu_0=4\pi\times10^{-7}$ H/m。

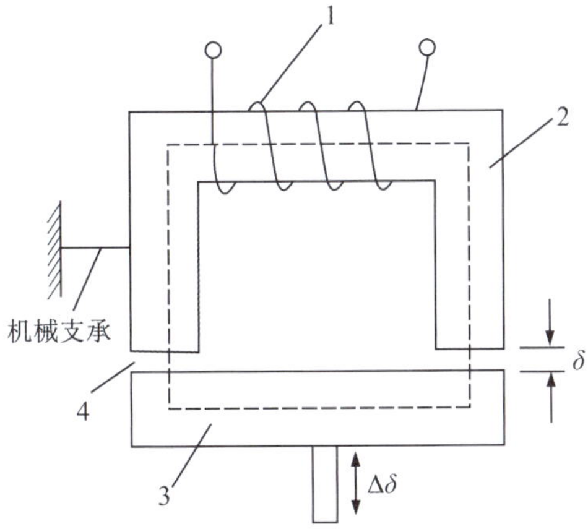

图 2-3 变磁阻式电感传感器

实际上由于铁芯工作于非饱和状态，此时铁芯的磁导率远远大于空气的磁导率，因而磁路的总磁阻主要由气隙的磁阻所决定，即可认为

$$R_m=\frac{2\delta}{\mu_0 A} \tag{2-4}$$

$$L=\frac{N^2\mu_0}{2\delta}A \tag{2-5}$$

式(2-5)表明，当线圈匝数 N 为常数时，电感 L 只是关于磁阻 R_m 的函数。改变 δ 或 A 均可改变磁阻并最终导致电感变化，因此变磁阻式电感传感器可分为变气隙厚度和变气隙面积两种情形，前者使用范围更广。

变磁阻式电感传感器在工业自动化中有着广泛的应用，特别是在位移、压力、流量等方面的测量。变磁阻式电感传感器作为一种电感式传感器，具有结构简单、分辨率高、零点漂移小、线性度好、性能稳定、抗冲击性强等优点。

图 2-4 为变磁阻式电感传感器测量流体压力的原理图，其中弹性元件是 C 形弹簧管，可把衔铁连接在弹簧管的自由端。当压力发生变化时，弹簧管的自由端会发生位移，导致两个线圈的电感（L_1 和 L_2）发生变化。图 2-4 中的电路采用变压器式交流电桥作为测量电路，能将电感变化转换为电压（U_0）变化。由于电感的变化反映了衔铁位移的变

化，而衔铁位移变化又对应被测压力 P 的变化。因此，该系统可通过测量电压变化实现对压力的测量。具体的转换过程为：被测压力先转化为衔铁位移的变化，然后又转化为电感的变化，电感的变化又经过测量电路转化为电压变化并输出。

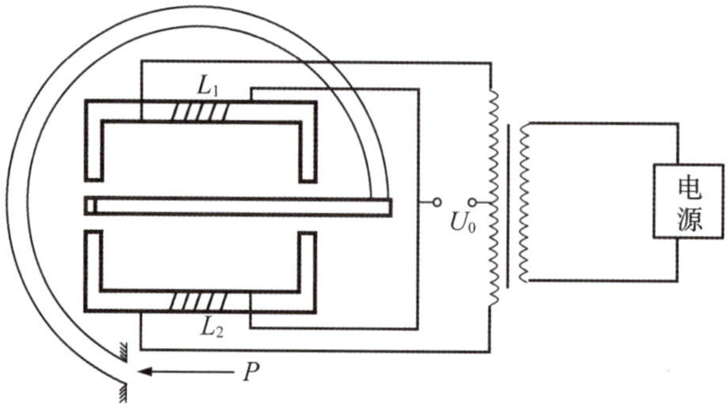

图 2-4 变磁阻式电感传感器测量流体压力的原理图

2.2.1.2 差动变压器式电感传感器(互感式)

差动变压器式电感传感器简称“差动变压器”，它可将位移变化转换为线圈间互感的变化。它实质上是一种变压器，主要由原边绕组、副边绕组和铁芯组成，采用差动结构形式，副边两个绕组进行“差接”。当在原边绕组施加激励电压后，由于互感系数变化，副边绕组的感应电动势将相应地发生变化。由于其结构简单、测量精度高、测量范围宽，作为位移传感器得到了广泛应用。螺管式差动变压器是典型的差动变压器，其结构示意图如图2-5所示。

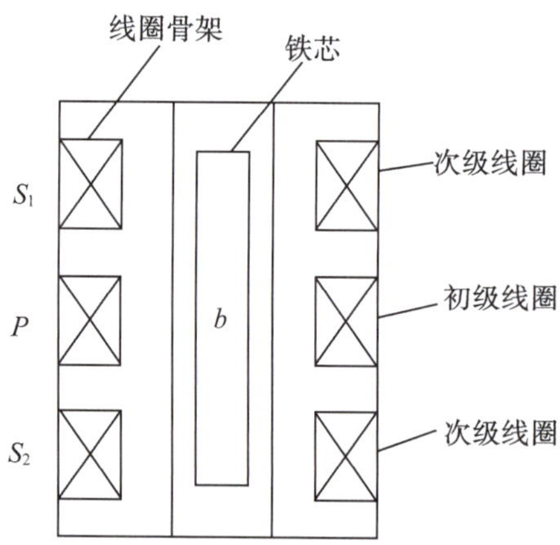

图 2-5 螺管式差动变压器的结构示意图

差动变压器式电感传感器主要由线圈、铁芯组成。线圈由初级线圈 P（又称“一次线圈”“原边绕组”）和次级线圈 S_1、S_2（又称“二次线圈”“副边绕组”）组成。线圈中插入圆柱形铁芯 b。图 2-5 所示为三段式差动变压器，即线圈骨架分成三段，中间为初级线圈，上下两端为次级线圈。线圈绕制方式多为初级线圈在内、次级线圈在外。

差动变压器的电气连接方法如图 2-6 所示，次级线圈 S_1 和 S_2 反极性串联。差动变压器的工作原理可以用变压器原理解释，不同之处在于：一般变压器的磁路是闭合的，差动变压器的磁路是不闭合的。一般变压器的初、次级线圈间的互感系数是常数，差动变压器的初、次级线圈间的互感系数随衔铁移动而相应变化。差动变压器的工作原理正是基于互感变化而建立的。当初级线圈 P 由交流恒压源 $\dot{E}_P$ 激励后，由于电磁感应，次级线圈将产生感应电动势 $\dot{E}_{S1}$、$\dot{E}_{S2}$，二者的差值 $\dot{E}_S=\dot{E}_{S1}-\dot{E}_{S2}$，其大小与铁芯的轴向位移成比例，其相位则取决于铁芯的位移方向，如图 2-7 所示。当铁芯位于中间位置时，$\dot{E}_{S1}=\dot{E}_{S2}$，$\dot{E}_S=0$；当铁芯向上移动时，$|\dot{E}_{S1}|>|\dot{E}_{S2}|$；当铁芯向下移动时，$|\dot{E}_{S1}|<|\dot{E}_{S2}|$。随铁芯位移量的增大，$|\dot{E}_S|$ 成比例增大。比较铁芯向上移动与向下移动，$\dot{E}_S$ 的相位相差 180°。

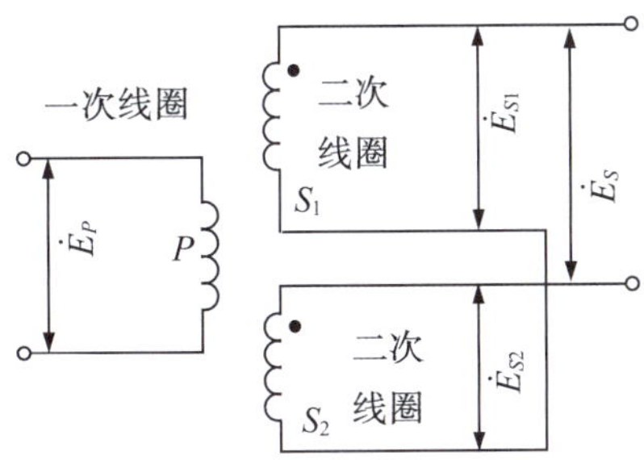

图 2-6　差动变压器的电气连接方法

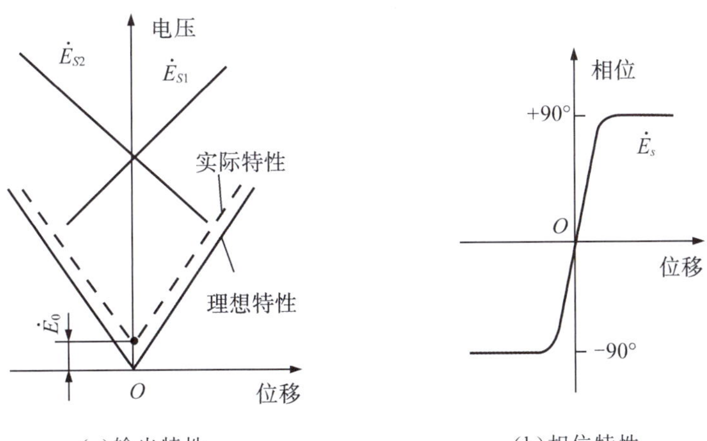

图 2-7　差动变压器输出特性曲线

对于实际的差动变压器，当铁芯位于线圈中间位置时，输出电压值不为零，而是 $\dot{E}_0$，该电压称为“零点残余电压”。因此，差动变压器的实际输出特性如图 2-7(a)中虚线所示。产生零点残余电压的原因主要有以下几点：

(1)由于两个次级线圈的绕制工艺不可能完全一致，因此它们的等效参数(互感、自感和损耗电阻)不可能完全相等。初级线圈中铜损、铁损以及匝间寄生电容的存在，使激励电流与所产生的磁通之间有相位差。这些因素导致两个次级线圈的感应电动势不仅数值不等，并且相位也不相同。这是零点残余电压中基波分量产生的原因。

(2)由于磁滞损耗和铁磁饱和的影响，激励电流与磁通波形不一致，导致产生非正弦波磁通，从而在次级线圈感应出含三次谐波的非正弦波电动势。这是零点残余电压中高次谐波产生的原因。

零点残余电压的存在会导致差动变压器在机械零位附近的灵敏度下降，非线性误差增大，进而降低其在零位附近的分辨率。

消除或减小零点残余电压的方法如下：

(1)首先，设计和加工时应尽量保证线圈和磁路对称，结构上可附加磁路调节装置。其次，应选用高导磁率、低矫顽磁力、低剩磁感应的导磁材料，并对导磁体进行热处理以消除残余应力，从而提高磁性能的均匀性和稳定性。在选择磁路工作点时，应使其不工作在磁化曲线饱和区。

(2)选用合适的测量电路，如相敏检波和差动整流电路，其直流输出不仅可以鉴别铁芯的位移方向，而且可以减小或消除零点残余电压。

(3)采用补偿电路来消除零点残余电压，常用方法包括：①附加串联电阻以消除基波同相成分；②附加并联电阻以消除基波正交成分；③附加并联电容改变相移，以补偿高次谐波分量；④附加反馈绕组和反馈电容，以补偿基波及高次谐波分量。

差动变压器式传感器可直接用于位移测量，也可以用来测量与位移有关的任何机械量，如加速度、应变等。

(1)压差计：当压差变化时，腔内膜片位移会使差动变压器次级电压发生变化，其输出电压与位移成正比，与压差成正比。压差计结构图如图 2-8 所示，该装置有两个腔室，中间由膜片分隔。当两腔室压力变化产生压差时，膜片会发生位移，并通过连杆带动衔铁移动，进而使次级线圈感应电压改变，其输出电压与压差成正比。在压差计中，弹性元件为膜片，它将压力差的变化转换为位移，再通过连杆带动衔铁位移，而衔铁位移的变化会导致差动变压器两个次级线圈的电压改变，从而产生电压输出。当电压 $P_1>P_2$ 时，膜片向下位移，衔铁随之向下移动，此时上面次级线圈的电压小于下面的，输出电压为负；当 $P_1<P_2$ 时，膜片向上位移，衔铁向上移动，上面次级线圈的电压大于下面的，输出电压为正。因此，输出电压的正负和大小反映了膜片位移的方向和大小，进而反映出压力差的方向和大小。

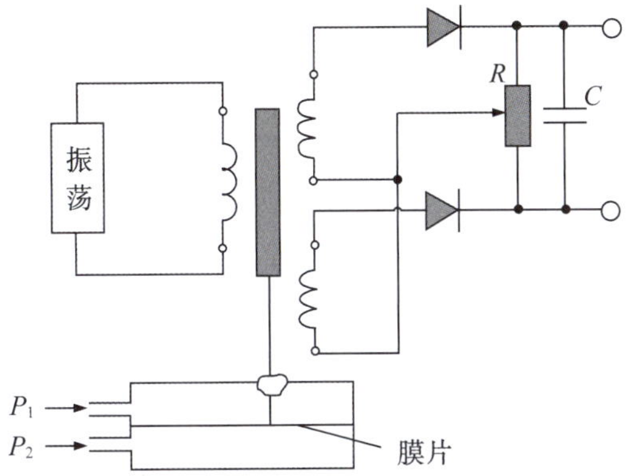

图 2-8 压差计结构图

(2)液位测量:沉筒式液位计将水位变化转换为位移变化,水位不同时,浮子的位置不同,进而会带动上方衔铁的位置相应变化,从而将水位变化转化为衔铁位移的变化,继而转换为两个次级线圈感应电动势的变化。因此,差动变压器的输出能反映液位高低,如图 2-9 所示。

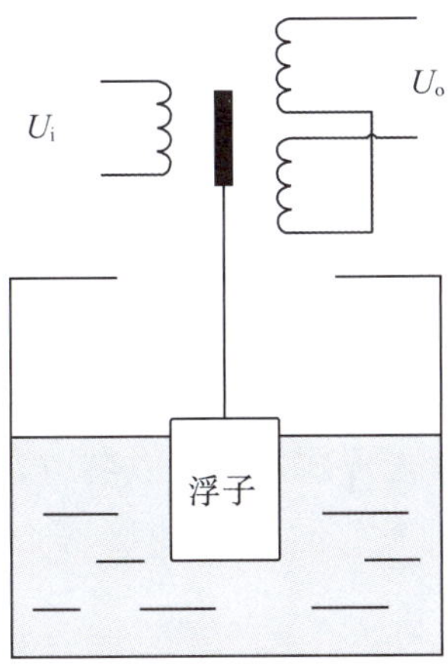

图 2-9 沉筒式液位计结构图

2.2.2 电容式传感器

电容传感技术可将被测量的变化转换为电容量的变化,它与电阻式传感器、电感式传感器统称为基础传感器。随着半导体集成电路技术和微机电系统技术的发展,电容式传感器在近几年取得了很大进步。它不但被广泛应用于位移、加速度等机械量的测量,而且逐步扩展到差压、液位、物位、成分含量、多相流等工业参数的测量。在自动控制检测技术领域,电容式传感器占有十分重要的地位。

2.2.2.1 传感原理

下面以图 2-10 所示的平行板电容器为例说明电容式传感器的基本工作原理。

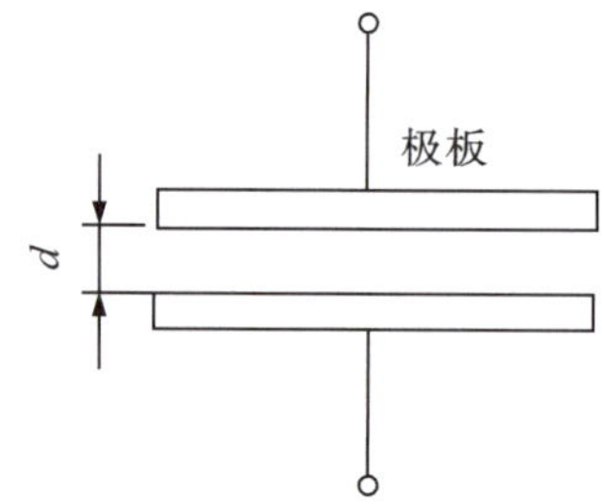

图 2-10 平行板电容器

平行板电容器的电容量为

$$C=\frac{\varepsilon S}{d}=\frac{\varepsilon_0\varepsilon_r S}{d} \tag{2-6}$$

式中，S 为极板面积(m^2)；d 为极板间距离(m)；ε 为介电质的绝对介电常数；ε_0 为真空介电常数，$\varepsilon_0=8.85\times10^{-12}$ F/m；ε_r 为介质的相对介电常数。

由式(2-6)可以看出，当被测参数使 S、d 或 ε_r 之一发生变化时，电容量 C 随之变化，于是可将该参数的变化单值地转换为电容量的变化。电容式传感器可分为三种类型：改变极板间距离的变间隙式电容传感器、改变极板面积的变面积式电容传感器和改变介质介电常数的变介电常数式电容传感器。变间隙式电容传感器的特点是灵敏度高，一般用来测量微小的线位移，但是其传感特性曲线为非线性特性曲线。变面积式电容传感器的传感特性曲线为线性特性曲线，但其灵敏度较低，一般用于测量较大的线位移或角位移。变介电常数式电容传感器在电容式传感器中最具特色，其传感特性曲线为线性特性曲线，常用于测量与物性参数有关的参数，如物位测量、液位测量、湿度测量等。

2.2.2.2 基本结构

电容式传感器的具体结构形式多种多样。极板形式有平行平面形、平行曲面形、圆筒形；极板可以是单一极板，也可以是差动极板；被测参数可以使电容式传感器的极板发生直线位移，也可以使电容式传感器的极板发生角位移。

图 2-11 为变间隙式电容传感器。图 2-11(a)采用单一极板结构，其中 1 为定极板，2 为动极板；图 2-11(b)采用差动极板结构，其中 1、3 为定极板，2 为动极板。

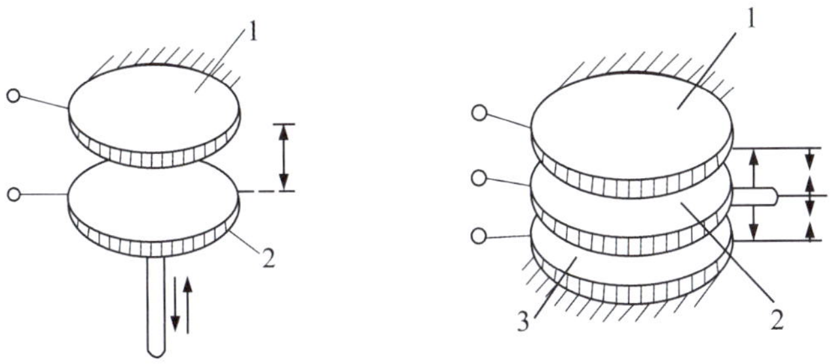

(a)单一极板结构 (b)差动极板结构

图 2-11 变间隙式电容传感器

图 2-12 为变面积式电容传感器。图 2-12(a)采用平行平面单一极板结构，通过极板的直线位移改变电容的面积，其中 1 为定极板，2 为动极板；图 2-12(b)采用平行平面单一极板结构，通过极板的角位移改变电容的面积，其中 1 为定极板，2 为动极板；图 2-12(c)采用平行曲面单一极板结构，通过极板的直线位移改变电容的面积，其中1 为定极板，2 为动极板；图 2-12(d)采用平行曲面差动极板结构，通过极板的直线位移改变电容的面积，其中 1、3 为定极板，2 为动极板。事实上，图 2-12(a)、图 2-12(b)也可形成相应的差动结构。

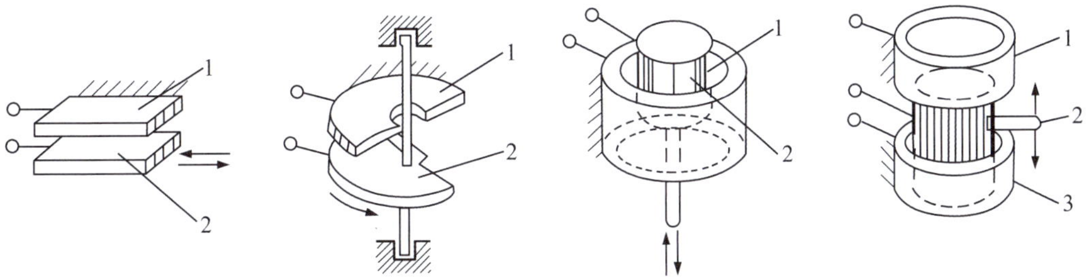

(a)平行平面单一极板 (b)平行平面单一极板 (c)平行曲面单一极板 (d)平行曲面差动极板

图 2-12 变面积式电容传感器

图 2-13 为变介电常数式电容传感器。图 2-13(a)用于测量板材厚度，图 2-13(b)用于测量板材位移，图 2-13(c)用于测量液位，图 2-13(d)用于测量材料的温度、湿度。

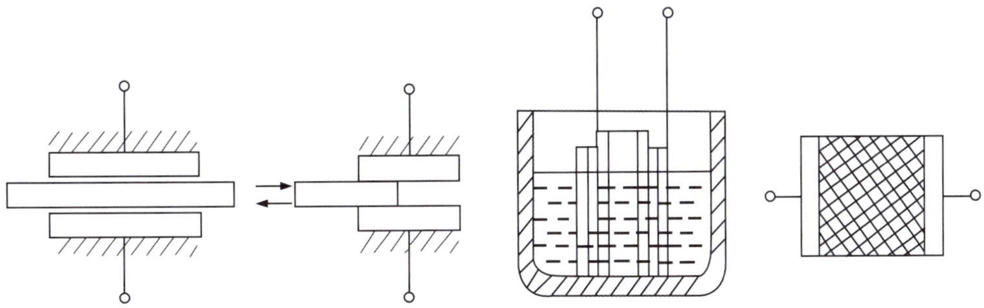

(a)测量板材厚度 (b)测量板材位移 (c)测量液位 (d)测量材料的温度、湿度

图 2-13 变介电常数式电容传感器

2.2.2.3 工作原理

(1)变间隙式电容传感器:设图 2-11(a)所示的电容式传感器两个极板间的初始距离为 d_0,此时电容量为

$$C_0=\frac{\varepsilon S}{d_0}=\frac{\varepsilon_0\varepsilon_r S}{d_0} \tag{2-7}$$

式中,d_0 为极板间初始距离(m);ε_0 为真空介电常数,$\varepsilon_0=8.85\times10^{-12}$ F/m;ε_r 为介质的相对介电常数。

设动极板 2 的位移为 Δx ,运动参考方向为向上,即动极板 2 上移时 $\Delta x>0$,动极板 2 下移时 $\Delta x<0$,则电容量为

$$C=\frac{\varepsilon S}{d}=\frac{\varepsilon S}{d_0-\Delta x}=\frac{\varepsilon S/d_0}{1-\frac{\Delta x}{d_0}}=C_0\frac{1+\frac{\Delta x}{d_0}}{1-\left(\frac{\Delta x}{d_0}\right)^2} \tag{2-8}$$

按泰勒级数展开,可得电容差值为

$$\Delta C=C-C_0=C_0\frac{\Delta x}{d_0}\left[1+\frac{\Delta x}{d_0}+\left(\frac{\Delta x}{d_0}\right)^2+\left(\frac{\Delta x}{d_0}\right)^3+\cdots\right] \tag{2-9}$$

位移量 Δx 与电容差值之间的关系为非线性关系。为限制非线性误差,$\Delta x\ll d_0$,一般满足下式:

$$\frac{\Delta x}{d_0}\leqslant 0.1 \tag{2-10}$$

所以近似有

$$\Delta C=C_0\frac{\Delta x}{d_0} \tag{2-11}$$

则灵敏度为

$$\frac{\Delta C}{\Delta x}=\frac{C_0}{d_0} \tag{2-12}$$

为提高灵敏度,应减小初始间隙。但 d_0 的减小将受到击穿电压和加工精度的限制,在两个极板之间放置一层云母可有效提高击穿电压。

对于图 2-11(b)所示的差动电容式传感器,初始状态为

$$d_1=d_2=d_0 \tag{2-13}$$

因此

$$C_1=C_2=C_0 \tag{2-14}$$

当动极板位移量为 Δx 时,其电容差值为

$$\Delta C=C_1-C_2=\frac{\varepsilon S}{d_0-\Delta x}-\frac{\varepsilon S}{d_0+\Delta x}=C_0\frac{2\frac{\Delta x}{d_0}}{1-\left(\frac{\Delta x}{d_0}\right)^2} \tag{2-15}$$

按泰勒级数展开,可得

$$\Delta C = C_1 - C_2 = 2C_0 \frac{\Delta x}{d_0}\left[1 + \left(\frac{\Delta x}{d_0}\right)^2 + \left(\frac{\Delta x}{d_0}\right)^4 + \cdots\right] \tag{2-16}$$

因 $\Delta x \ll d_0$，所以

$$\Delta C = C_1 - C_2 = 2C_0 \frac{\Delta x}{d_0} \tag{2-17}$$

可见采用差动结构，变间隙式电容传感器的灵敏度可提高一倍，非线性误差也能得到改善，同时也能提高传感器对温度等共模干扰的抑制能力。

(2)变面积式电容传感器：设电容式传感器的面积变化量为 ΔS，则电容量为

$$C = \frac{\varepsilon(S + \Delta S)}{d_0} = \frac{\varepsilon S}{d_0} + \frac{\varepsilon \Delta S}{d_0} \tag{2-18}$$

电容差值为

$$\Delta C = C - C_0 = \frac{\varepsilon \Delta S}{d_0} \tag{2-19}$$

灵敏度为

$$\frac{\Delta C}{\Delta S} = \frac{\varepsilon}{d_0} \tag{2-20}$$

可见，变面积式电容传感器在理论上具有线性传感特性。当采用差动结构时，变面积式电容传感器的灵敏度为

$$\frac{\Delta C}{\Delta S} = \frac{2\varepsilon}{d_0} \tag{2-21}$$

因此采用差动结构，变面积式电容传感器的灵敏度可提高一倍，同时也可提高传感器对温度等共模干扰的抑制能力。

(3)变介电常数式电容传感器：在式(2-6)中，面积 S 与介电常数 ε 的位置是等价的，因此当介电常数的变化量为 $\Delta\varepsilon$ 时，电容差值为

$$\Delta C = C - C_0 = \frac{\Delta\varepsilon S}{d_0} \tag{2-22}$$

灵敏度为

$$\frac{\Delta C}{\Delta\varepsilon} = \frac{S}{d_0} \tag{2-23}$$

可见，变介电常数式电容传感器在理论上具有线性传感特性。当采用差动结构时，变介电常数式电容传感器的灵敏度为

$$\frac{\Delta C}{\Delta\varepsilon} = \frac{2S}{d_0} \tag{2-24}$$

2.2.2.4 电容式传感器的应用

电容式传感器是一种广泛应用于工业领域的传感器，它通过测量电容的变化来检测物理量。下面是电容式传感器的典型应用。

(1)物位测量：如图 2-14 所示，将电容器极板插入被测介质中，随着灌装量的增加，极板覆盖面增大，由电容的相对变化可知，测出的电容量可反映灌装高度 l。

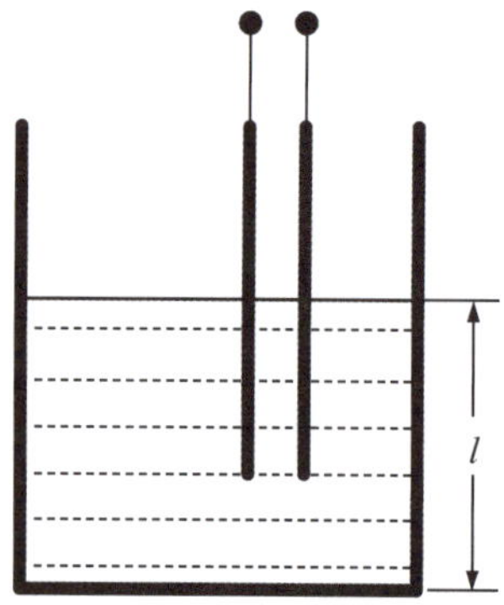

图 2-14　物位测量图

(2)电容式称重传感器：电容式称重传感器的结构形式多样，只要利用弹性敏感元件变形造成电容随外加质量变化的特性，就可以构成电容式称重传感器，如图 2-15 所示。在弹性钢体上高度相同处打一排孔，孔内形成一排平行的平板电容。当称重时，钢体上端面受作用力(F)，圆孔变形，每个孔中的电容极板间隙变小，其电容相应增大。由于电路中各电容是并联的，输出结果反映的是平均作用力的变化，从而大大减小测量误差。

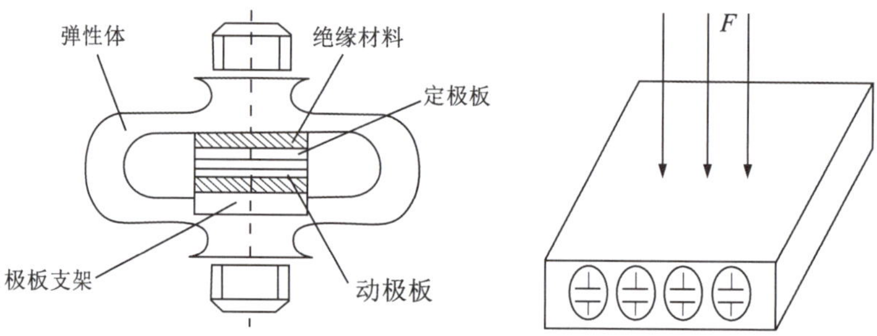

(a)结构图　　(b)应用

图 2-15　电容式称重传感器

(3)电容式指纹识别传感器：电容式指纹识别传感器是一种新型传感器，已在一些防盗系统、高科技领域以及重要场合中得到应用。指纹识别传感器中含有指纹传感芯片，其表面由若干个电容式传感器组成，如图 2-16 所示。

(a)笔记本指纹识别　　(b)指纹识别手机　　(c)汽车防盗指纹识别

图 2-16　电容式指纹识别传感器

当人将手指放在传感器上时，手指充当电容器的另一个电极。由于手指上存在指纹纹路，且深浅不一，导致硅表面电容阵列中各个电容的电压不同，通过测量并记录各点电压值就可以获得具有灰度级的指纹图像，从而达到辨别指纹的目的。

引导阅读

超级电容研究进展

据《高级材料》(*Advanced Materials*)2018 年的报道，新加坡南洋理工大学的科学家开发了一种可附着于织物上的“超级电容”，这是一种高效实用的新型储能装置。这种超级电容即便在剪切、折叠或拉伸的情况下仍能保持功能，并具有充电速度快、循环寿命长、安全可靠、储能容量大以及绿色环保等优点。它在电动汽车、大功率输出设备和电子消费等领域展现出广阔的市场前景。与此同时，英国曼彻斯特大学也研发出一种固态柔性超级电容器，通过丝网印刷技术将导电的石墨烯氧化物油墨直接打印到纺织品上。这类超级电容器面向可穿戴技术和智能织物应用，能够为电子设备提供自供电功能，甚至在拉伸或扭转时产生电能。当可穿戴电子设备能够可靠地实现自我供电，并与家庭及其他环境中的设备互联互通时，它将为物联网领域带来多种创新可能性。

进一步分析超级电容与电容式传感器的区别与联系可以发现，尽管两者都基于电容原理工作，但在设计目的、结构和应用场景上存在显著差异。超级电容是一种高能量密度的储能装置，主要用于需要快速充放电的场景；而电容式传感器则用于检测物理量(如位移、压力、湿度等)的变化，通过电容量的变化来反映被测物体的状态。尽管两者的工作原理相似，但在材料选择和技术重点上有所不同：超级电容更注重储能效率，电容式传感器则更强调传感精度。这些研究为跨学科融合创新、多功能集成趋势、可持续发展的重要性以及以用户体验为核心的设计理念提供了重要启示。

2.2.3 电动势式传感器

电动势式传感器又称“有源传感器”或“发电型传感器”，它能够将被测量转换为电动势信号进行输出，电动势信号直接源于传感器自身而非外部电源。电动势式传感器种类多样，本节将阐述其典型品种，主要包括热电偶传感器、霍尔传感器、压电传感器、光电传感器等。

2.2.3.1 热电偶传感器

热电偶传感器简称“热电偶”，基于热电效应原理工作，是工业中使用最广泛的接触式测温装置。热电偶具有测温范围大、性能稳定、信号可远距离传输、结构简单、使用方便等优点。热电偶可直接将热能转换为电能，并输出直流电压信号，记录、显示、输出都很容易。

如图 2-17 所示，两种导体（或半导体）A 和 B 的两端分别通过焊接或铰接连接在一起，形成一个闭合回路。当两个接点处于不同温度时，回路中会产生电动势（即热电动势），从而在回路中形成电流，电流的大小可通过电流表测量。这种现象被称为“热电效应”。热电效应由塞贝克于 1821 年发现，故又被称为“塞贝克效应”，产生的热电动势被称为塞贝克电动势。图 2-17 中的导体（或半导体）A 和 B 被称为“热电极”，它们共同组成了热电偶。在测温过程中，接点（1）被放置在被测温度场中，称为“测量端”（或工作端、热端，温度为 T）；而接点（2）通常处于某一恒定温度场中，称为“参考端”（或自由端、冷端，温度为 T_0）。

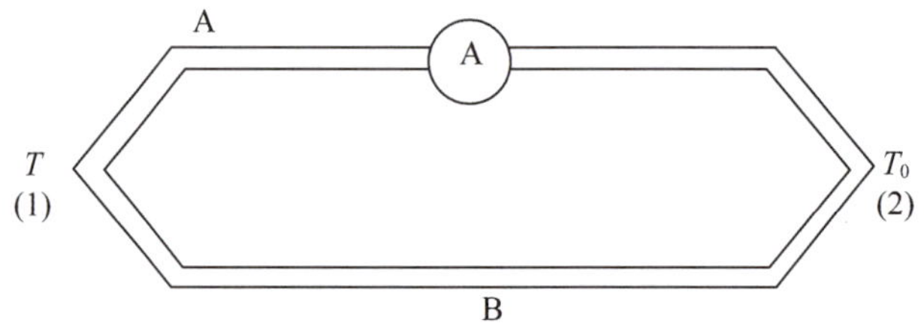

图 2-17　热电偶结构原理图

热电偶产生的热电动势只与两个电极的材料及两个接点的温度有关，通常写成 $E_{AB}(T,T_0)$。由理论分析可知，热电动势是由两个导体接点的接触电动势和同一导体的温差电动势合成的。

（1）接触电动势：当 A、B 两个导体接触在一起时，由于两个导体内自由电子密度不同，在接点处会产生电子迁移扩散。若导体 A 的电子密度 N_A 大于导体 B 的电子密度 N_B，则由导体 A 扩散到导体 B 的电子数要比从导体 B 扩散到导体 A 的电子数多。这样，导体 A 因失去电子而带正电，导体 B 因得到电子而带负电，于是在接点处形成电场。此电场将阻止电子由导体 A 进一步向导体 B 扩散，直到扩散作用与电场的阻止作用相等时，这一过程便处于动态平衡。此时，在 A、B 接点处形成一个稳定的电位差，这就是接触电动势。接触电动势用 $E_{AB}(T)$ 表示，它的大小与两金属的材料有关，也与接点处的温度有关。根据物理学的推导，接触电动势的表达式为

$$E_{AB}(T)=\frac{kT}{e}\ln\frac{N_A}{N_B} \tag{2-25}$$

式中，T 为接点处的绝对温度；k 为玻尔兹曼常数，$k=1.38\times10^{23}$ J/K；e 为电子电荷量，$e=1.6\times10^{-19}$ C；N_A，N_B 为导体 A 和 B 的自由电子密度。

同理，当接点的温度为 T_0 时，接触电动势为：

$$E_{AB}(T_0)=\frac{kT_0}{e}\ln\frac{N_A}{N_B} \tag{2-26}$$

（2）温差电动势：对于一根匀质的金属导体，如果其两端的温度不同，则在其内部会产生电动势，这种电动势称为“温差电动势”。金属中自由电子的能量随温度的升高而增大。如果一个导体 A 两端存在温度差，热端自由电子的动能比冷端大，导致热端有更多

的电子扩散到冷端，使热端失去电子而呈正电，冷端得到电子而呈负电。当电子扩散达到动态平衡时，两端便形成一定的电位差。根据物理学推导，当导体 A 两端的温度分别为 T、T_0 时，温差电动势可表示为

$$E_A(T,T_0)=\int_{T_0}^{T}\sigma_A \mathrm{d}T \tag{2-27}$$

式中，σ_A 为导体 A 的温差系数，与导体材料和温度有关。

同理，导体 B 的温差电动势为

$$E_B(T,T_0)=\int_{T_0}^{T}\sigma_B \mathrm{d}T \tag{2-28}$$

式中，σ_B 为导体 B 的温差系数。

(3)热电偶回路的热电动势：对于图 2-18 所示的由 A 和 B 两种导体构成的热电偶回路，当热端和冷端温度分别为 T、T_0 时，其总热电动势用 $E_{AB}(T,T_0)$ 表示，它等于整个回路中各接触电动势与各温差电动势的代数和。

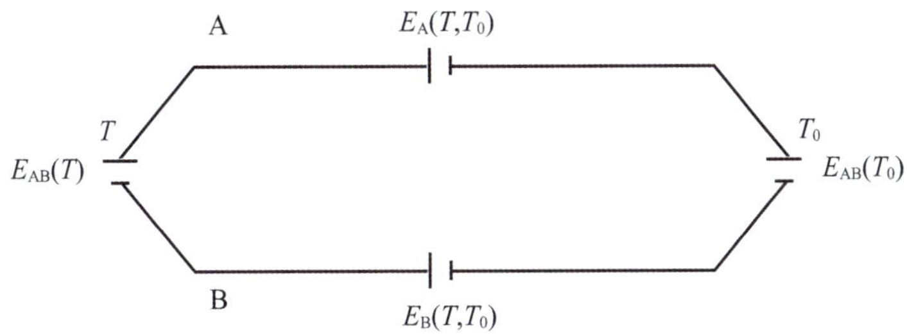

图 2-18 热电偶回路的热电动势

$$\begin{aligned}E_{AB}(T,T_0)&=[E_{AB}(T)-E_{AB}(T_0)]+[-E_A(T,T_0)+E_B(T,T_0)]\\&=\frac{K}{e}(T-T_0)\ln\frac{N_A}{N_B}-\int_{T_0}^{T}(\sigma_A-\sigma_B)\mathrm{d}T\end{aligned} \tag{2-29}$$

式(2-29)右边第一项称为“接触电动势”，第二项称为“温差电动势”，接触电动势一般大于温差电动势。由此可见：

①如果导体 A 和 B 的材料相同，即 $N_A=N_B$，$\sigma_A=\sigma_B$，即使两端温度 T、T_0 不同，总热电动势仍为零，因此热电偶必须用两种不同的材料作为热电极。

②如果热电偶的两电极材料不同，但热电偶的两端温度相同，即 $T=T_0$，总热电动势也为零。

③热电动势的大小仅与热电偶材料的性质、两个接点的温度有关，与热电偶的尺寸及形状无关。同样材料的热电极，其温度与电动势的对应关系是一样的，故材料相同的热电偶可以互换。

综上所述，热电动势的大小只与材料性质和接点温度有关，与热电偶的尺寸、形状及沿电极的温度分布无关。如果冷端温度固定，则热电偶的热电动势就是被测温度的单值函数。

$$E_{AB}(T,T_0)=f(T)\quad (T_0\ \text{恒定}) \tag{2-30}$$

这样，当冷端温度恒定时，热电偶产生的热电动势仅随热端温度的变化而变化，一定的热电动势对应着一定的温度。只要测出热电动势即可达到测温的目的。不同金属导体组成的热电偶，温度与热电动势之间有不同的函数关系。一般采用试验方法求取这个函数关系：把冷端放于温度场为零的环境内，然后在不同的温差情况下，精确地测出回路总热电动势，并将结果列成表格（即热电偶的分度表）。

热电偶是一种常见的温度测量传感器，其应用场景非常广泛。

(1)工业生产中的温度测量：在工业制造中，很多生产过程需要控制或监测温度，如热处理、熔炼、烘干等。热电偶可以非常准确地测量温度，并将数据传输到计算机或 PLC 等控制系统中，从而实现自动化控制。图 2-19 所示为常用热电偶炉温测量控制系统。

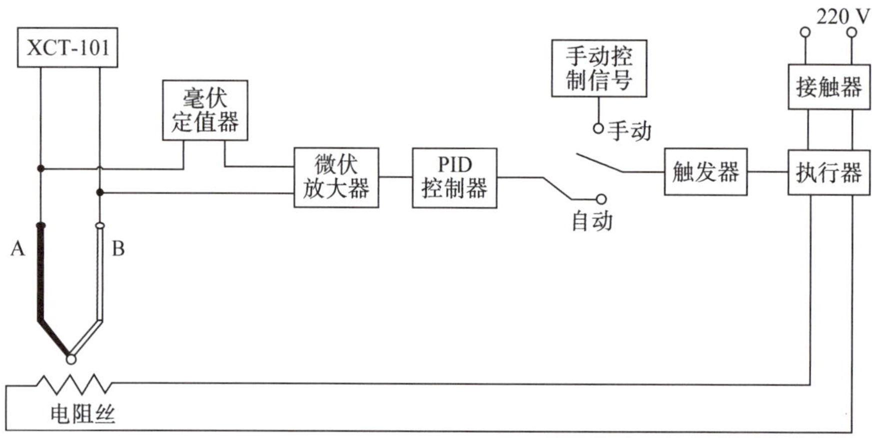

图 2-19 热电偶炉温测量控制系统

图 2-19 中，毫伏定值器给出与给定温度相对应的毫伏值，将热电偶的热电动势与毫伏定值器的毫伏值相比较，若有偏差则表示炉温偏离给定值。此偏差经微伏放大器送入 PID 控制器，再经过晶闸管触发器驱动晶闸管执行器来调整电炉丝的加热功率，直到偏差被消除，从而实现温度的自动控制。

(2)空调、冰箱等家用电器中的温度控制：在空调、冰箱等家用电器中，热电偶被用来测量室内或某个区域的温度，并根据测量结果来控制制冷或加热等操作，以维持设定的温度范围。

2.2.3.2 霍尔传感器

霍尔传感器是基于霍尔效应工作的传感器，是一种半导体磁敏传感器。所谓半导体磁敏传感器，是指其电参数按一定规律随磁性量的变化而变化的传感器。由于磁敏器件利用磁场工作，可以实现非接触检测，因此其寿命长、可靠性高。霍尔传感器的特性：从直流到高频保持一致，可认为其特性与频率无关。霍尔传感器能够产生与磁场强度成比例的电动势，不仅能够测量动态磁场，还能将静止的磁场转化为电信号。这使得其在电流、位移、压力等物理量测量中具有优势，广泛应用于工业自动化、汽车电子、医疗设备和消费电子等多个领域，成为现代传感技术中的重要组成部分。自霍尔效应发现以来，在众多科学家的努力下，量子霍尔效应(包括整数量子霍尔效应和分数量子霍尔效应)、量子自旋霍尔效应、量子反常霍尔效应等相关效应被陆续发现，整数量子霍尔效应和分数量子霍尔效应分别获得了 1985 年和 1998 年的诺贝尔物理学奖，其中也有中国科学家的贡献。

霍尔效应是 1879 年霍尔在金属材料中发现的。后续研究发现，半导体材料的霍尔效应更强。在通有电流的半导体上施加一个强磁场，当电流方向与磁场方向垂直时，在与电流和磁场都垂直的半导体两表面间会出现电动势差，这种现象称为“霍尔效应”，该电动势差称为“霍尔电动势”，所用的半导体薄片称为“霍尔元件”。如图 2-20 所示，将金属或半导体薄片置于磁感应强度为 B 的磁场中，当有电流 I 流过薄片时，电子的运动速度为 v，其方向与电流的方向相反，电子受到洛伦兹力 F_L 的作用向一侧偏移，速度为 v'，而霍尔电场建立之后又会对电子施加电场力 F_E。洛伦兹力 F_L 的计算公式为

$$F_L = e\bar{v}B \tag{2-31}$$

式中，e 为电子电荷量的绝对值；$\bar{v}$ 为电子定向运动的平均速度；B 为磁场的磁感应强度。

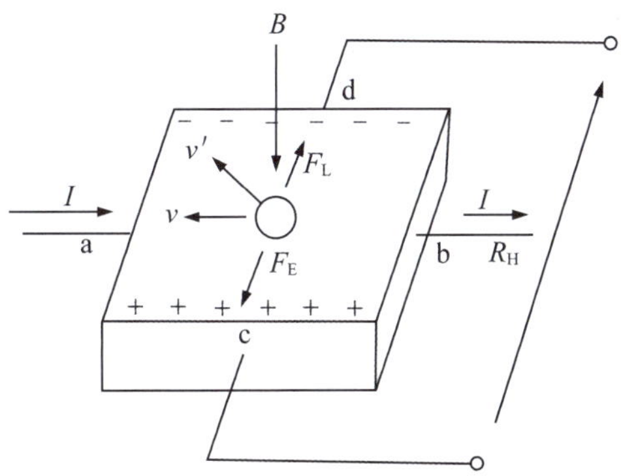

图 2-20 霍尔效应原理图

在图 2-20 中，电子在洛伦兹力 F_L 的作用下向一侧堆积，导致半导体薄片一侧电子密集、带负电荷，另一侧电子稀疏、带正电荷，从而形成霍尔电场，其电场强度 E_H 为

$$E_H = \frac{U_H}{b} \tag{2-32}$$

式中，U_H 为两种积累电荷间的电位差，即霍尔电压；b 为半导体薄片的厚度。

在图 2-20 中，霍尔电场的方向是从 c 指向 d 的。霍尔电场对电子产生电场力 F_E，其大小为 $F_E = eE_H$。电子积累得越多，电场力越大。洛伦兹力的方向可通过左手定则判断，它与电场力的方向恰好相反。当两个力达到动态平衡时，薄片的 cd 方向建立稳定电

场，形成霍尔电动势（又称“霍尔电压”）。霍尔电压形成的定性说明如图 2-21 所示。

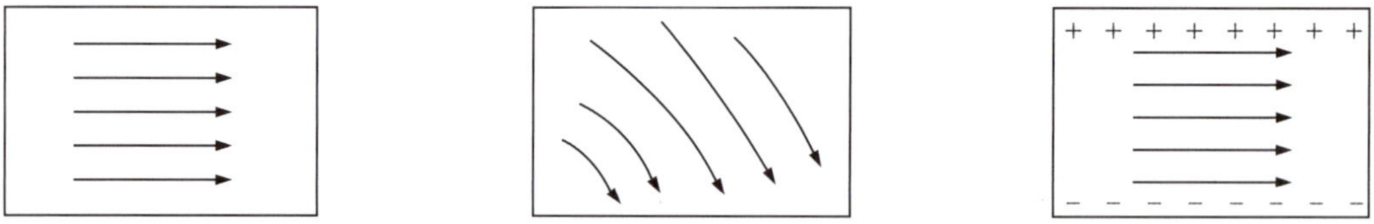

(a)磁场为零时电子在半导体中的运动　(b)电子在洛伦兹力作用下发生偏转　(c)电荷积累达到平衡时电子的运动

图 2-21　霍尔电压形成的定性说明

当电场力与洛伦兹力达到平衡时，满足以下关系式：

$$eE_{\mathrm{H}}=e\bar{v}B \tag{2-33}$$

$$E_{\mathrm{H}}=\bar{v}B \tag{2-34}$$

若半导体薄片单位体积内电子数为 n（载流子浓度），电子定向运动的平均速度为 $\bar{v}$，则激励电流 $I=nbd\bar{v}e$，所以 $\bar{v}=\dfrac{I}{bdne}$，其中 d 为半导体薄片的宽度。将 $\bar{v}$ 的表达式代入式(2-34)后，再将所得的 E_{H} 代入式(2-32)，可得

$$U_{\mathrm{H}}=\frac{1}{ne}\cdot\frac{IB}{d} \tag{2-35}$$

因此，在垂直于外磁场 B 的方向上放置半导体薄片，当薄片流过激励电流 I（又称“控制电流”）时，在半导体薄片前、后两个端面之间会产生霍尔电压 U_{H}。由实验可知，霍尔电压的大小与激励电流 I 和磁场的磁感应强度 B 成正比，与半导体薄片厚度 d 成反比。激励电流越大，磁场越强，电子受到的洛伦兹力越大，霍尔电压也就越高。另外，薄片的厚度、半导体材料中的载流子浓度等因素也会对霍尔电压产生影响。

$$U_{\mathrm{H}}=R_{\mathrm{H}}\frac{IB}{d} \tag{2-36}$$

式中，R_{H}为霍尔系数。

$$R_{\mathrm{H}}=\frac{1}{ne} \tag{2-37}$$

由式(2-35)可知，霍尔系数 R_{H} 的大小取决于导体的载流子浓度。由于金属导体的自由电子密度太大，导致其霍尔系数和霍尔电压都很小，所以金属材料不宜制作霍尔元件。此外，霍尔电压 U_{H} 与导体厚度 d 成反比，为了提高霍尔电压，霍尔元件通常制成薄片形。

将式(2-36)改写成为

$$U_{\mathrm{H}}=K_{\mathrm{H}}BI \tag{2-38}$$

其中

$$K_{\mathrm{H}}=\frac{R_{\mathrm{H}}}{d}=\frac{1}{ned} \tag{2-39}$$

式(2-38)为霍尔电压的数学表达式，其中 K_H 称为“霍尔元件灵敏度”(灵敏系数)。霍尔元件灵敏度 K_H 是表征在单位磁感应强度和单位控制电流下输出霍尔电压大小的重要参数，一般要求其值越大越好。K_H 与半导体材料的性质(如霍尔系数)和几何尺寸密切相关。相较于金属材料而言，半导体材料(尤其是 N 型半导体材料)的霍尔系数要大得多，因此在实际应用中，通常采用 N 型半导体材料制作霍尔元件。此外，元件的厚度对灵敏度的影响也很大，较薄的材料能够更有效地响应磁场的变化，从而产生更大的霍尔电压，因此厚度越薄，灵敏度就越高。

霍尔传感器的应用也很广泛，下面主要介绍霍尔压力计、汽车点火装置。

(1)霍尔压力计：如图 2-22 所示，被测流体介质通过管道进入波纹膜盒内，引起波纹膜盒变形，该变形通过杠杆带动霍尔元件在两个永久磁铁之间上下移动，通过测量此位移即可测得波纹膜盒内流体介质的压力。测压力的问题可归结为测霍尔元件的位移，由式(2-38)对位移求微分得

$$\frac{\mathrm{d}U_H}{\mathrm{d}x}=K_H I\frac{\mathrm{d}B}{\mathrm{d}x}=k \tag{2-40}$$

对式(2-40)求积分可以得到

$$U_H=kx \tag{2-41}$$

由式(2-41)可知，霍尔电压与位移量呈线性关系，其极性反映了元件位移的方向。磁场梯度越大，灵敏度越高；磁场梯度越均匀，输出线性越好。

霍尔元件测量位移时，具有惯性小、响应速度快的特点，可用来测量力、压力、压差、液位、流量等物理量。

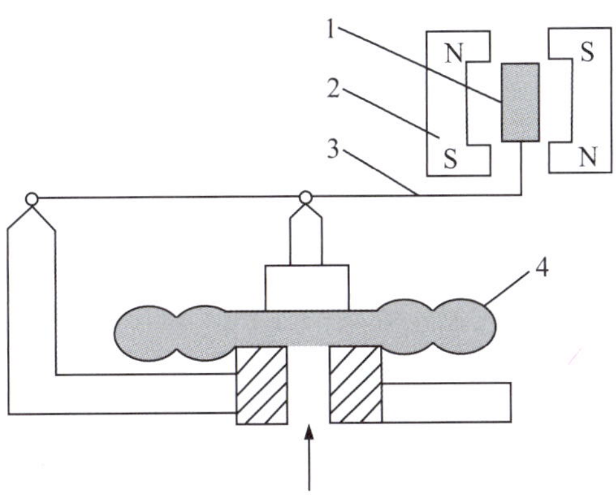

1—霍尔元件；2—永久磁铁；3—杠杆；4—膜盒

图 2-22 霍尔压力计传感器结构图

(2)汽车点火装置：如图 2-23 所示，当磁轮鼓旋转时，N 极和 S 极就会发生变化，在开关型霍尔集成电路上就会有高低电平信号输出。该电平信号通过放大电路来驱动点火线圈，使其电压升高，促使火花塞点火。

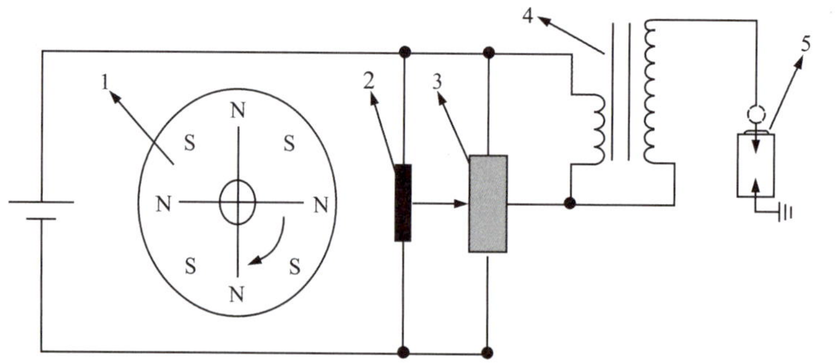

1—磁轮鼓；2—开关型霍尔集成电路；3—晶体管功率开关；4—点火线圈；5—火花塞

图 2-23　汽车点火装置示意图

引导阅读

基于霍尔元件的油气管道无损探伤系统

在长期运行过程中，油气管道容易因腐蚀、裂纹等缺陷或地质不稳定、意外事故等原因发生形变。即使这些裂纹或损伤非常微小且难以察觉，也可能引发油气泄漏等严重后果。因此，定期对油气管道进行无损检测至关重要。漏磁检测技术是一种高效的无损检测方法。

漏磁检测技术的工作原理是通过磁化器（一种能够产生强磁场的装置）对待测的铁磁性管道进行磁化。在理想情况下，如果管道材料连续且均匀，由于其磁阻较低，磁力线会集中在材料内部并沿管道轴向延伸，几乎不会从表面逸出。然而，当管道表面或近表面存在裂纹、凹坑等缺陷时，这些缺陷会导致局部区域的磁导率发生变化，形成高磁阻区。这会改变磁通的路径，部分磁通会绕过缺陷，而另一部分则会泄漏到管道表面，形成“漏磁场”。

磁敏感传感器可以检测到这些缺陷产生的漏磁场信号。对获取的信号进行分析处理，能够确定缺陷的具体特征，如裂纹的大小、深度和宽度等。该方法不仅能有效识别潜在的安全隐患，还能提供详细的缺陷评估数据，为管道的维护和修复决策提供科学依据。

2.2.3.3　压电传感器

压电传感器是以某些材料的压电效应为基础的装置。在外力作用下，这些材料的表面会产生电荷，从而实现非电量到电量的转换。压电传感器是力敏元件，可以测量最终能变换为力的物理量，如压力、应力、加速度等，在工程上有着广泛的应用。

对于某些电介质，当沿着一定方向对其施加力时，其内部产生极化现象，同时在它的某两个表面上会产生符号相反的电荷；当外力去掉后，该电介质又重新恢复到不带电状态，这种现象称为“压电效应”。当作用力方向改变时，电荷的极性也随之改变。这些具有压电效应的电介质材料称为“压电材料”。压电效应是可逆的,在这些材料的特定方向上施加电场,会产生机械变形;当去掉外加电场后,变形随之消失。这种现象称为“逆压电效应”或“电致伸缩效应”,为区分两者,常将后者称为“正压电效应”。

常见的压电材料主要分为三类:单晶压电晶体、多晶压电陶瓷和高分子压电材料。

(1)单晶压电晶体:单晶压电晶体具有各向异性,主要有石英、铌酸锂等。石英晶体分为天然与人工两种,是最常用的压电材料之一。如图 2-24 所示,石英晶体的外形呈多面体结构,可用 3 根互相垂直的轴线表示其晶轴。其中,纵向轴称为“光轴”(z 轴),经过棱线并垂直于光轴的轴线称为“电轴”(y 轴),与光轴、电轴同时垂直的轴线称为“机械轴”(x 轴)。

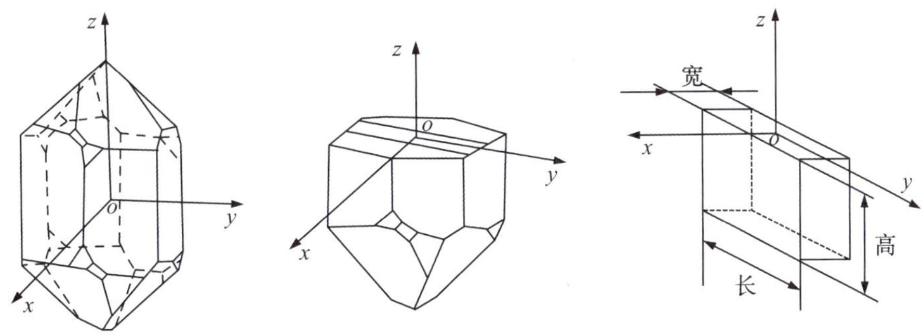

(a)左旋石英晶体的外形　(b)坐标系参考　(c)平行六面体切片

图 2-24　石英晶体

从晶体上沿各轴线切下一片平行六面体切片[见图 2-24(c)],平行于 y 轴的切片称为“X 切族”,平行于 x 轴的切片称为“Y 切族”。如图 2-25 所示,当受到沿机械轴方向的作用力 F_x 时,产生的压电效应称为“纵向压电效应”;当受到沿电轴方向的作用力 F_y 时,产生的压电效应称为“横向压电效应”;当受到沿光轴方向的作用力时,不产生压电效应。

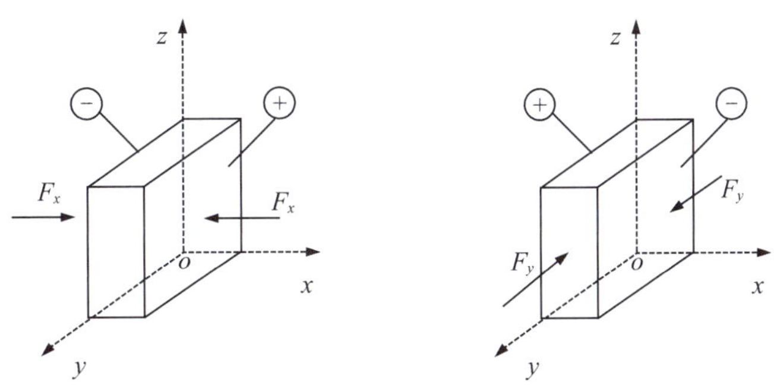

(a)纵向压电效应　(b)横向压电效应

图 2-25　压电效应

纵向压电效应产生的电荷量 q 为

$$q = d_{11} F_x \tag{2-42}$$

式中，d_{11} 为纵向压电常数；F_x 为作用力。

晶体表面产生的电荷与作用力成正比。石英晶体的压电常数比较低，纵向压电常数 $d_{11}=2.31\times10^{-12}$ C/N，由式(2-42)可以看出，纵向压电效应与晶片的几何尺寸无关。如果沿电轴施加作用力 F_y 时，电荷仍出现在与 x 轴垂直的平面上，其电荷量为

$$q_{xy} = d_{12}\frac{l}{\delta}F_y \tag{2-43}$$

式中，d_{12} 为横向压电常数，$d_{12}=-d_{11}$；l 为压电晶片的长度；δ 为压电晶片的厚度。

由式(2-43)可以看出，横向压电效应与晶片的几何尺寸有关，且横向压电效应的方向与纵向压电效应相反。

(2)多晶压电陶瓷：多晶压电陶瓷属于铁电体物质，是一种经极化处理的人工多晶体，由无数细微的电畴组成。在无外电场时，各电畴杂乱分布，其极化效应相互抵消，因此原始的压电陶瓷不具有压电特性。在一定的高温(100～170 ℃)下，对两个极化面加高压电场进行人工极化后，陶瓷体内部会保留很强的剩余极化强度。当沿极化方向施加作用力时，会在垂直于该方向的两个极化面上产生正、负电荷，其电荷量 q 与力 F 成正比，即

$$q = d_{33} F \tag{2-44}$$

式中，d_{33} 为压电陶瓷的纵向压电常数，可达单晶压电晶体的几十至几百倍。

压电陶瓷主要有极化的铁电陶瓷(钛酸钡)、锆钛酸铅等。钛酸钡是使用最早的压电陶瓷，具有较高的压电常数，约为石英晶体的 50 倍。但它的居里点低，约为 120 ℃，机械强度和温度稳定性都不如石英晶体。

锆钛酸铅系列压电陶瓷(PZT)随配方和掺杂物的变化可获得不同的性能。PZT 的压电常数很高，为$(2\sim5)\times10^{-10}$ C/N，居里点约为 310 ℃，温度稳定性较好，是目前使用最多的压电陶瓷。

压电陶瓷的压电常数大、灵敏度高、价格低廉，在一般情况下，多采用它作为压电传感器的压电元件。

(3)高分子压电材料：新型压电材料主要包括有机压电薄膜、压电半导体等。有机压电薄膜是由某些高分子聚合物经过特殊工艺处理后形成的具有压电特性的薄膜。这些处理工艺通常包括延展、拉伸和极化等步骤，最终使得薄膜具备压电特性。常见的有机压电薄膜材料有聚偏氟乙烯(PVDF)、聚氟乙烯(PFE)等。这类材料具有柔软、不易破碎、面积大的优点，因此可以用来制造大面积的阵列传感器和机器人触觉传感器。

压电半导体材料也是新型压电材料的重要组成部分。这类材料包括硫化锌(ZnS)、氧化锌(ZnO)、硫化钙(CaS)等，它们既具有半导体特性，又具有压电特性。由于同一材料兼具压电和半导体两种物理性能，故既可以利用其压电特性制作敏感元件，又能利用其半导体特性制作电路器件，形成新型集成压电传感器。

压电传感器的动态特性好、体积小、质量轻，常用来测量动态力、压力，特别是测量振动、加速度的惯性拾振器大多采用压电传感器。

(1)压电式加速度传感器：与其他类型的加速度传感器相比，压电式加速度传感器的体积小、质量轻、坚实牢固、测量范围大、工作温度范围宽，能够测量的振动频率范围为0.3～10 kHz。

图 2-26 为一种压缩型压电式加速度传感器。压电元件置于基座上，其上方有一块重物，通过预压弹簧将压电元件压紧。测量加速度时，由于被测物体与传感器固定在一起，因此压电元件也受加速度的作用，此时质量块产生与加速度成正比的惯性力并作用于压电元件，从而产生电荷。通过测量此电荷即可计算出被测加速度。

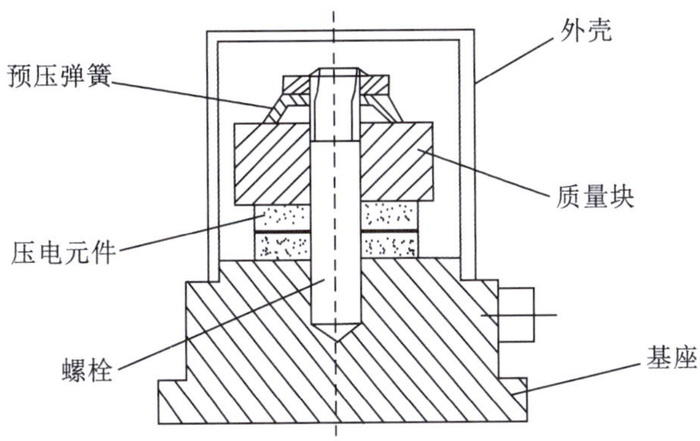

图 2-26 压缩型压电式加速度传感器

(2)压电式力传感器：压电式力传感器在直接测量拉力时，通常采用双片或多片石英晶体作为压电元件，配以适当的放大器即可测量动态力或静态力。图 2-27 是一种用于机床动态切削力测量的单向压电石英力传感器。它用两块晶片作为传感元件，被测力通过传力上盖使石英晶片沿电轴方向受压力作用。由于纵向压电效应，石英晶片在电轴方向上出现电荷。两块晶片沿电轴方向叠加，负电荷由片形电极输出，晶片正电荷一侧与基座连接。两块晶片并联可提高其灵敏度。压力元件弹性变形部分的厚度适当，主要由测力大小决定。这种结构的单向传感器体积小、质量轻(仅 10 g)、固有频率高(50～60 kHz)，可检测高达 5000 N 的动态力，分辨率为 10^{-3} N。

图 2-28 是压电陶瓷传感器测量刀具切削力的示意图。由于压电陶瓷传感器的自振频率高，特别适合测量变化剧烈的力。图 2-28 中的压电陶瓷传感器位于车刀前部的下方，当进行切削加工时，切削力通过刀具传给压电陶瓷传感器，压电陶瓷传感器将切削力转换为电信号输出，根据电信号的变化便可测得切削力的变化。

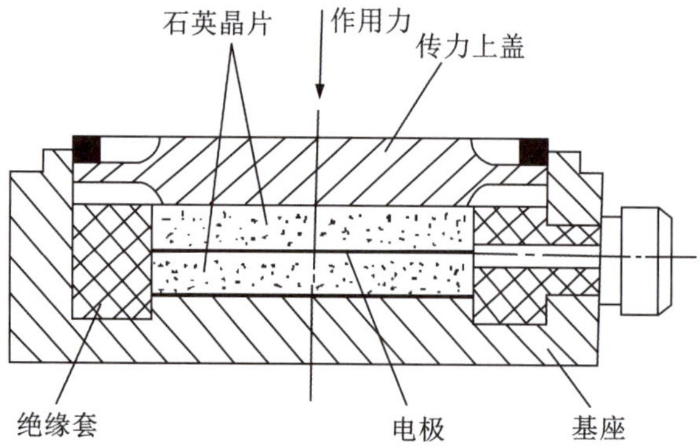

图 2-27 单向压电石英力传感器

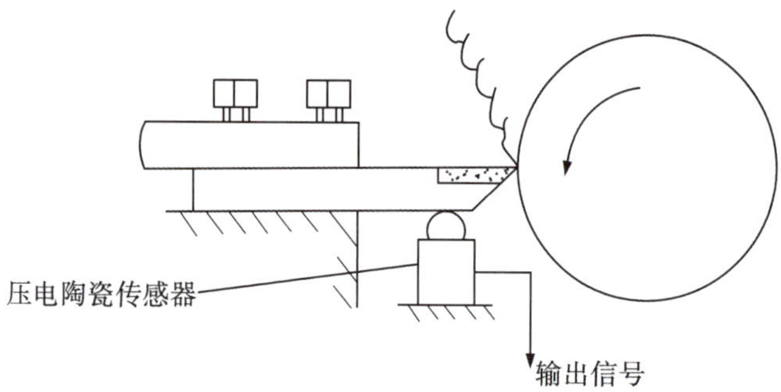

图 2-28 压电陶瓷传感器测量刀具切削力的示意图

(3)压电式玻璃破碎传感器:压电式传感器可用于检测玻璃破碎。压电传感器基于对振动敏感的特性来感知玻璃受撞击和破碎时产生的振动波,把振动波转换成电压输出,输出电压经放大、滤波、比较等处理后提供给报警系统。BS-D2 压电式玻璃破碎传感器的外形及内部电路如图 2-29 所示,传感器的最小输出电压为 100 mV,最大输出电压为 100 V,内阻抗为 15～20 kΩ。

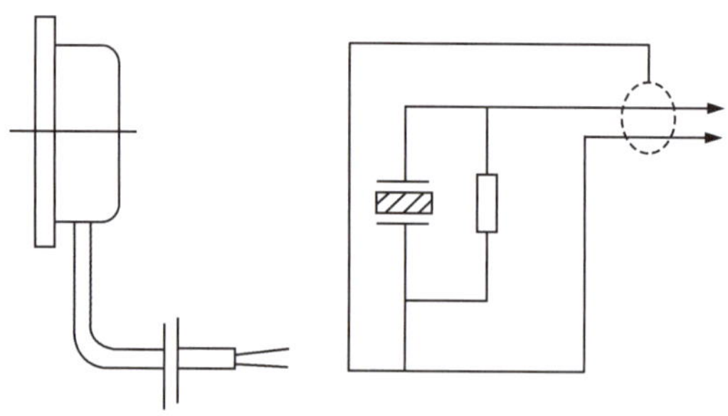

图 2-29 BS-D2 压电式玻璃破碎传感器

引导阅读

压电传感器在汽车中的应用

汽车交通事故往往突如其来，且发生时间极为短暂，驾驶员和乘客通常没有足够的时间采取主动防护措施。因此，被动安全装置在这种情况下显得尤为重要，它们能够在事故发生时自动启动，有效减轻事故对车内人员的伤害。一个典型的例子是现代汽车中广泛安装的安全气囊系统。

安全气囊的设计目的是在车辆发生严重碰撞时迅速充气展开，为乘客提供额外的缓冲保护，特别是对头部和颈部等脆弱且易受伤的部位。当传感器检测到足够的碰撞力或减速运动时，气囊会立即触发并快速膨胀，在人体与车内硬物之间形成一层柔软的屏障，吸收冲击能量，从而减少直接撞击造成的伤害。这种即时响应机制显著提升了乘客的安全性，在高速碰撞事故中效果尤为明显。

2.2.3.4 光电传感器

光电传感器是利用光电器件把光信号转换成电信号的装置。光电传感器工作时，先将被测量转换为光量的变化，然后通过光电器件再把光量的变化转换为相应的电量变化，从而实现非电量的测量。光电传感器的核心是光电器件，光电器件基于光电效应工作。光电传感器具有响应快、性能可靠、能实现非接触测量等优点，在检测和控制领域获得了广泛应用。

(1)光电器件：基于光电效应工作的光电转换元件称为“光电器件”或“光敏器件”。光电效应一般分为外光电效应、光电导效应和光生伏特效应，相对应的光电器件也有三种类型，分别为光电发射型、光导型和光伏型。本节将对这三种类型的光电器件进行基本介绍。

①外光电效应及光电发射型光电器件：当光照射到金属或金属氧化物的光电材料上时，光子的能量传给光电材料表面的电子，若入射光能使电子获得足够的能量，电子会克服正离子的吸引力，脱离金属表面而进入外界空间，这种现象称为“外光电效应”。

根据爱因斯坦的假说，光是一粒一粒运动着的粒子流，这些光粒子称为“光子”。每个光子的能量为 hf，其中 f 为光的频率，h 为普朗克常数($h=6.63\times10^{-34}$ J·s)。光子打在光电材料上时，单个光子把它的全部能量交给光电材料的一个自由电子，其中一部分能量消耗于该电子从物体表面逸出时所做的功(即逸出功 A)，另一部分能量转换为逸出电子的初动能。设电子质量为 m，电子逸出物体表面时初速度为 v，则据能量守恒定律有

$$hf=\frac{1}{2}mv^2+A \tag{2-45}$$

这个方程称为“爱因斯坦的光电效应方程”。能使光电材料产生光电子发射的光的最低频率 f_0 称为“红限频率”，由式(2-45)可知其值为

$$f_0 = \frac{A}{h} \tag{2-46}$$

不同的物质具有不同的红限频率。当入射光的频率低于红限频率时，不论入射光多强，照射时间多久，都不能激发出光电子；当入射光的频率高于红限频率时，不论入射光多么微弱，也会在被照射的物体中激发出电子。光越强，单位时间里入射的光子数就越多，激发出的电子数也就越多，因此光电流越大，光电流与入射光强度成正比。

光电管是基于外光电效应工作的光电器件。光电管在一个真空的玻璃泡内装有两个电极：光电阴极和阳极。有的光电阴极贴附在玻璃泡内壁，有的涂在半圆筒形的金属片上，光电阴极对光敏感的一面是朝向内侧的，并且阴极前方装有单根金属丝或环状的阳极。当阴极受到适当波长的光线照射时便发射电子，电子被带正电位的阳极所吸引，这样在光电管内就产生了电子流，在外电路中便产生了电流。光电管的结构如图 2-30 所示。

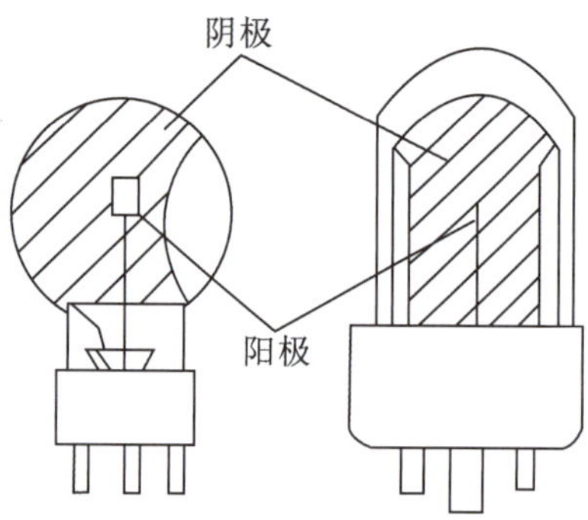

图 2-30　光电管的结构

在入射光极为微弱时，光电管产生的光电流很小，即使光电流能被放大，但噪声也会同时被放大。为了克服这个缺点，人们研制出了光电倍增管。

光电倍增管在光电阴极和阳极之间安装了若干个倍增极（或称次阴极）。入射光在光电阴极上激发电子，由于各极之间存在电场，阴极激发的电子被加速，随后轰击第一倍增极。这些倍增极具有以下特性：在受到一定数量的电子轰击后，能够放出更多的电子。倍增极的数目通常为 4～14 个。通过在各倍增极上施加适当的电压，最终阳极会收集电子，形成外电路的电流输出。在工作时，光电倍增管的各个倍增电极上均加有电压。阴极（K）的电位最低，从阴极开始，各倍增极的电位依次升高，阳极（A）的电位最高，如图 2-31(a)所示。设每个倍增极的倍增率为 δ（一个电子能轰击产生 δ 个次级电子），若有 n 个倍增极，则总的光电流倍增系数 $M=(c\delta)^n$，其中 c 为各次阴极电子收集效率；光电倍增管阳极电流 I 与阴极电流 I_0 的关系为

$$I = I_0 M = I_0 (c\delta)^n \tag{2-47}$$

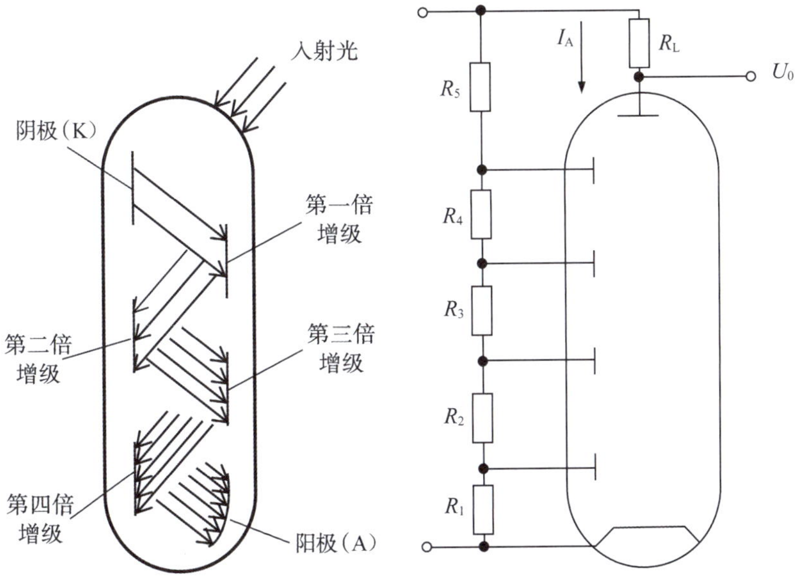

图 2-31 光电倍增管的结构及电路

倍增系数与所加电压有关。常用光电倍增管的基本电路如图 2-31(b)所示，各倍增极电压由电阻分压获得，流经负载电阻 R_L 的放大电流产生的压降即为输出电压。一般阳极与阴极之间的电压为 1000～2500 V，两个相邻倍增电极的电位差为 50～100 V。所加电压越稳定越好，以减小倍增系数波动引起的测量误差。

②光电导效应及光导型传感器：绝大多数的高电阻率半导体，受到光照射吸收光子能量后，电阻率降低而易于导电，这种现象称为“光电导效应”。这里没有电子从物质内部向外发射，仅改变物质内部的电阻。为与外光电效应相对应，光电导效应也称为“内光电效应”。

内光电效应的物理过程如下：光照射到半导体材料上时，材料中处于价带的电子吸收光子能量，越过禁带跃入导带，从而形成自由电子，与此同时价带也会产生相应的自由空穴，即激发出电子-空穴对，从而使材料的导电性能增强。光线越强，材料的电阻值越小。

光敏电阻是用具有光电导效应的半导体材料制成的电阻器件。当受到光照时，其电阻值下降；光线越强，电阻值越低；光照停止时，电阻值又恢复原值。把光敏电阻连接到外电路(见图 2-32)中，在外加电压(直流偏压或交流电压)作用下，电路中的电流及其在负载电阻 R_E 上的压降将随光线强度变化而变化，这样就可以将光信号转换为电信号。

光敏电阻在不受光照时的电阻值称为“暗电阻”，受光照时的电阻值称为“亮电阻”。暗电阻越大越好，亮电阻越小越好，这样光敏电阻的灵敏度就越高。实际光敏电阻的暗电阻一般在兆欧量级，亮电阻在几千欧以下，暗电阻和亮电阻之比一般为 10^2～10^6。

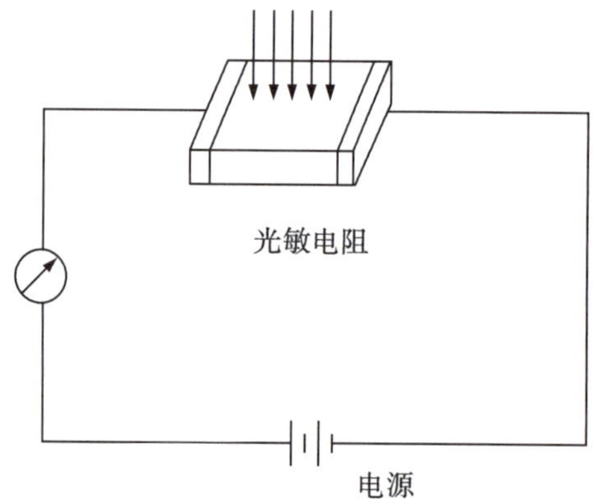

图 2-32　光敏电阻外接电路

光敏电阻的管芯是一块安装在绝缘衬底上的带有两个欧姆接触电极的光电导体。半导体吸收光子而产生的光电效应，主要发生于光照表面的薄层区域。虽然产生的载流子也有少数扩散到内部，但深入的厚度有限，因此光电导体一般都采用薄层结构。

光电二极管的结构与普通二极管相似，但封装在透明玻璃外壳中，其 PN 结位于管顶，便于接受光照。光电二极管在电路中工作时，一般要加上反向电压，如图 2-33 所示。光电二极管在电路中处于反向偏置状态时，若没有光照，反向电阻很大，反向电流很小，该电流称为“暗电流”。当光线照射在 PN 结上，光子打在 PN 结附近时，PN 结附近产生光生电子和光生空穴，从而使原本少数的载流子的浓度大大增加，因此通过 PN 结的反向电流也随之增加。

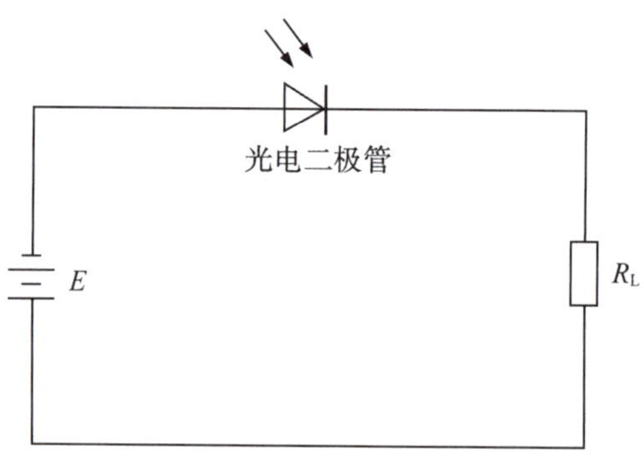

图 2-33　光电二极管的工作电路

如果入射光照度变化，光生电子-空穴对的浓度也相应变动，通过外电路的光电流也随之改变。可见，光电二极管能将光信号转换为电信号。当光电二极管不受光照时，处于截止状态；当受光照射时，处于导通状态。

光电晶体管与普通晶体管很相似，具有两个 PN 结。它在把光信号转换为电信号的同时，又将信号电流加以放大。图 2-34 为 NPN 型光电晶体管的简化电路。当集电极加上相对于发射极为正的电压且基极悬空时，基极-集电极结处于反偏状态。当光照射在基极-集电极结上时，就会在结区附近产生电子-空穴对，从而形成光电流，输入晶体管的基极。由于基极电流增加，集电极电流将达到光生电流的 β 倍，所以光电晶体管有放大作用。

在使用光电二极管和光电晶体管时，应注意调整光源与光敏器件的位置，使入射光恰好聚焦在管芯所在的区域，以获得最大灵敏度。为避免灵敏度改变，使用过程中必须保持光源与光敏器件的相对位置不变。

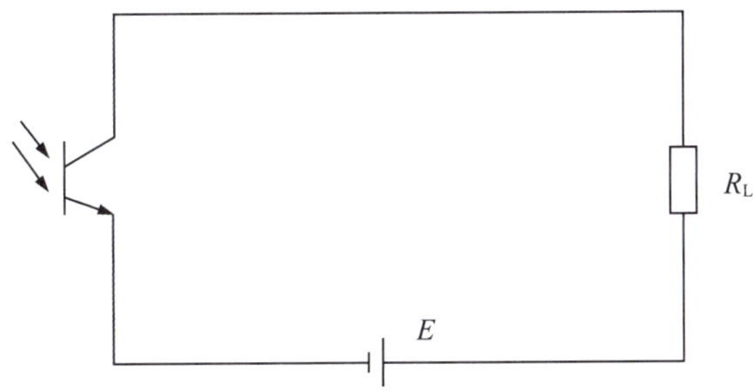

图 2-34 光电晶体管的简化电路

③光生伏特效应及光伏型传感器：光线照射引起 PN 结两端产生电动势的现象称为“光生伏特效应”。当 PN 结两端没有外加电压时，PN 结势垒区仍然存在结电场，其方向是从 N 区指向 P 区，如图 2-35 所示。当光线照射到 PN 结上时，若光子的能量大于半导体材料的禁带宽度，则在 PN 结内产生电子-空穴对。在结电场作用下，空穴移向 P 区，电子移向 N 区，电子在 N 区积累，空穴在 P 区积累，使 PN 结两边的电位发生变化，PN 结两端出现一个因光照而产生的电动势。用导线将 PN 结两端连接起来，电路中就会有电流流过，电流的方向为 N 区指向 P 区。若将电路断开，就可以测出光生电动势。

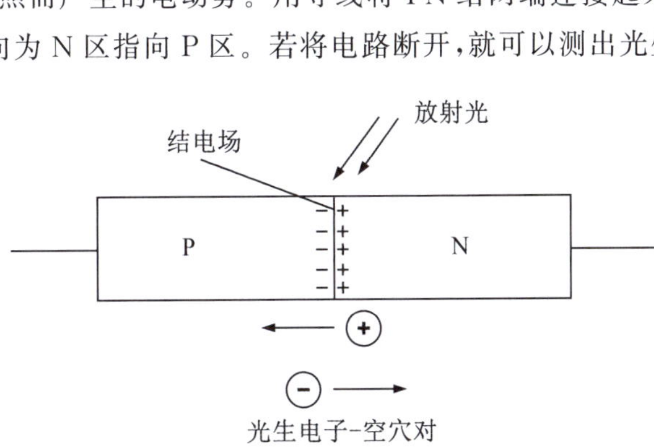

图 2-35 PN 结光生伏特效应原理图

光电池就是基于光生伏特效应，直接将光能转变为电动势的光电器件，属于有源传感器。光电池应用电路如图 2-36 所示。

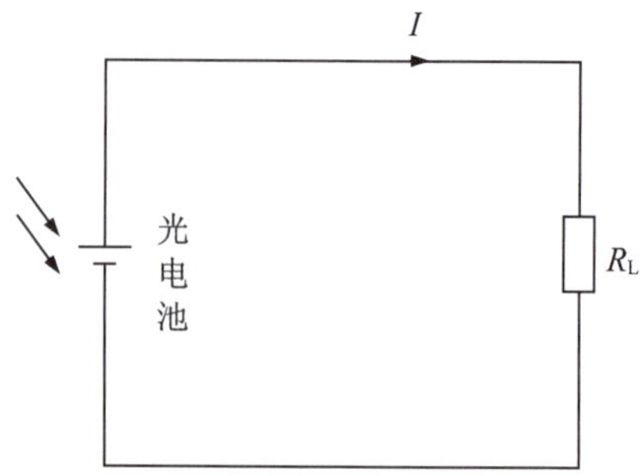

图 2-36 光电池应用电路

光电池在光线照射下本质上就是一个电源，电路中有了这种器件就不再需要外加电源。光电池的种类很多，有硒光电池、氧化亚铜光电池、锗光电池、硅光电池、磷化镓光电池等。其中最受重视的是硅光电池，因为它具有稳定性好、光谱范围宽、频率特性好、换能效率高、耐高温辐射等优点。

(2)光电传感器的基本组成：光电传感器是以光为媒介、光电效应为基础的传感器，主要由光源、光学通路、光电器件及测量电路等组成，如图 2-37 所示。

①光源：光电传感器中的光源可采用白炽灯、气体放电灯、激光器、发光二极管，以及能发射可见光谱、紫外线光谱和红外线光谱的特殊器件。此外，还可采用 X 射线及同位素放射源，此时通常需要配备将辐射能变成可见光谱的转换器。

②光学通路：光学通路中常用的光学元件有透镜、滤光片、光阑、光楔、棱镜、反射镜、光通量调制器、光栅及光导纤维等，主要用于对光参数进行选择、调整和处理。

被测信号可通过两种作用途径转换为光电器件的入射光通量 Φ_2 的变化：一种是被测量(如图 2-37 中 X_1)直接对光源作用，使光通量 Φ_1 的某个参数发生变化；另一种是被测量(如图 2-37 中 X_2)作用于光学通路中，对传播过程中的光通量进行调制。

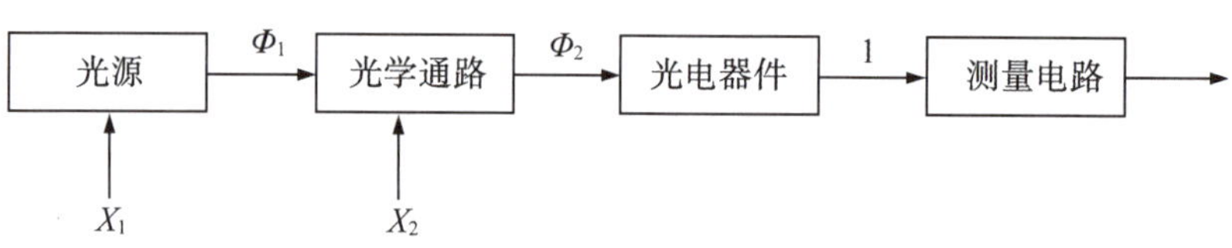

图 2-37 光电传感器的基本组成

③光电器件：光电器件的作用是检测光通量。选用何种型式的光电器件取决于被测量、灵敏度要求、响应速度、光源特性及测量环境和条件等因素。

④测量电路：大多数情况下，光电器件的输出电信号较小，需配置信号放大器。对于动态变化的被测信号，在光路系统中常采用光调制技术，因而信号放大器中有时包含相敏检波及其他运算电路，以实现对信号的加工和处理。测量电路的功能是把光电器件输

出电信号变换成后续电路可用的信号。

(3)光电传感器的应用实例:光电测量技术灵活多样,可测参数众多,具有非接触、高精度、高分辨率、高可靠性和响应快等优点,所以光电传感器在检测和控制领域的应用非常广泛。

①光电自动航标灯:光电传感器在光电自动航标灯上的应用如图 2-38 所示。当周围光线变弱时,光敏电阻 R_G 的阻值增加,使加在电容 C 上的分压上升,进而使可控硅的导通角增大,达到增大照明灯两端电压的目的。反之,若周围的光线变亮,则 R_G 的阻值减小,导致可控硅的导通角变小,照明灯两端电压也同时下降,从而实现对照明亮度的控制。

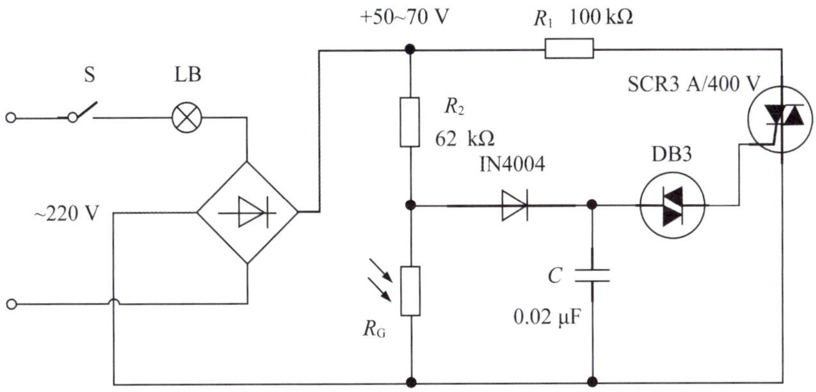

图 2-38 光电自动航标灯电路

②感烟传感器:感烟传感器(火灾报警器的一部分)如图 2-39 所示,该传感器由红外发光二极管及光电晶体管组成,但二者不在同一平面上(有一定角度)。在无烟状态下,光电晶体管接收不到红外线;当发生火灾产生大量烟雾时,烟雾粒子进入感烟传感器,由于红外线受烟雾粒子的折射作用,光电晶体管接收到红外线,从而触发烟雾报警信号输出。

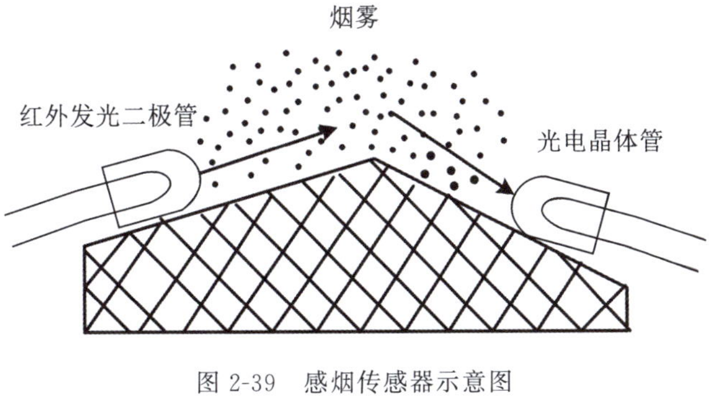

图 2-39 感烟传感器示意图

③光电式条形码扫描笔：如图 2-40 所示，当扫描笔在条形码上移动时，若遇到黑色线条，发光二极管发出的光线将被黑色线条吸收，光电晶体管接收不到反射光，呈高阻抗，处于截止状态。当遇到白色间隔时，发光二极管所发出的光线被反射到光电晶体管的基极，光电晶体管产生光电流，处于导通状态。整个条形码被扫描过之后，光电晶体管将条形码转换为一个个电脉冲信号，该信号经放大、整形后形成脉冲列，再经计算机处理，完成对条形码信息的识别。

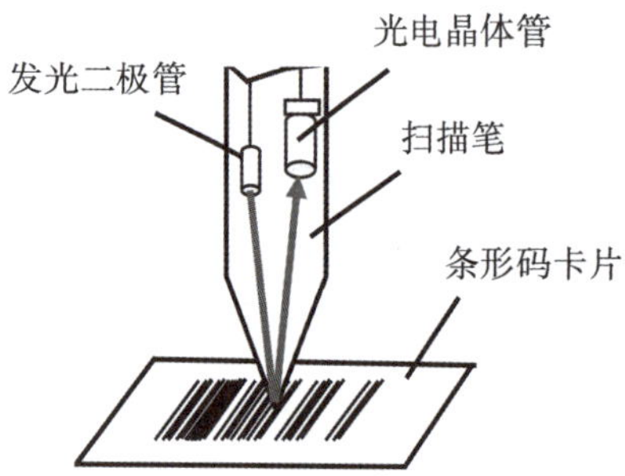

(a)扫描笔结构

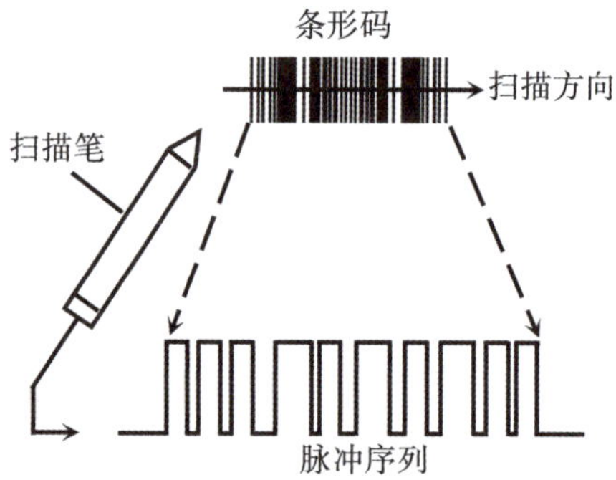

(b)扫描笔的工作原理

图 2-40　光电式条形码扫描笔

④光电式心率测量仪：如图 2-41(a)所示，把手指放在传感器上，人体心跳会通过指尖传递给传感器，由于心脏在泵血时，血液黏稠度的改变使得皮肤的透光性发生变化，会直接影响光电二极管所接收的光照强度，使得光电流产生周期性变化，从而产生脉冲电信号。然后对间接接收到的信号进行放大处理，将放大后的信号再进行检波、滤波和模/数(A/D)转换等一系列信号变换处理，利用单片机的外部中断对脉搏进行计数，最后送到液晶显示屏将计数得到的数据显示出来，仪器内部结构如图 2-41(b)所示。

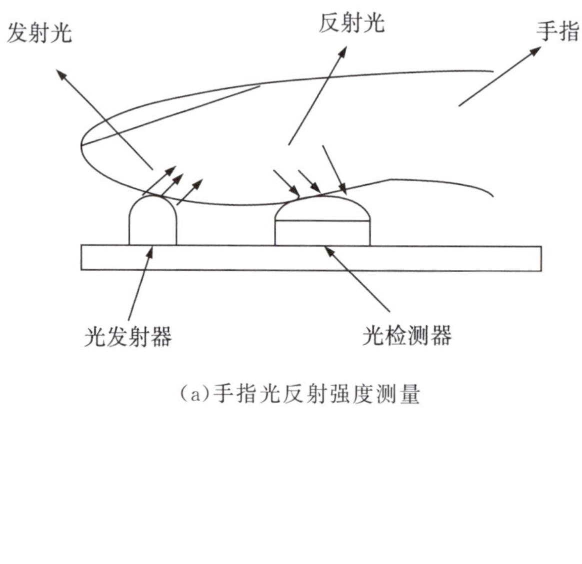

(a)手指光反射强度测量

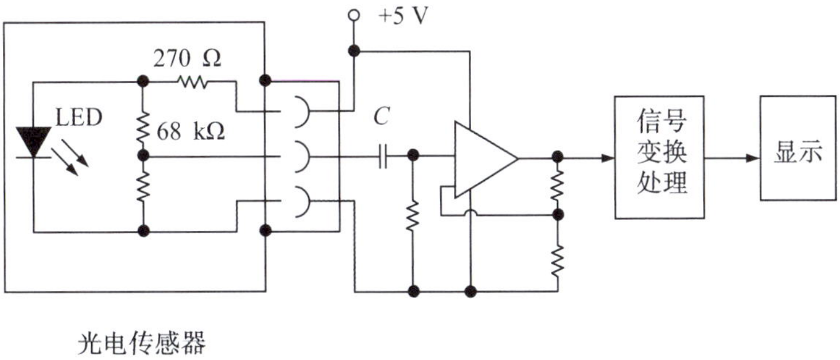

(b)仪器内部结构

图 2-41 光电心率测量仪

2.2.4 其他传感器

传感器种类繁多,前文分别介绍了最常见、最典型的电感式传感器、电容式传感器和电动势传感器,但无法涵盖所有传感器类型。此外,前面介绍的分类方法也不能涵盖所有的传感器。因此,为了拓宽读者的知识面,下面对上述没有涉及但在实际应用中又很常见的传感器进行简要介绍,主要包括编码器、超声波传感器及红外传感器。

2.2.4.1 编码器

编码器的输出电信号为数字脉冲,因此又被称为“数字式传感器”。数字式传感器有一系列优点:测量精度和分辨率高,抗干扰能力强,能避免人工读取标尺和曲线图时产生的人为误差,并且便于计算机处理。

(1)直接编码器:直接编码器即直接编码式传感器,又称“绝对编码器”,是一种能直接将角位移或线位移转换为二元码(即数字 0 和 1)的数字式传感器。按用途,直接编码器可分为测量长度的直线式编码器和测量角度的旋转式编码器两类,其中后者在实际中应用较多。按结构,直接编码器可分为电刷接触式直接编码器、电磁式直接编码器、光电式直接编码器,其中光电式直接编码器的性价比最高且应用最广。

光电式直接编码器的结构如图 2-42 所示。码盘是一块圆形光学玻璃,上面刻有许多同心码道,每圈码道上都按一定规律排列着透光和不透光的区域,即亮区和暗区。光源经过光学系统形成一束平行光投射到码盘上,通过亮区的光线经狭缝形成一束很窄的光束并照射在光电器件上。每圈码道对应有一个光电器件,当码盘处于不同位置时,各光电器件根据受光照与否转换输出相应的电平信号,分别代表二元码 1 和 0。码盘上的码道数等于光电器件的个数,它们决定了该编码器转换成的二元码的位数 n。码盘相对于狭缝的转角 α 通过光电转换机制被精确地转换为 n 位二元码。

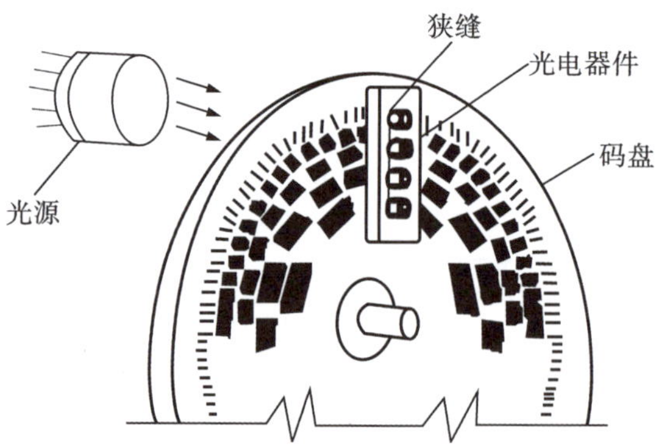

图 2-42　光电式直接编码器结构示意图

码盘根据所采用的码制可分为二进制码盘、循环码（格雷码）盘、十进制码盘、六十进制（度分秒进制）码盘等。四位二元码（二进制码、循环码）盘如图 2-43 所示，其中黑色、白色区域分别表示不透光、透光区域。

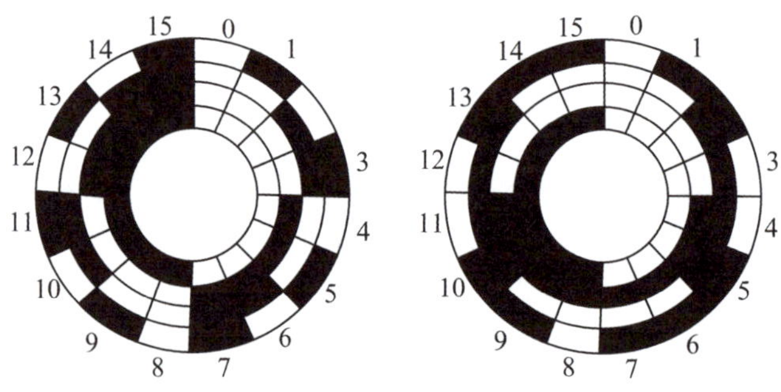

图 2-43　四位二元码盘

图 2-43(a)所示是一个二进制码盘。二进制码盘的最内圈码道为第一码道，采用半圈透光、半圈不透光的设计，对应最高位 C_1。最外圈码道为第 n 码道，共分成 2^n 个黑白间隔，对应最低位 C_n，n 位二元码盘的最小分辨率为

$$\theta_1 = \frac{360°}{2^n} \tag{2-48}$$

当图 2-42 中狭缝对准图 2-43(a)所示码盘 $n=0,1,2,\cdots,15$ 的位置时，得到的数码分别为 0000,0001,0010,…,1111。分辨率取决于码道的数量，目前已能制造出码道数量达 21 的编码器。

二进制码盘的缺点是：每个码道的黑白分界线总有一半与相邻内圈码道的黑白分界线是对齐的，这样就会因黑白分界线刻画不精确造成粗误差。采用其他有权编码时也存在类似问题。为了消除这种粗误差，通常采用循环码盘。表 2-1 是十进制码、二进制码、

循环码对照表。

表 2-1 十进制码、二进制码、循环码对照表

十进制码 N	二进制码 $C_1C_2C_3C_4$	循环码 $R_1R_2R_3R_4$	十进制码 N	二进制码 $C_1C_2C_3C_4$	循环码 $R_1R_2R_3R_4$
0	0000	0000	8	1000	1100
1	0001	0001	9	1001	1101
2	0010	0011	10	1010	1111
3	0011	0010	11	1011	1110
4	0100	0110	12	1100	1010
5	0101	0111	13	1101	1011
6	0110	0101	14	1110	1001
7	0111	0100	15	1111	1000

图 2-43(b)是按循环码刻画的一个四位循环码盘。它与二进制码盘的相同之处在于:码道数等于数码位数,因此最小分辨率也可采用式(2-48)计算;最内圈码道也是半圈透光、半圈不透光,对应 R_1 位;最外圈码道是第 n 码道,对应 R_n 位。它与二进制码盘的不同之处在于:第二码道是半圈透光、半圈不透光,第 i 码道分为 2^{i-1} 个黑白间隔,第 i 码道的黑白分界线与第 $i-1$ 码道的黑白分界线错开 $\frac{360^\circ}{2^i}$。循环码盘转到相邻区域时,编码中只有一位发生变化。只要适当限制各码道的制作误差和安装误差,就能有效避免产生粗误差。

(2)增量编码器:增量编码器又称“脉冲盘式数字传感器”。光电式增量编码器的基本组成如图 2-44 所示,它的码盘比直接编码器的码盘简单,一般只有 3 条码道,光电器件也只要 3 个。码盘最外圈码道上只有一条透光狭缝,作为码盘的基准位置,所产生的脉冲将给计数系统提供一个初始的零位(清零)信号。中间一圈码道称为“增量码道”,最内圈码道称为“辨向码道”。这两圈码道都等角距地分布着 m 个透光与不透光的扇形区,但彼此错开半个扇形区(即 $90^\circ/m$),如图 2-45 所示。扇形区的多少决定了增量编码器的分辨率,即

$$\theta_1 = \frac{360^\circ}{m} \tag{2-49}$$

码盘每转一周,与增量码道和辨向码道相对应的两个光电器件将产生 m 个增量脉冲和 m 个辨向脉冲。由于两圈码道在空间上彼此错开半个扇形区(即 $90^\circ/m$),所以增量脉冲与辨向脉冲在时间上相差四分之一个周期,即相位上相差 90°。

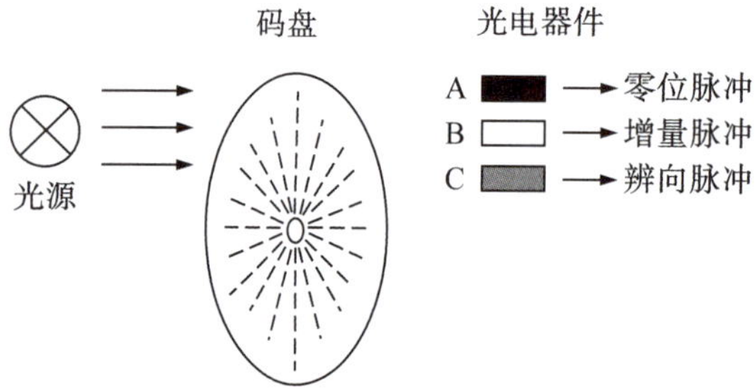

图 2-44　光电式增量编码器

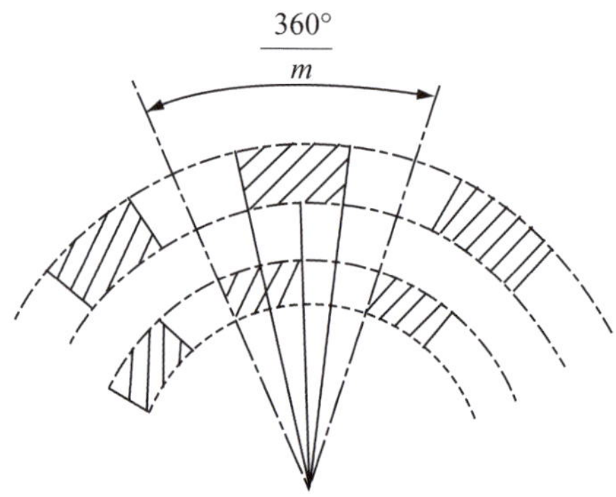

图 2-45　增量码道与辨向码道

将图 2-44 中 3 个光电器件产生的信号送到辨向和计数电路(见图 2-46)，被放大整形为 3 个方波信号：Z、S_1 和 S_2。其中，Z 信号是零位脉冲信号，用于对可逆计数器进行清零操作；S_1 信号是增量脉冲信号，用于形成可逆计数器的计数脉冲；S_2 信号是辨向脉冲信号，用于判别码盘转动方向，以控制可逆计数器进行加法或减法计算。图 2-46 中各点波形如图 2-47 所示。由图 2-47 可知，当码盘正转时，与门 1 输出(DA_1)正脉冲，与门 2(DA_2)输出低电平，使图 2-46 中加减控制触发器置 1，从而控制可逆计数器进行加法计数；当码盘反转时，与门 2 输出正脉冲，与门 1 输出低电平，使加减控制触发器置 0，从而控制可逆计数器进行减法计数。这样，如果码盘转动过程中转动方向发生过变化，那么码盘转动结束时，可逆计数器中的计数结果 N 与正负抵消后的净转角 α 相对应。

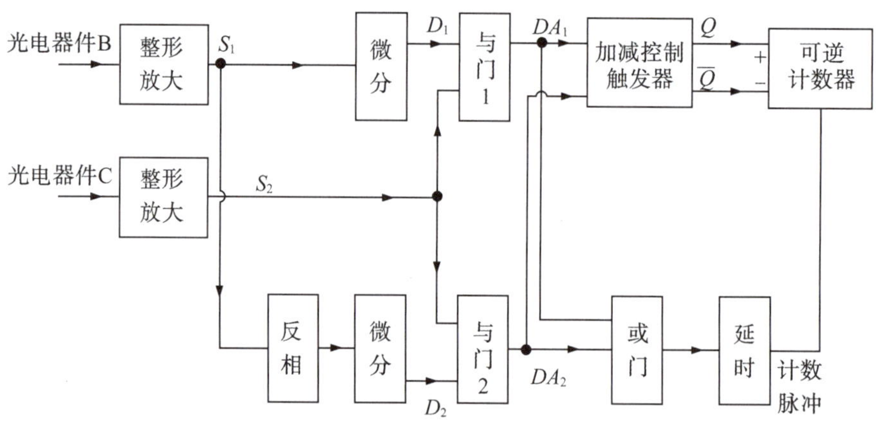

图 2-46　辨向和计数电路

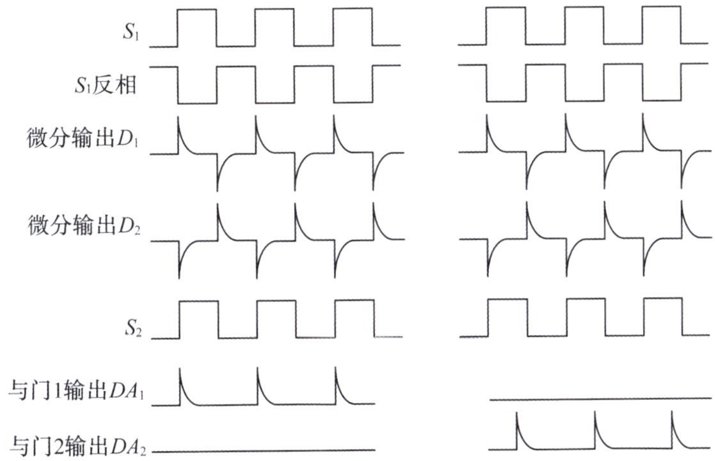

图 2-47 波形图

(3)编码器应用:

①位置测量:将输出的两个脉冲分别输入到可逆计数器的正、反计数端进行计数,可检测到输出脉冲的数量。将这个数量乘以脉冲当量(转角/脉冲,如每圈 n 个孔对应 n 个脉冲,则脉冲当量为 $360°/n$),即可测出码盘转过的角度。为了能够得到绝对转角,在起始位置需对可逆计数器清零。

在进行直线距离测量时,通常把编码器装到伺服电动机轴上。伺服电动机与滚珠丝杠相连,当伺服电动机转动时,由滚珠丝杠带动工作台或刀具移动,这时编码器的转角对应直线移动部件的移动量。因此,可根据伺服电动机和滚珠丝杠的转动以及滚珠丝杠的导程来计算移动部件的位置。

②转速测量:转速可通过编码器发出的脉冲频率或周期来测量。采用脉冲频率法时,在给定的时间内对编码器脉冲进行计数,然后计算出其转速为

$$n=\frac{N_1}{N}\cdot\frac{60}{t}(\mathrm{r/min}) \tag{2-50}$$

式中,t 为测速采样时间;N_1 为时间 t 内测得的编码器脉冲个数;N 为编码器每转脉冲数(与编码器型号有关,数控机床上常用 LF 型编码器,每转脉冲数有 36 挡,范围为 20～5000,一般采用 1024、2000、2500 或 3000 等)。

图 2-48(a)所示为脉冲频率法测转速的原理图。在给定时间 t 内,使门电路选通,编码器脉冲允许进入计数器,从而计算出时间 t 内编码器的平均速度。采用脉冲周期法测量转速时,通过计数编码器在一个脉冲间隔(半个脉冲周期)内的标准时钟脉冲个数来计算其转速,因此要求时钟脉冲的频率必须高于编码器脉冲的频率,其原理图如图 2-48(b)所示。

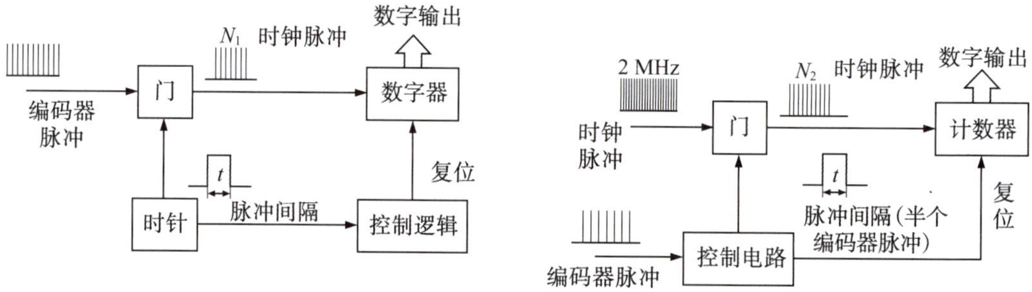

(a)脉冲频率法　　(b)脉冲周期法

图 2-48　光电编码器的测速原理图

2.2.4.2　超声波传感器

(1)超声波及其性质：从物理学角度而言，振动在弹性媒质中传播形成波。质点振动方向与传播方向一致的波称为“纵波”；质点振动方向垂直于传播方向的波称为“横波”；质点振动方向介于纵波和横波之间，沿介质表面传播，振幅随深度的增加而迅速衰减的波称为“表面波”。

频率为 20 Hz～20 kHz 的机械波，能被人耳所闻，称为“声波”；低于 20 Hz 的机械波称为“次声波”；高于 20 kHz 的机械波称为“超声波”，其中高于 100 MHz 的机械波称为“特超声波”，如图 2-49 所示。

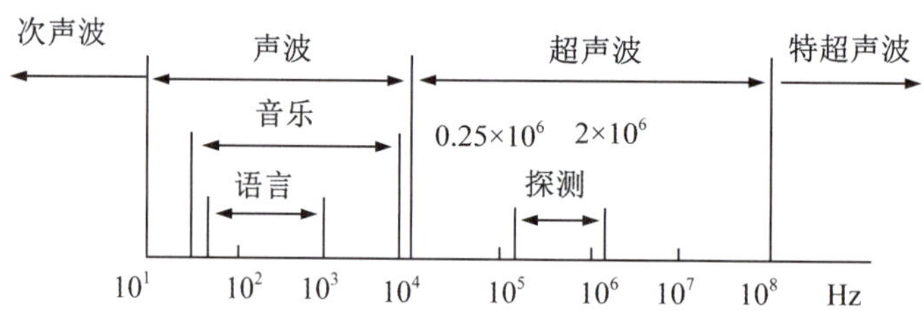

图 2-49　机械波的频率界限

超声波同其他声波一样，其传播速度也取决于介质的密度和弹性常数。气体中的声速为 344 m/s，液体中的声速为 900～1900 m/s；在固体中，横波声速为纵波声速的一半，表面波声速约为横波声速的 90%。当超声波从一种介质传输到另一种介质时，在两介质的分界面上将发生反射和折射；当超声波倾斜入射到介质分界面上时，将产生波形转换。例如，若入射波为纵波，则除产生反射(或折射)纵波外，还同时产生反射(或折射)横波。与普通声波相比，超声波的振动频率高而波长短，因而具有束射特性，且其方向性强，可以定向传播。超声波的能量远远大于幅值相同的普通声波，并且具有很高的穿透性。

如图 2-50 所示，超声波源发出的超声波束以一定的角度逐渐向外扩散，在声束横截面的中心轴线上，超声波最强，且随着扩散角度的增大而减小。指向角 θ 与超声波源的直径 D、超声波的频率 f、传播速度 c、波长 λ 之间的关系为

$$\sin\theta=\frac{1.22\lambda}{D}=\frac{1.22c}{Df} \tag{2-51}$$

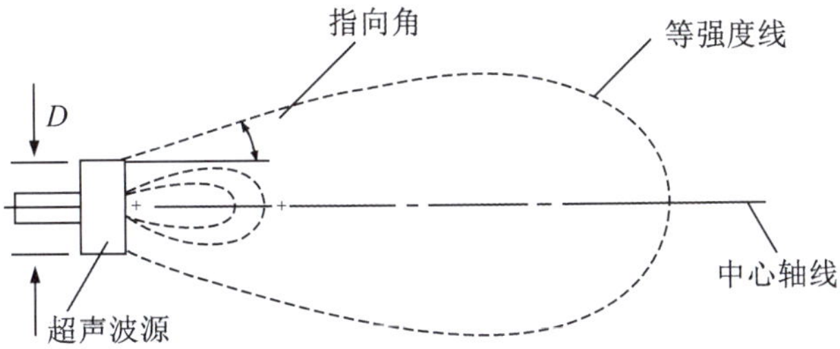

图 2-50 声场指向性和指向角

人耳能听到的声波的频率比超声波低得多，且其波长很长，导致指向角过大，所以不太适用于检测领域。

(2)超声波检测原理：纵波、横波及表面波的传播速度取决于介质的弹性常数及介质密度。介质相同但波形不同，或波形相同但介质不同，其传播速度都不相同。

如图 2-51 所示，当声波以一定的入射角 α 从一种介质传播到另一种介质时，在两介质的分界面上，一部分能量反射回原介质，称为“反射波”；另一部分能量则透过分界面，在另一介质内继续传播，称为“折射波”。它们之间的关系可由折射定律、反射定律表示。

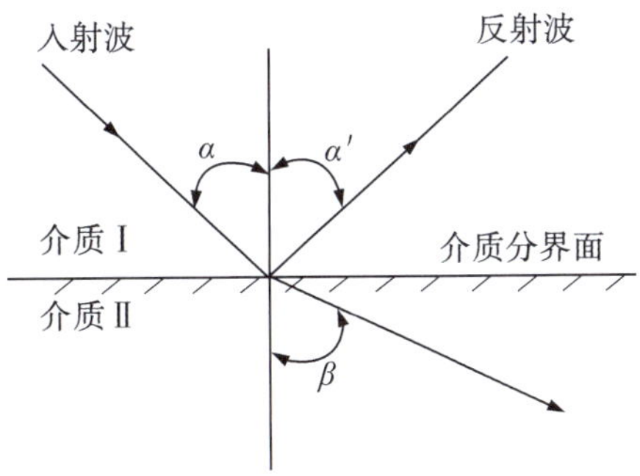

图 2-51 波的反射与折射

反射定律表明，入射角 α 的正弦与反射角 α' 的正弦之比等于入射波所处介质的波速 c 与反射波所处介质的波速 c_1 之比，即

$$\frac{\sin\alpha}{\sin\alpha'}=\frac{c}{c_1} \tag{2-52}$$

当入射波和反射波波形相同、波速相等时，入射角等于反射角。

折射定律表明，入射角 α 的正弦与折射角 β 的正弦之比等于入射波所处介质的波速 c 与折射波所处介质的波速 c_2 之比，即

$$\frac{\sin\alpha}{\sin\beta}=\frac{c}{c_2} \tag{2-53}$$

在自动检测技术中，经常基于超声波在两种介质界面所产生的反射现象进行检测。超声波在介质中传播时，由于声波的扩散、散射(或漫射)及吸收等会导致能量衰减，而且随传播距离的增加，声波强度逐渐减弱。以固体介质为例，设超声波进入介质时的强度为 I_0，通过厚度为 δ 的介质后的强度为 I，衰减系数为 A，则有下列关系式：

$$I=I_0\mathrm{e}^{-A\delta} \tag{2-54}$$

上述原理可用于超声波测量物体厚度或探伤。

当超声波在液体/固体与气体之间传播时，两种介质的声阻抗差异较大，超声波几乎全部被反射。超声式物位检测方法就是利用这一特性，通过测量超声波从发射至接收被物位界面反射的回波的时间间隔 t 来确定物位的高低。若将超声波发射器置于容器底部，当它向液面发射短促的脉冲时，在液面处产生反射，回波被超声波接收器接收。若超声发射器和接收器到液面的距离为 H，声波在液体中的传播速度为 v，则有

$$H=\frac{1}{2}vt \tag{2-55}$$

由式(2-55)可知，物位检测的精度主要取决于超声脉冲的传播时间和超声波在介质中的传播速度。传播时间可用适当的电学方法精确测量；传播速度易受介质温度、成分等变化的影响，需要采取有效的补偿措施。超声波传播速度的补偿方法主要有温度补偿、设置声速校正装置等。如果超声波在被测介质中的传播速度主要随温度变化，声速与温度的关系已知，而且超声波所穿越的介质的温度较均匀，则可以在超声换能器附近安装一个温度传感器，根据已知的声速与温度的关系函数，自动进行声速补偿。所谓设置声速校正装置，就是在系统中安装两组换能器探头，一组用作测量探头，另一组用于声速校正。校正探头固定在校正装置(一般是金属圆筒)的一端，另一端是一块反射板。由于校正探头到反射板的距离是已知的固定长度，测出超声波脉冲从校正探头到反射板的往返时间，就可测得超声波在介质中的传播速度，从而实现声速的实时校正。

根据超声波传播的介质不同，超声波物位检测计可分为固介式、液介式、气介式三种。超声换能器探头可以使用两个，也可以只用一个。前者一个是发射探头，另一个是接收探头；后者是发射与接收声波均由同一个探头进行，只是发射与接收的时间相互错开。

(3)超声波传感器的结构：为了以超声波作为检测手段，必须有产生超声波和接收超声波的装置。实现这种功能的装置就是超声波传感器，习惯上称为“超声波换能器”或“超声波探头”。按其工作原理，超声波探头可分为压电式、磁致伸缩式、电磁式等。实际使用中，压电式超声波探头最为常见。图 2-52 为几种典型的压电式超声波探头。图 2-52(a)为直探头，可发射和接收纵波；图 2-52(b)为斜探头，可发射和接收横波；图 2-52(c)为双探头，一个用于发射超声波，一个用于接收超声波；图 2-52(d)为水浸探头，可浸在液体中。

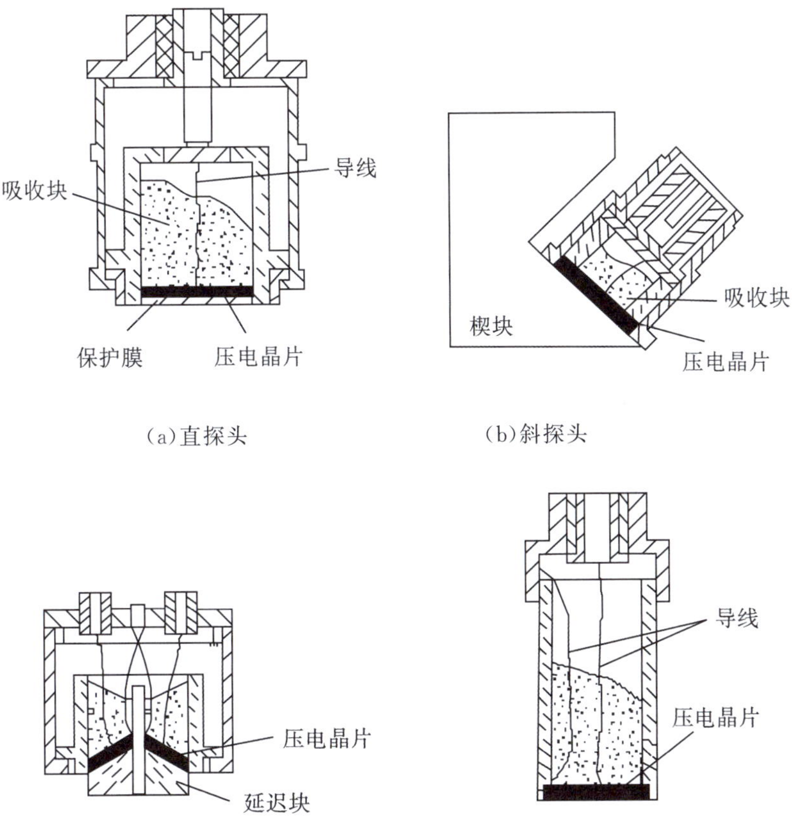

(a)直探头　(b)斜探头　(c)双探头　(d)水浸探头

图 2-52　几种典型的压电式超声波探头

压电式超声波探头主要由压电晶片、阻尼块、保护膜等组成。压电晶片多为圆板形，其两面镀有银层，可作为导电极板。超声波频率与压电晶片的厚度 δ 成反比，即

$$f=\frac{1}{2\delta}\sqrt{\frac{E_{11}}{\rho}} \tag{2-56}$$

式中，E_{11} 为压电晶片沿 x 轴方向的弹性模量；ρ 为压电晶片密度。

压电式超声波探头是基于压电材料的压电效应和逆压电效应工作的。逆压电效应将高频电流转换成机械振动，以产生超声波。正压电效应将接收到的超声振动转换成电信号。由于压电效应具有可逆性，实际应用中的超声波探头大多是发射与接收兼用的，既能发射超声波，又能接收超声波的回波，并把它转换成电信号。在超声波探头中，阻尼块的作用是降低压电晶片的品质因数、吸收超声波能量。如果没有阻尼块，当激励的电脉冲信号停止时，压电晶片会继续振荡，这将延长超声波的脉冲宽度，使分辨率变差。

在超声物位检测中，需选择合适的超声波能量。采用较高能量的超声波，可以增加超声波在介质中传播的距离，适用于物位测量范围较大的检测系统；若提高超声波的能量，则经物位表面反射到接收器的声能也会增加，有利于提高检测系统的测量精度。但

是，声能过强也会引起一些不利的超声效应，对测量精度产生负面影响。例如，具有较高能量的超声波在液体介质中传播时，易产生空化效应，大量空化气泡将使超声波能量在空化区域内消耗而不能传到较远处；高能量的超声波在介质中传播时被吸收，同时引起介质的温升效应。超声波的能量越高，温升也越高，易使介质特性发生变化，从而降低测量精度。为了减小上述各种不利的超声效应，同时便于测量超声波的传播时间，物位检测通常采用频率较高的超声波脉冲。这样既降低了单位时间内超声波的发射能量，提高了超声脉冲的幅值，又降低了单位时间内超声波的发射能量，有利于减小空化效应、温升效应；提高超声脉冲的幅值还可提高测量精度。

(4)超声波传感器的应用：

①超声波测厚度：超声波测厚度通常采用脉冲回波法实现。超声波探头与被测物体表面接触，主控制器产生一定频率的脉冲信号，送往发射电路，经电流放大后激励压电式探头产生重复的超声波脉冲。超声波脉冲传到被测物体另一面后被反射回来，由同一探头接收。如果超声波在被测物体中的声速 v 是已知的，设工件厚度为 d，超声波脉冲从发射到接收的时间间隔 Δt 也可以测量出，则可求出工件厚度为

$$d=\frac{v\Delta t}{2} \tag{2-57}$$

为测量时间间隔 Δt，可采用图 2-53 所示的方法，将发射脉冲和回波反射脉冲加至示波器垂直偏转板上；由标记发生器输出的已知时间间隔的脉冲，也加在示波器垂直偏转板上；线性扫描电压加在示波器的水平偏转板上。由此，可以直接从示波器屏幕上观察到发射脉冲和回波反射脉冲，从而求出两者的时间间隔 Δt。当然，也可用稳频晶振产生的时间标准信号来测量时间间隔 Δt。

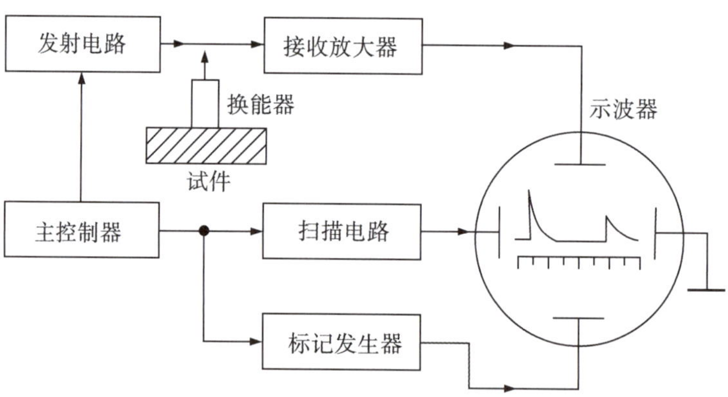

图 2-53　脉冲回波法检测厚度工作原理

②超声波测物位：超声波物位传感器是基于超声波在两种介质分界面上的反射特性制成的。如果从发射超声波脉冲到接收其反射波的时间间隔是已知的，则可以求出分界面的位置，利用这种方法可以对物位进行测量。图 2-54 是超声波检测物位的工作原理图。

根据发射和接收换能器的功能，超声波物位传感器可分为单换能器和双换能器。单换能器在发射和接收超声波时只使用一个换能器，其工作原理如图 2-54(a)、图 2-54(c)所示。而双换能器在发射和接收超声波时各使用一个换能器，其工作原理如图 2-54(b)、图 2-54(d)所示。超声波传感器可放置于液体中，如图 2-54(a)、图 2-54(b)所示，让超声波在液体中传播。由于超声波在液体中衰减比较小，所以即使产生的超声波脉冲幅度较小也可以传播。超声波传感器也可以安装在液面上方，如图 2-54(c)、图 2-54(d)所示，让超声波在空气中传播。这种方式便于安装和维修，但超声波在空气中的衰减比较严重。超声波传感器还可以安装在容器外壁上，此时超声波需要穿透器壁，遇到液面后再反射。

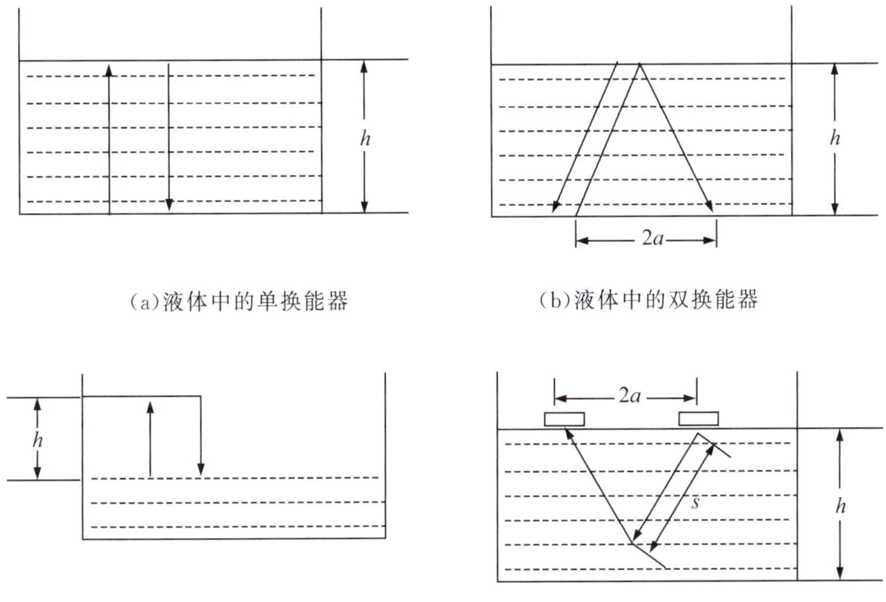

(a)液体中的单换能器　(b)液体中的双换能器

(c)液面上的单换能器　(d)液面上的双换能器

图 2-54　超声波检测物位的工作原理

③超声波传感器在医学中的应用：超声波传感器在医学中具有广泛的应用价值，主要用于妇产科疾病，以及泌尿系统、消化系统、心血管系统疾病的诊断。如图 2-55 所示，胎儿的B超影像可以辅助医生判断母体中胎儿的生长情况。医用超声诊断仪主要由设备主机和超声探头两大部分组成。超声诊断仪的主机部分主要负责对探头接收回来的反射信号进行处理和显示。超声探头可以发射和接收超声波，进行电声信号转换，将主机发送的电信号转变为高频振荡的超声波信号，同时还能将从脏器反射回来的超声波信号转变为电信号，显示于主机显示器中。

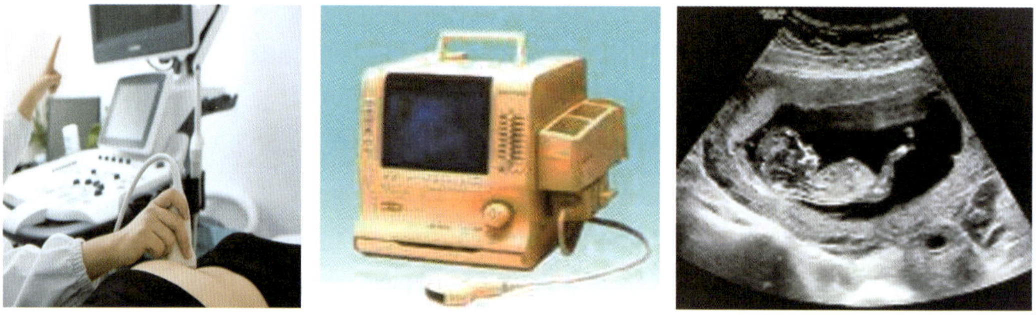

图 2-55　超声检测仪、胎儿的 B 超影像

引导阅读

自动泊车系统

自动泊车系统是一种辅助驾驶员将车辆自动停入停车位的系统。当驾驶员找到合适的停车位并启动自动泊车系统后，只需坐定放松，系统会自动完成停车。该系统主要由超声波传感器、驻车定位系统(PTS)控制单元、警告元件、电动助力转向机构、转向管柱模块控制单元和车辆稳定系统控制单元等部分组成。工作时，车辆周围的超声波传感器测量车身与周围物体的距离和角度，这些数据被传送给车载计算机进行处理。计算机根据收集的信息计算出最佳的停车路径，并通过调整方向盘和车速来执行停车操作。整个过程中，环境数据采集系统负责收集图像和距离信息，驻车定位系统控制单元分析这些数据以确定当前位置、目标位置及周围环境参数，生成具体的泊车策略，并将其转换为电信号。最后，车辆策略控制系统接收这些信号，按照指令控制车辆的方向和速度，直至车辆安全准确地停入车位。

2.2.4.3　红外传感器

近年来，随着红外光电器件的大量出现和以大规模集成电路为代表的微电子技术的发展，红外传感器的发射、接收和控制电路高度集成化，大大提高了红外传感器的可靠性，使红外传感技术被人们广泛应用。例如，军事领域的热成像系统、搜索跟踪系统、红外辐射计、警戒系统等，航空航天领域的人造卫星遥感遥测、天体演化研究，医学领域的红外诊断、红外测温和辅助治疗等都用到了红外传感器。

(1)红外辐射：红外辐射俗称“红外线”，是一种不可见光。由于它是位于可见光中红色光以外的光线，所以被称为“红外线”。红外线是太阳光谱的一部分，实质上是一种电磁波，其波长范围为 0.76～1000 μm。红外线在电磁波谱中的位置如图 2-56 所示。

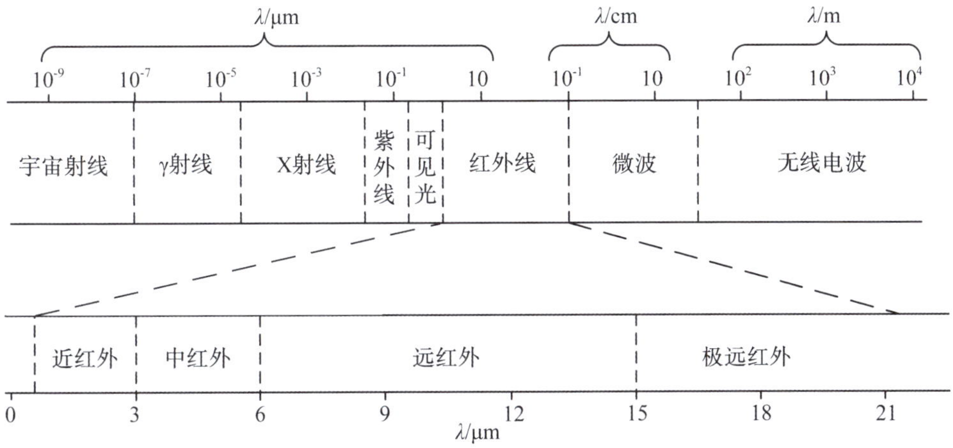

图 2-56 红外线在电磁波谱中的位置

红外辐射的物理本质是热辐射，炽热物体向外辐射的能量大部分是以红外线的形式辐射出来的。物体的温度越高，辐射出来的红外线越多，辐射的能量就越强。红外线的本质与可见光或微波一样，具有反射、折射、散射、干涉、吸收等特性，它在真空中也以光速传播，并具有明显的波粒二象性。

红外线不具有无线电遥控那样穿透遮挡物控制对象的能力，红外线的辐射距离一般为几米到几十米，有时更远一点。红外线具有以下特点：①红外线易于产生和接收；②采用红外发光二极管发射，结构简单且成本低，易于小型化；③红外线调制简单，依靠调制信号编码可实现多回路控制；④红外线不能穿透遮挡物，不会产生信号串扰等误动作；⑤功率消耗小，反应速度快；⑥对环境无污染，对人、物无损害；⑦抗干扰能力强。

(2)红外探测器：红外传感器一般由光学系统、探测器、信号调理电路及显示单元等部分组成。红外探测器是红外传感器的核心。红外探测器是利用红外辐射与物质相互作用所呈现的物理效应来探测红外辐射的。红外探测器的种类很多，按照探测机理，可分为热探测器和光子探测器两大类。

热探测器基于红外辐射的热效应工作，探测器的敏感元件吸收辐射能后温度升高，进而使有关物理参数发生相应变化，通过测量物理参数的变化来确定探测器所吸收的红外辐射。与光子探测器相比，热探测器的探测率较低且响应时间较长。但热探测器的响应波段宽，响应范围可扩展到整个红外区域，并且可以在常温下工作，使用方便，应用相当广泛。

热探测器主要有四类：热释电型、热敏电阻型、热电阻型和气体型。热释电型红外探测器的探测率最高，频率响应范围最宽。它是根据热释电效应制成的，即电石、水晶、酒石酸钾钠、钛酸钡等晶体受热产生温度变化时，其原子排列将发生变化，晶体自然极化，在其表面产生电荷。热释电红外探测器由具有极化现象的热晶体（又称为“铁电体”）材料制作而成，热晶体的极化强度（单位面积上的电荷）与温度有关。当红外线照射到已经极化的热晶体薄片表面时，引起薄片温度升高，使其极化强度降低，表面电荷减少，这相当于释放一部分电荷，所以叫作热释电型红外探测器。如果将负载电阻与热晶体薄片相连，则负载电阻上会产生一个电信号输出。输出信号的强弱取决于薄片温度变化的快慢，从而反映出入射红外线的辐射强弱。热释电型红外探测器的电压响应率与入射红外线辐射率的变化速率成正比。

光子探测器是利用入射红外线辐射的光子流与探测器材料中的电子相互作用，从而改变电子的能量状态并引发光子效应来实现探测的。光子探测器按光电效应机制可分为内光电探测器和外光电探测器两种，后者又可分为光电导型、光生伏特型和光磁电型。光子探测器具有灵敏度高、响应速度快、响应频率高的优点，但其探测波段较窄，一般需在低温环境下工作。

(3)红外传感器的典型应用：

①自动水龙头：自动水龙头通过感应人或物体靠近，自动产生控制信号，从而控制电磁阀的电吸合及自动放水，其电路原理图如图 2-57 所示。

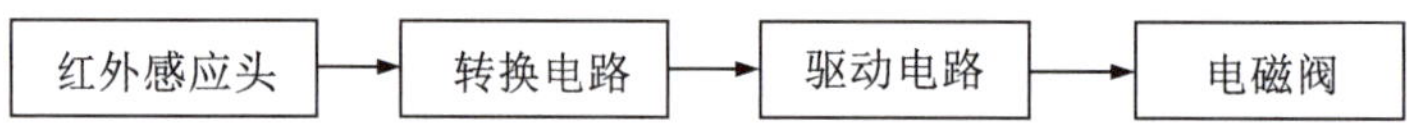

图 2-57　自动水龙头的电路原理图

自动水龙头电路采用红外发射-接收光电对管的工作方式，当有人或物体接近自动水龙头时，红外线发射头发出的红外线经人或物体反射到接收头，接收头接收到反射的光信号后将其转换为电信号，经放大、整形处理后得到人或物体接近的信号，最后通过驱动电路控制电磁阀开启水源。当人或物体离开后，电路延迟几秒后自动关闭。

②红外辐射测温仪：红外辐射测温仪既可用于高温测量，又可用于冰点以下的温度测量，已成为辐射温度计的重要发展方向。市售的红外辐射测温仪的温度测量范围为－30～3000 ℃，被分成若干个不同的规格型号，人们可根据需要选择适合的型号。红外辐射测温仪的工作原理如图 2-58 所示，它由光学系统、调制器、红外探测器、放大器和指示器等部分组成。光学系统汇聚其视场内的目标红外辐射能量，红外能量聚焦在红外探测器上并转变为相应的电信号，该信号再经处理后转变为被测目标的温度值。光学系统可以是透射式的，也可以是反射式的。透射式光学系统的部件采用特殊红外光学材料制成。

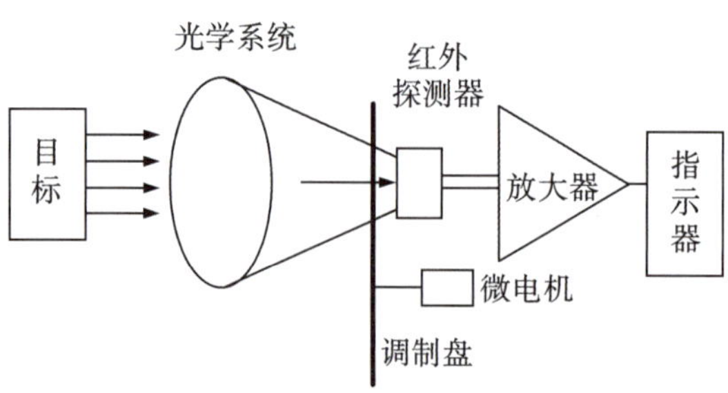

图 2-58　红外辐射测温仪的工作原理图

③红外线光电机械鼠标：红外线光电机械鼠标如图 2-59 所示，在红外线光电机械鼠标底部有一个露出一部分的塑胶小球，当鼠标在操作桌面上移动时，小球随之转动。鼠标内部装有三个滚轴与小球接触，其中两个分别是 X 轴方向滚轴和 Y 轴方向滚轴，分别用来测量 X 轴方向和 Y 轴方向的移动量；另一个是空轴，仅起支撑作用。拖动鼠标时，由于小球带动三个滚轴转动，X 轴方向滚轴和 Y 轴方向滚轴又各自带动一个转轴（称为“译码轮”）转动，译码轮两侧均设有由红外发光二极管和光敏传感器组成的光电耦合器。光敏传感器内部沿垂直方向排列两个光电晶体管 A 和 B。由于译码轮有间隙，故当译码轮转动时，红外发光二极管发出的红外线时而照在光敏传感器上，时而被阻断，从而使光敏传感器输出脉冲信号。光电晶体管 A 和 B 在空间上特殊的摆放位置使其被光照和阻断的时间有差异，从而产生的脉冲 A 和脉冲 B 有一定的相位差，利用这种方法就能测出鼠标的拖动方向。

图 2-59 红外线光电机械鼠标

传感器在日常生活中非常常见，且种类繁多，除常见类型外还有微波传感器、生物传感器及新型智能传感器等，这里不再赘述。可以预见，未来传感器将在科学技术领域、工农业生产以及日常生活中发挥越来越重要的作用。人类社会对传感器提出的更高要求是传感器技术发展的强大动力。

引导阅读

传感器在国家战略工程中的重要作用

传感器的性能与质量直接决定了国家关键装备和战略产品的整体表现，其重要性不言而喻。

在科技创新领域，传感器被誉为“先驱者”。纵观科技发展史，每一次世界科学中心的崛起都离不开核心传感器技术的重大突破及其衍生的先进科学仪器的支持。据统计，诺贝尔奖获得者中，72%的物理学奖、81%的化学奖以及 95%的生理学或医学奖的背后，都有尖端传感器和精密仪器的贡献。此外，超过 38 项发明和 60 多位科学家因创新性地开发新型科学仪器而获奖。这些科学仪器之所以能够实现对物质特性的精准测量，主要依赖于其内部集成的高端传感器，如 X 射线衍射仪中的光电探测器和电子显微镜中的电子探测器等。

在国民经济领域，传感器发挥着“放大器”的作用，其应用范围极为广泛，几乎覆盖了社会经济活动的方方面面。以智能手机为例，通过集成图像传感器、陀螺仪、加速度计等多种传感器，传统手机已转变为多功能智能终端，不仅极大提升了用户体验感，还推动了整个行业的跨越式发展。

在医疗卫生领域，传感器堪称“利器”。现代医疗实践中，各类医疗设备依赖传感器采集患者的生命体征数据，为医生提供精准的诊断依据。无论是心电图、脑电图监测，还是血糖水平检测或血液成分分析，传感器都是不可或缺的技术支撑，对提高疾病预防、诊断效率和治疗效果具有不可替代的作用。

在国防安全领域，传感器被视为提升战斗力的核心要素。现代战争高度依赖精确打击能力，其中高精度制导武器的命中率高达80%，而这离不开惯性测量单元(IMU)、激光测距传感器、红外测距传感器等高端传感器的支持。从隐身战斗机到航母编队，再到卫星系统，由多种传感器构成的信息感知网络对战场态势感知、目标定位及协同作战至关重要。未来，随着无人作战平台的广泛应用，传感器技术将在维护国家安全方面发挥更加关键的作用。

思考题

1.在中国期刊网上检索并阅读一篇利用电容法测量厚度的论文，分析作者为什么不直接选用现成的测厚仪。

2.在互联网上检索差动电感式传感器、差动变压器各一种产品的资料，并记录其主要性能参数和使用注意事项。

3.在互联网上检索三种电容式传感器的产品资料，并记录其主要性能参数和使用注意事项。

4.根据工作原理的不同，电感式传感器可分为哪些种类？

5.根据电容式传感器工作时变换参数的不同，电容式传感器可分为哪几种类型？各有何特点？

6.什么是压电传感器？它有何特点？其主要用途是什么？

7.热电偶的工作原理是什么？

8.什么是霍尔效应？霍尔电压与哪些因素有关？

9.试解释霍尔式位移传感器的输出电压与位移成正比的原因。

10.试解释光电编码器的工作原理。

11.超声波测物位有哪几种测量方式？各有什么特点？

第三章　自动控制系统的“四肢”——执行器

在自动控制的世界里，要想完成各项工作，还需要众多“小帮手”，人们称其为“执行器”。它们的工作就像是人类的“四肢”一样，听从大脑（包括控制器、调节器等）的指挥来完成相应的动作。当控制器发出指令时，执行器就会行动起来，使得被控对象的状态保持人们想要的理想状态，不会多也不会少。

人的四肢在行动的时候需要肌肉的牵拉做功，还要消耗一定的能量，因此人要吃饭才有力气干活。执行器在执行动作时也需要消耗一定的能量，根据能量来源的不同，主要分为三种类型：气动型，比如用嘴吹气才能转动的玩具风车；液动型，比如用水流推动的水车；电动型，主要用电来驱动。其中，电动执行器的应用非常广泛，特别受欢迎，因为它使用很方便，而且“大脑”的指令能迅速传递给它，让它立刻行动。

在电动执行器中，有一个超级重要的“心脏”——电动机。电动机的厉害之处在于，它可以把电这种看不见的能量变成人们能摸得着、看得见的机械运动。这样一来，执行器就能更加高效、准确地完成任务。简单来说，就是电动机让电动执行器变得既聪明又能干！

引导阅读

执行器的发展历史

(1)水车：水车是一种古老的提水灌溉工具，其历史可以追溯到数千年前。它的核心结构包括一根粗壮的车轴，车轴延伸出多根木辐条，呈放射状排列。每根辐条的顶端装有刮板和水斗，水车通过水流的动力驱动旋转。当河水冲击车轮时，水流的动能推动水车缓慢转动，水斗逐渐装满水并被提升至车轮顶端。到达顶部后，水斗倾斜，水流顺势流入渡槽，最终用于灌溉农田。这种巧妙利用水力的装置，不仅展现了古人对自然力量的深刻理解，也成为农业灌溉中不可或缺的工具。

(2)风车：风车是一种利用风力驱动的机械装置，最早源自古代航海技术，从船帆的设计演变而来。传统的风车通常配有6～8副篷布，围绕在一根垂直轴的周围，借助风力使这些篷布像走马灯一样围绕轴心旋转。尽管这种风车效率较低，但它为后来的风力发电技术提供了基础。随着科技的不断进步，传统的垂直轴风车逐渐被效率更高的水平轴风车、立式风车以及自动旋翼风车等取代。这些新型风车能够更好地利用风能，并广泛应用于农业和磨坊作业等领域。

(3)工业革命后的发展：工业革命的到来，尤其是蒸汽机和内燃机技术的突破，推动了执行器技术的飞速发展。这一时期，各种机械驱动装置应运而生，广泛应用于机械设备中。水压和气压技术的普及催生了压力装置、电梯、吊桥等新型设备。随着气压技术的进步，铁路车辆的空气制动系统和自动门等智能装置相继问世，显著提升了工业自动化水平。进入 20 世纪，液压技术的广泛应用使机械设备的控制更加精准和高效。1979 年，世界上首台采用电动执行器的轮椅诞生，随后电动执行器在工业自动化、机器人、汽车和家电等领域迅速普及。如今，电动执行器已成为现代社会和行业的核心组件之一，推动着技术创新，深刻改变了人类的生产、生活和工作方式。

3.1 直流伺服电动机

3.1.1 直流伺服电动机的结构与工作原理

直流伺服电动机实质上就是一台他励式直流电动机。直流伺服电动机按定子磁场产生方式可分为永磁式和他励式两种。

在永磁式直流伺服电动机中，磁极采用永磁材料制成，充磁后即可产生恒定磁场。在他励式直流伺服电动机中，磁极由冲压硅钢片叠压而成，外绕线圈，靠外加励磁电流才能产生磁场。它们的性能相近，由于永磁式直流伺服电动机不需要外加励磁电源，因而在机电一体化伺服系统中应用较多。

3.1.1.1 直流伺服电动机的结构

直流伺服电动机的结构主要包括以下三大部分。

(1)定子：定子磁场由定子的磁极产生，定子结构如图 3-1 所示，定子的磁路结构如图 3-2 所示。

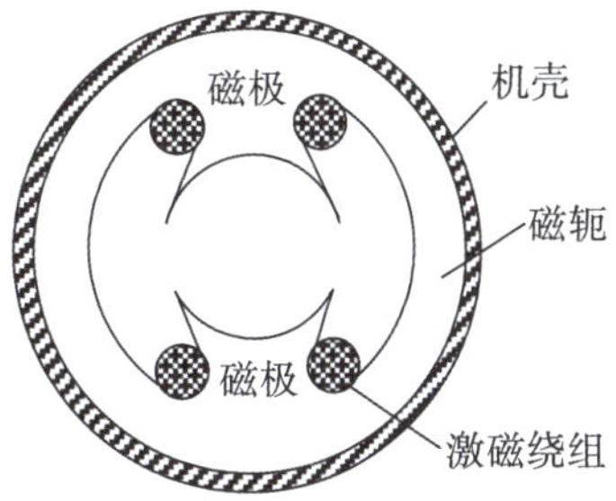

图 3-1 定子结构

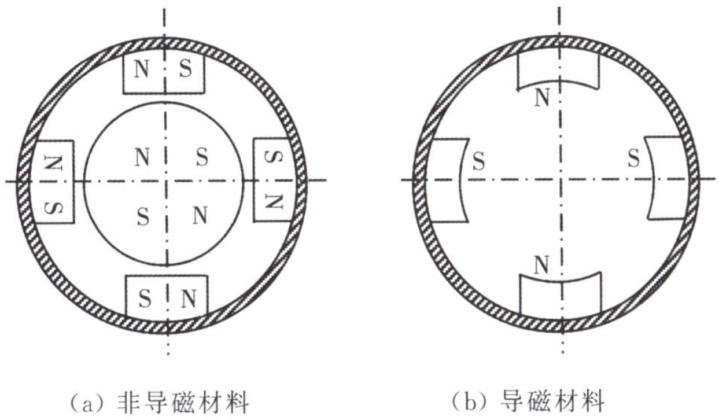

图 3-2 定子的磁路结构

(2)转子:转子由冲压硅钢片叠压而成,表面嵌有线圈,通以直流电时,在定子磁场作用下产生带动负载旋转的电磁转矩。转子铁芯冲片如图 3-3 所示,转子铁芯和绕组如图 3-4 所示。

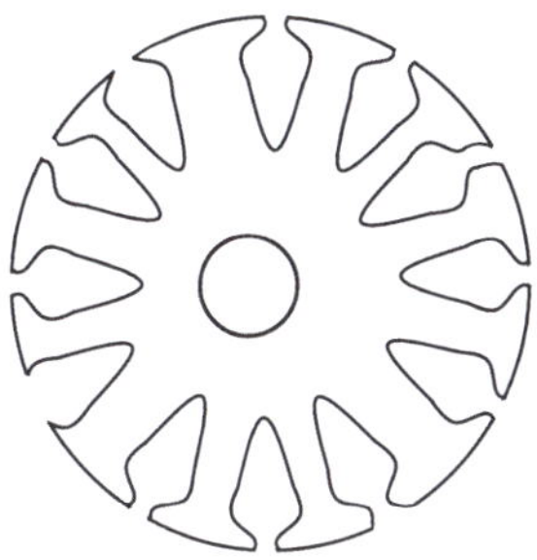

图 3-3 转子铁芯冲片

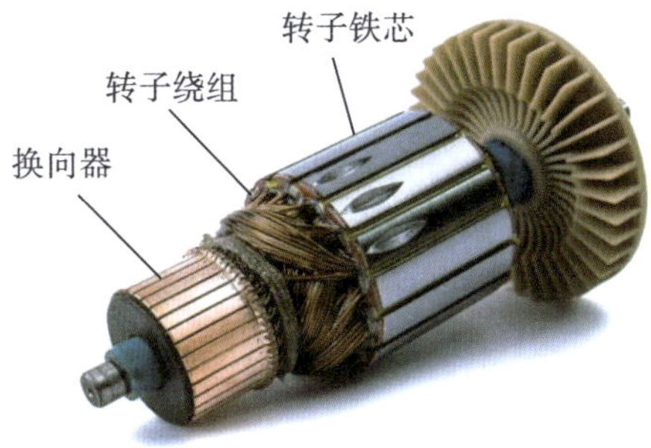

图 3-4 转子铁芯和绕组

(3)电刷与换向片:为使所产生的电磁转矩保持恒定方向,转子沿固定方向均匀地连续旋转,电刷与外加直流电源相接,换向片与转子导体相接,同时电刷压在换向片上。塑料换向器如图 3-5 所示。

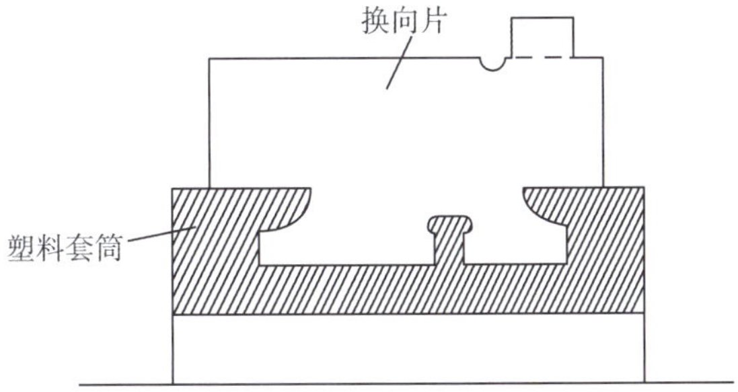

图 3-5 塑料换向器

由于换向片和电源固定连接，线圈无论怎样转动，总是上半边的电流方向向里，下半边的电流方向向外。换向片将外部的直流电转换成内部的交流电，以保持转矩方向不变。直流伺服电动机的内部结构及实物如图 3-6 所示。

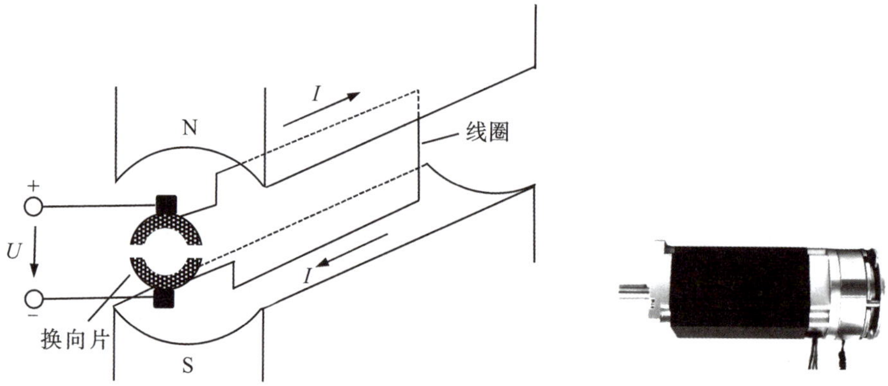

(a)内部结构　　(b)实物

图 3-6　直流伺服电动机

3.1.1.2　直流伺服电动机的工作原理

转矩方向将驱动转子逆时针旋转。当转子旋转以后，夹角发生变化，转矩的大小及方向都发生变化，这将引起电动机转子来回摆动。定子磁势和转子磁势相互垂直时，电动机可得到最大转矩，如图 3-7 所示。

假设转子有 5 个线圈，每个线圈产生的磁势矢量相加得到合成磁势。如图 3-8 所示，合成磁势的方向依然随转子旋转而改变。这使电动机力矩变大，力矩的大小及方向改变的问题依然存在。假设在转子旋转时，通过电流换向，始终保证转子几何中性面以上的全部绕组端子为电流流入端，下面的绕组端子为电流流出端，就能保证转子合成磁势的方向不变，且与定子磁势垂直。这项工作是由换向机构来完成的。

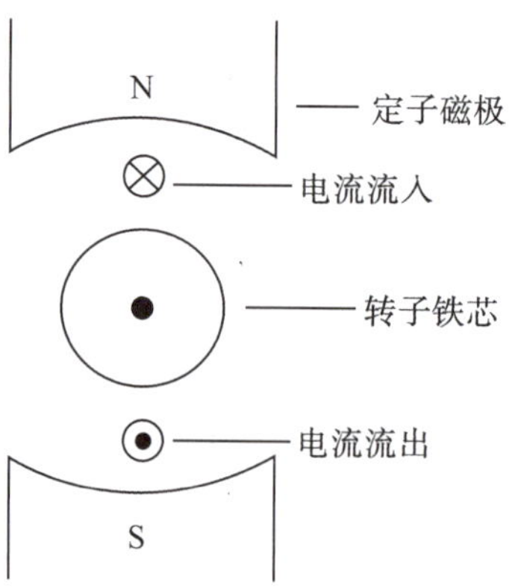

图 3-7　直流伺服电动机工作原理(1)

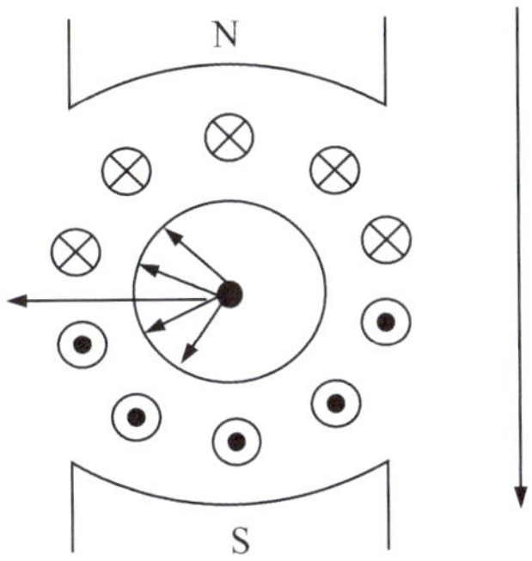

图 3-8 直流伺服电动机工作原理(2)

由于换向片和电刷的作用,当转子旋转时,每个经过电刷绕组的电流方向都被自动改变,转子的合成磁势维持方向不变(见图 3-9),这保证了在转子旋转时定子磁势和转子磁势的方向总是相互垂直的。

由于换向片的数目是有限的,所以转子磁势的方向会有微小的变化,这将导致力矩出现波动。

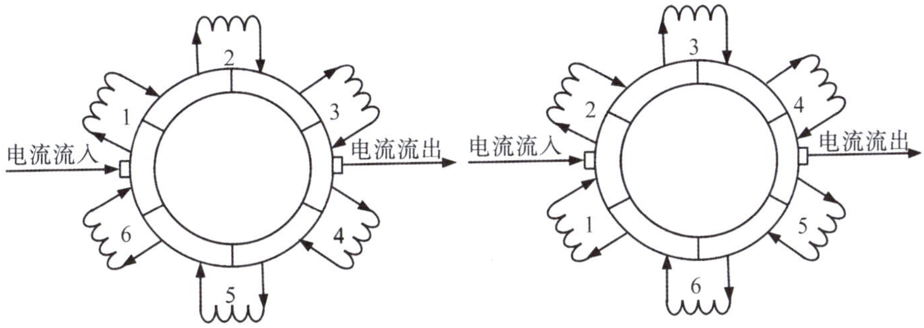

图 3-9 直流伺服电动机工作原理(3)

当电动机高速旋转时,由于电动机转子和负载惯量的平滑作用,力矩波动的影响可以忽略不计。但当电动机在低速状态下工作时,可能会引发运行问题。如果出现问题,则可通过增加绕组、换向片或定子的极对数来解决。

传统直流伺服电动机与普通的直流电动机在工作原理、结构和基本特征方面并无本质区别,但是其在结构和性能上进行了一些改进,主要具有以下特点:

(1)采用细长的结构以便降低转动惯量,仅为普通直流电动机的 1/3～1/2。

(2)具有优良的换向性能,在大的峰值电流冲击下仍能确保良好的换向条件,因此具有大的瞬时电流和瞬时转矩。

(3)机械强度高,能够承受巨大加速度造成的冲击力作用。

(4)电刷一般都被安放在几何中心面上,以确保正反转运行特性对称。

3.1.2 直流伺服电动机的控制方式

直流伺服电动机的控制方式有两种：一种是转子控制，将控制信号作为转子电压来控制电动机的转速；另一种是磁场控制，将控制信号加在励磁绕组上，通过控制磁通来控制电动机的转速。

（1）转子控制：励磁磁通保持不变，改变转子绕组的控制电压。当电动机的负载转矩不变时，升高转子电压，电动机的转速就会升高；反之，转速就会降低。转子电压等于 0 时，电动机不转。转子电压改变极性时，电动机反转。转子控制原理如图 3-10 所示，其中 U_f 为励磁电压，I_f 为励磁电流，U_a 为转子电压。

电动机转速 n 的计算公式如下：

$$n=\frac{U_a-I_aR_a}{C_e\Phi}$$

式中，n 为转速（r/min）；U_a 为转子电压（V）；I_a 为转子电流（A）；R_a 为转子回路总电阻（Ω）；Φ 为励磁磁通（Wb）；C_e 为由电动机结构决定的电动势常数。

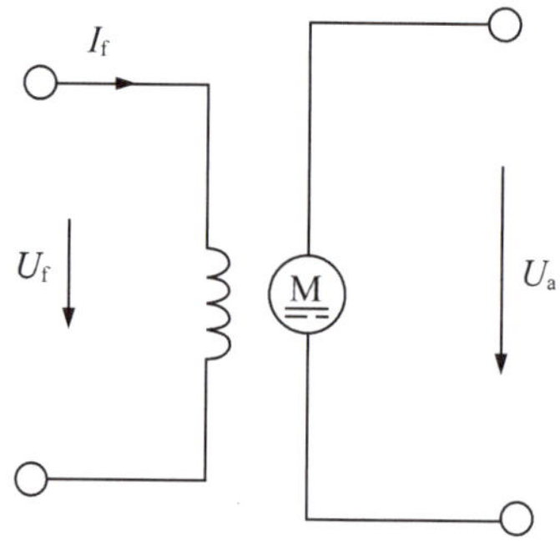

图 3-10 转子控制原理

（2）磁场控制：转子绕组电压保持不变，改变励磁回路的电压。若电动机的负载转矩不变，当升高励磁电压时，励磁电流增加，主磁通增加，电动机转速就会降低；反之，转速就会升高。改变励磁电压的极性，电动机转向随之改变。

尽管磁场控制也可以达到控制转速大小和旋转方向的目的，但励磁电流和主磁通之间具有非线性关系，且随着励磁电压的减小，其机械特性变差，且调节特性也是非线性的，故这种控制方法很少被采用。

3.2 交流伺服电动机

由于直流伺服电动机具有机械结构复杂、维护工作量大等缺点，在运行过程中转子容易发热，会影响与其连接的其他机械设备的精度，难以应用到高速及大容量的场合，其中机械换向器更成为制约直流伺服驱动技术发展的瓶颈。从 20 世纪 70 年代后期到

80 年代初期，随着微处理器技术、大功率高性能半导体功率器件技术和电动机永磁材料制造工艺的发展及其性价比的日益提高，交流伺服技术(交流伺服电动机和交流伺服控制系统)逐渐成为主导产品。交流伺服电动机有效克服了直流伺服电动机因电刷、换向器等机械部件所带来的各种缺点，其卓越的过载特性和低惯性则体现出交流伺服系统的优越性。

交流伺服电动机在伺服系统中用作执行元件，其任务是将控制信号快速地转换为转轴的转动。输入的电压信号称为“控制信号”或“控制电压”，改变控制电压可以改变伺服电动机的转速及转向。

自动控制系统对交流伺服电动机的要求主要有以下几点：

(1)转速和转向应精确受控于控制信号，调速范围要大。

(2)整个运行范围内的特性应接近线性关系，保证运行的稳定性。

(3)当控制信号消除时，交流伺服电动机应立即停转，即电动机无“自转”现象。

(4)控制功率要小，起动转矩要大。

(5)机电时间常数要小，起动电压要低。当控制信号变化时，响应要快速灵敏。

3.2.1 交流伺服电动机的结构与特点

交流伺服电动机的结构主要由定子和转子两大部分组成。定子的结构与旋转变压器的定子结构基本相同，在定子铁芯中嵌有两组空间位置成 90°电角度的绕组，如图 3-11 所示。图中 l_1-l_2 为励磁绕组，k_1-k_2 为控制绕组，所以交流伺服电动机是一种两相的交流电动机。

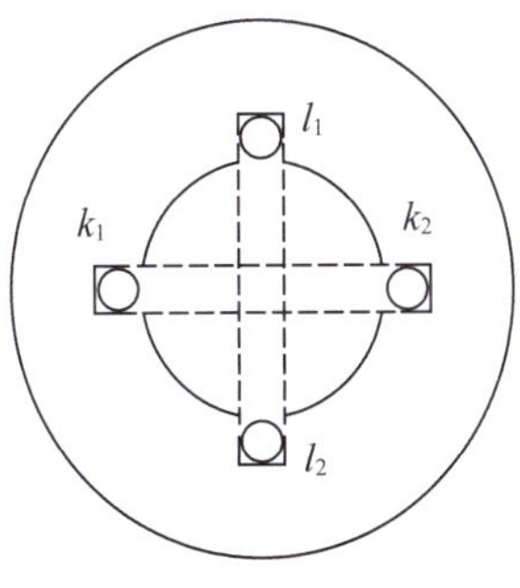

图 3-11 两相绕组分布图

转子的常用结构有笼型和非磁性杯型两种。笼型转子具有体积小、质量轻、效率高等优点，其起动电压低、灵敏度高，且激励电流较小，机械强度较高，能适应高温、振动、冲击等恶劣环境条件。但在低速运转时不够平稳，有抖动等现象。因此，在小功率伺服控制系统中得到了广泛应用。

非磁性杯型转子的惯量小，轴承摩擦转矩小。由于非磁性杯型转子没有齿和槽，因此一般不会出现抖动现象，运转平稳。转子的气隙较大(杯壁厚度加上杯壁两侧的气隙)，导致励磁电流增大，会降低电动机的利用率。另外，非磁性杯型转子伺服电动机的结构和制造工艺又比较复杂，因此目前广泛应用的是笼型转子伺服电动机。只有在要求低噪声及运转非常平稳的某些特殊场合，才采用非磁性杯型转子伺服电动机。

3.2.2 交流伺服电动机的基本工作原理

使用交流伺服电动机时，励磁绕组两端施加恒定的励磁电压 U_f，控制绕组两端施加控制电压 U_k，如图 3-12 所示。定子两相绕组在空间上互成 90°电角度排列，当通入相位差 90°的电压时，将产生旋转磁场。转子导体切割该磁场，从而产生感应电动势，进而在短路的转子导体中产生电流。转子载流导体在旋转磁场中受作用力，从而使转子沿旋转磁场方向转动。当无控制信号(控制电压)时，只有励磁绕组产生的脉动磁场，转子不能转动。

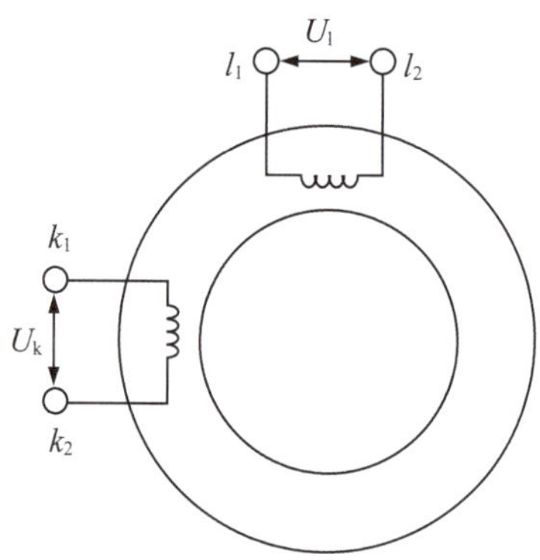

图 3-12 两相交流伺服电动机原理图

通常将有效匝数相等的两个绕组称为“两相对称绕组”。若在两相对称绕组上施加两个幅值相等且相位差 90°的对称电压，则电动机将处于对称状态。此时，两相对称绕组在定子、转子之间的气隙中产生的合成磁势是一个圆形旋转磁场。若两个电压幅值不相等或相位差不为 90°，则会得到一个椭圆形旋转磁场。

设旋转磁场的转速为同步转速 n_s，其值只与电动机极数和电源频率有关，关系式为

$$n_s = \frac{f}{p} = \frac{60f}{p}$$

式中，f 为频率(Hz)；p 为极对数。

于是，转子随旋转磁场旋转。转子的实际转速为 n，转差率 s 为

$$s = \frac{n_s - n}{n_s}$$

可见：

(1)当转子静止时，$s=1$；

(2)当转子以转速 n_s 逆磁场旋转时，$s=2$；

(3)当转子以转速 n_s 顺磁场旋转时，$s=0$。

由于交流伺服电动机转速总是低于旋转磁场的同步转速，而且随着负载阻转矩值的变化而变化，因此交流伺服电动机又被称为“两相异步伺服电动机”。

3.3 舵 机

3.3.1 舵机的结构与组成

舵机最早应用于航模制作领域，如图 3-13 所示的 SG90 舵机。在航空模型中，飞行器的飞行姿态是通过调节发动机和各个控制舵面来实现的。

典型舵机是由直流电动机、减速齿轮组、传感器和控制电路组成的，通过发送信号，指定舵机输出轴的旋转角度，来实现舵机的可控转动。一般而言，舵机都有最大旋转角度(如 180°)，其与普通直流电动机的区别为：直流电动机是连续转动，而舵机却只能在一定角度范围内转动，不能连续转动(数字舵机除外，它可以在舵机模式和电动机模式中切换)；普通直流电动机无法反馈转动的角度信息，而舵机却可以。此外，它们的用途也不同，普通直流电动机一般是整圈转动，可以提供旋转动力，而舵机用来控制某物体转动的角度(如机器人的关节)。

舵机结构分解图如图 3-14 所示，其工作原理如下：控制电路板接收来自信号线的控制信号，控制舵机转动。具体来说，舵机带动一系列齿轮组，经减速后传动至输出舵盘；舵机的传动轴和位置反馈电位计是相连的，当舵盘转动时，带动位置反馈电位计旋转；电位计输出一个反馈电压信号给控制电路板，然后控制电路板根据电位计所在位置决定电动机的转动方向和速度，实现控制目标后停止。

图 3-13 SG90 舵机实物

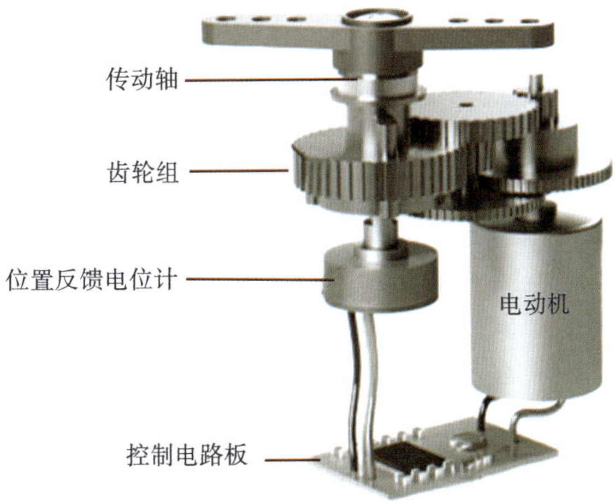

图 3-14 舵机结构分解图

舵机的控制电路板主要用于驱动舵机和接收电位计反馈的信息。电位计的主要作用是通过其旋转后产生的电阻变化，把信号发送回舵机控制电路板，使其判断输出轴角度是否正确。齿轮组的主要作用是将扭力放大，使小功率电动机产生大扭矩。舵机输出转矩经过一级齿轮放大后，再经过二、三、四级齿轮放大，最后通过输出轴将多级放大后的转矩输出。图 3-15 所示为舵机的四级齿轮减速增力机构，通过逐级将小的转矩放大，使得舵机能产生 15 kg·cm 的转矩。

图 3-15　四级齿轮减速增力机构

舵机所用的齿轮有塑料齿轮、混合材料齿轮和金属齿轮之分。塑料齿轮的生产成本低、传动噪声小，但强度较低、寿命较短；金属齿轮的强度高，但成本也高，在装配精度一般的情况下传动过程中会产生较大的噪声。小扭矩舵机、微舵、扭矩大但功率密度小的舵机一般都采用塑料齿轮，如 FUTABA S3003、辉盛的 9 g 微舵。金属齿轮一般用于功率密度较高的舵机，比如辉盛的 995 舵机，该舵机的体积与 FUTABA S3003 相同，却能提供 13 kg·cm 的转矩。少数舵机甚至用钛合金作为齿轮材料，其高强度特性能确保像 FUTABA S3003 体积大小的舵机提供超过 20 kg·cm 的转矩。使用混合材料齿轮的舵机，其性能介于金属齿轮舵机和塑料齿轮舵机之间。

由于舵机采用多级减速齿轮组的设计，因此能够输出较大的转矩。正是由于舵机具有体积小、输出转矩大、控制精度高的特点，满足了小型仿生机器人对于驱动单元的核心需求，所以舵机在本书介绍的几种小型仿生机器人中得到了广泛应用。

3.3.2　选择合适的舵机

舵机的主要性能参数包括转速、转矩、电压、尺寸、质量、材质和安装方式等。人们在进行舵机选型设计时，要综合考虑以上参数。

（1）转速：转速由舵机在无负载情况下转过 60°角所需时间来衡量，常见的转速为 0.11～0.21 s/60°。

（2）转矩：舵机转矩指舵机在舵盘上距舵机轴中心水平距离 1 cm 处能够带动的物体

质量，其单位为 kg·cm。

(3)电压：舵机的工作电压对其性能有重大影响。推荐的舵机电压通常为 4.8 V 或 6 V。有的舵机可以在 7 V 以上工作，12 V 舵机也有不少。较高的电压可以提高舵机的速度和转矩，但具体还需要根据电源系统所能提供的电压来确定。

(4)尺寸、质量和材质：舵机功率(转速×转矩)和舵机尺寸的比值决定了舵机的功率密度。一般而言，同样品牌的舵机，功率密度大的价格高，功率密度小的价格低。齿轮材质的选择需要综合考虑转矩、转动频率、质量限制等具体条件。采用塑料齿轮的舵机在大负荷状态下容易发生崩齿，采用金属齿轮的舵机则可能会因电动机过热而损毁或导致外壳变形，因此齿轮材质的选择应当根据具体使用情况而定，并没有绝对的倾向，关键是使舵机的使用情况限制在设计规格之内。

3.3.3 舵机的驱动与控制

舵机的控制信号是脉宽调制信号，十分方便与数字系统进行连接。能够产生标准控制信号的数字设备都可以用来控制舵机，比如 PLC、单片机等。

舵机可由可变宽度的脉冲进行控制，控制线是用来传送脉冲的。脉冲的参数有脉冲宽度最小值、脉冲宽度最大值和频率等。一般而言，舵机的基准信号都是周期为 20 ms、脉冲宽度为 1.5 ms 的脉冲。这个基准信号定义的位置为中间位置。舵机有最大和最小转动角度，中间位置到最大转动角度的位移量与到最小转动角度的位移量完全相同。最重要的一点是，不同舵机的最大转动角度可能不同，但是其中间位置的脉冲宽度是一定的，即 1.5 ms。舵机驱动脉冲如图 3-16 所示。

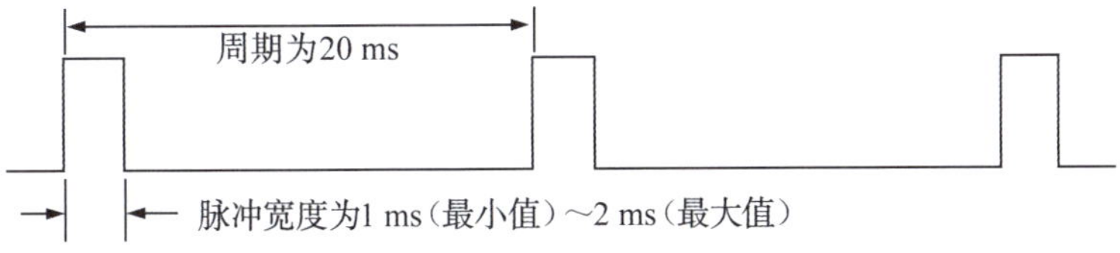

图 3-16 舵机驱动脉冲

舵机的转动角度由来自控制线的持续脉冲信号决定。这种控制方法叫作脉冲调制。脉冲的宽度决定舵机转动的角度。例如，1.5 ms 的脉冲会让舵机转动到中间位置(对于转角为 180°的舵机来说，就是 90°的位置)。当控制系统发出指令，舵机转动到某一角度并保持不变，外力的影响不会让这个角度产生变化。但是这种保持能力受限于舵机的最大扭矩，但除非控制系统不停地发出脉冲以稳定舵机的角度，否则舵机的角度不会一直保持不变。

当舵机接收到一个小于 1.5 ms 的脉冲时，其输出轴会以中间位置为标准，逆时针旋转一定角度；当舵机接收到一个大于 1.5 ms 的脉冲时，其输出轴会以中间位置为标准，顺时针旋转一定角度。不同品牌，甚至同一品牌的不同舵机，都会有不同的最大脉冲宽度和最小脉冲宽度。一般而言，最小脉冲宽度为 1 ms，最大脉冲宽度为 2 ms。转角为 180°的舵机的输出转角与输入信号脉冲宽度的关系如图 3-17 所示。

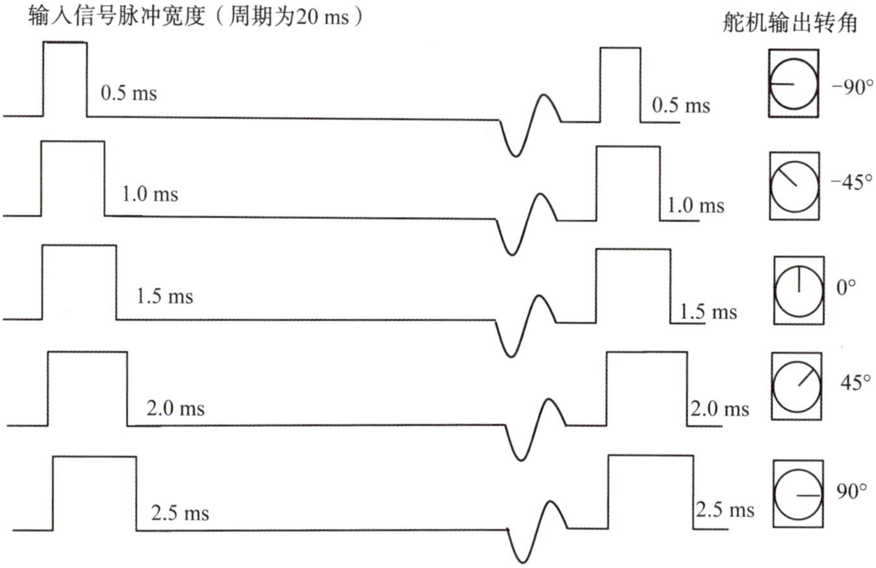

图 3-17　转角为 180°的舵机的输出转角与输入信号脉冲宽度的关系

3.4　舵机应用实例

3.4.1　驱动实验

ESP32 是一款集成 Wi-Fi 和蓝牙的双模单片机系统，采用 40 nm 低功耗制造工艺，具有较好的稳定性、通用性和可靠性，以及超低的功耗，适用于智能家居、工业自动化、智慧农业等领域。ESP32 支持 microPython 语言，易于编程，下面介绍使用 ESP32 控制舵机的实例。

舵机接口有三条引线，分别为电源正极（V＋）、电源地和脉冲宽度调制（PWM）控制端，其中电源正极（V＋）可以连接 ESP32 的 3.3 V 供电引脚，电源地连接 ESP32 的 GND 引脚，PWM 控制端连接 ESP32 的第 15 引脚，具体可参考图 3-18。

本实验中，舵机的 PWM 信号与角度的对应关系为：0.5 ms 脉冲对应 0°，1.0 m 脉冲对应 45°，1.5 ms 脉冲对应 90°，2.0 ms 脉冲对应 135°，2.5 ms 脉冲对应 180°。

舵机动作与位置（pos）的计算公式为：舵机动作＝（pos/180×2＋0.5）/20×1023，其中 180 表示最大角度，2 表示舵机角度为 0°～180°的高电平脉冲宽度，0.5 表示舵机角度为 0°时的高电平脉冲宽度，20 表示脉冲周期，控制程序中占空比为 0～1023，需将结果乘以 1023 进行输出。

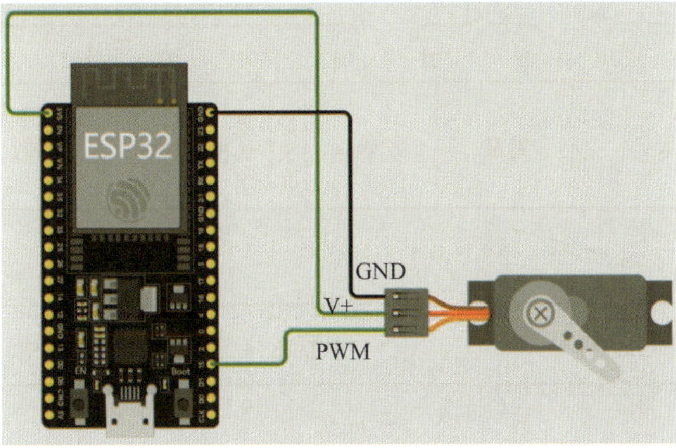

图 3-18 舵机与 ESP32 的接线示意图

以下程序使得舵机从 0°开始，以每秒增加 5°旋转，到达 180°后，再反向以每秒减少 5°的速度旋转回 0°位置。

```
# Micropython on ESP32 开发板舵机控制演示。舵机初始状态 0°,是竖直的。
from machine import Pin,PWM
import utime
# pwm 输出引脚
pwm = PWM(Pin(15,Pin.OUT))
# 设置 pwm 频率
pwm.freq(50)
for pos in range(0,181,5):  #从 0°到 180°转动
    print(pos,end= " ")
    '''
    将 0°-180°的 pos 值转换为 PWM 输出电平脉冲宽度
    '''
    ts = int((pos/180 * 2 + 0.5)/20 * 1023)
    # 输出占空比
    pwm.duty(ts)
    utime.sleep(1.0)
```

```
for pos in range(180,-1,-5):   #从 180°到 0°转动
    print(pos,end= " ")
    '''
    将-180°- -0°的 pos 值转换为 PWM 输出电平脉冲宽度
    '''
    ts = int((pos/180 * 2 + 0.5)/20 * 1023)
    # 输出占空比
    pwm.duty(ts)
    utime.sleep(1.0)
```

3.4.2 应用实例

Trossen Robotics 公司是美国的一家机器人经销商和制造商，他们为研究人员和创新者打造了 X 系列研究型机械臂，用户可以下载相应的计算机辅助设计(CAD)文件和模型文件，通过 3D 打印来制作和组装一套完整的机械臂。X 系列研究型机械臂有 4、5 和 6 自由度(DOF)多个型号，尺寸有大有小，末端可以轻松地更换执行器(如夹爪)以适应不同功能要求。

PincherX 100 机械臂是 X 系列机械臂中最简单的一款，采用 4 自由度设计，并可以 360°旋转。它采用 DYNAMIXEL X 系列智能伺服舵机，具有扭矩大、散热效率高、经久耐用等特点，外形尺寸较小，能提供 4096 个位置的高分辨率，用户还可自定义 PID 参数、温度监控参数、位置反馈参数以及电压、负载等。

PincherX 100 共使用了 5 个舵机，可控制机械臂 4 个自由度的转动以及夹爪的开合动作，机械臂结构与舵机分布如图 3-19 所示，舵机参数如表 3-1 所示。

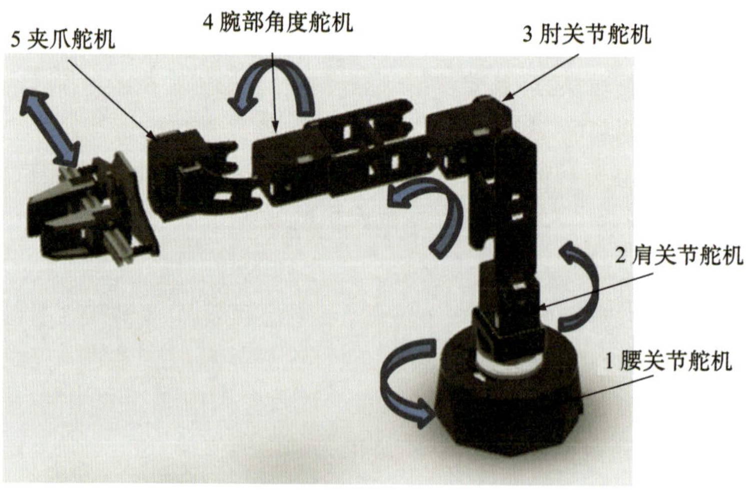

图 3-19　PincherX 100 机械臂结构及舵机分布

表 3-1 PincherX 100 机械臂的舵机参数表

舵机编号	名称	最小值	最大值
1	腰关节舵机	−180°	180°
2	肩关节舵机	−111°	107°
3	肘关节舵机	−121°	92°
4	腕部角度舵机	−100°	123°
5	夹爪舵机	30 mm	74 mm

图 3-20 为 PincherX 100 机械臂的 CAD 图，可以帮助读者更直观地了解其结构。

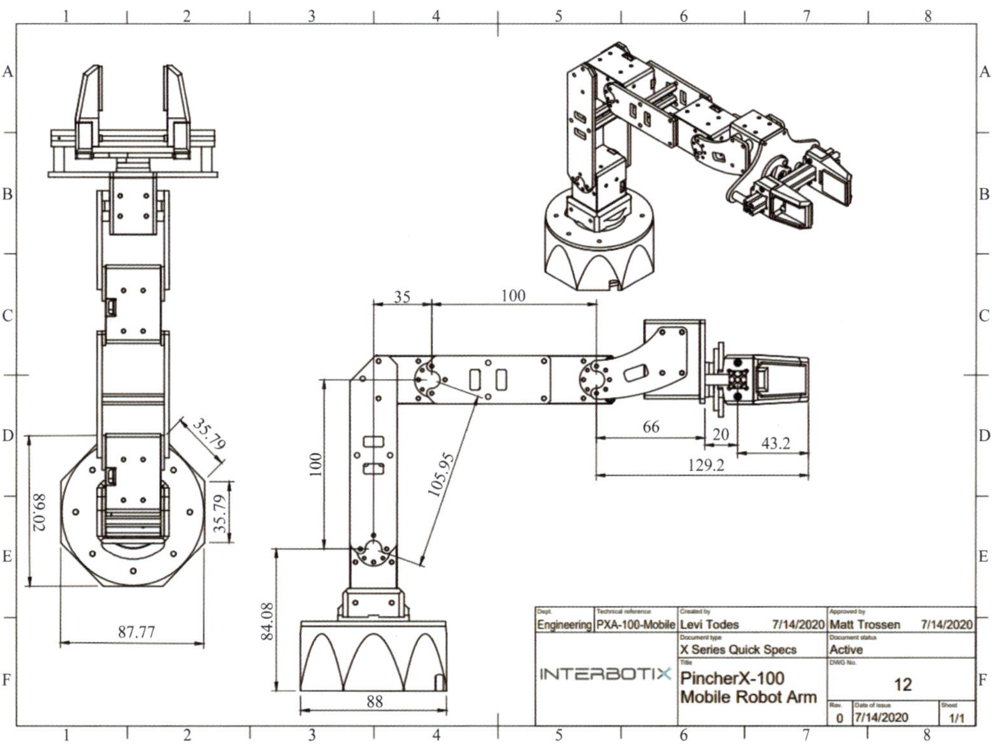

图 3-20 PincherX 100 机械臂 CAD 图纸（单位为 mm）

引导阅读

电动机助力实现中国梦

电动机作为控制系统的核心组件，其影响力已深入日常生活的方方面面，并在国家重大装备与国民经济的关键领域中发挥着不可替代的作用。从精密的光刻机到强大的盾构机，从翱翔天际的飞机到灵活穿梭的无人机，再到高效作业的工业机器人，电动机的精准控制与高效运行始终是推动这些高科技设备不断进步的核心动力。

在微电子制造的核心设备——光刻机中，电动机的高精度控制确保了光线能够精确投射到硅片上，从而制造出精细的集成电路。这种对电动机控制技术的极致追求，不仅显著提升了芯片制造的精度，也成为我国在全球电子信息产业竞争中实现自主创新的重要方向。

盾构机在地下工程中的广泛应用，同样展现了电动机控制技术的高超水平。通过电动机的智能调控，盾构机能够在复杂多变的地质环境中保持稳定的掘进速度，并精准平衡土压，从而大幅提升地下工程的安全性和施工效率。这不仅为我国的城市建设和基础设施建设提供了强大支持，也进一步凸显了电动机控制技术在国家重大工程项目中的关键地位。

在航空领域，电动机的稳定控制与高效运行是飞行安全的重要保障。现代电传飞控系统通过电气通道实现对飞机的操控，不仅简化了机械结构，还显著提升了飞行的稳定性和安全性。电动机的精准控制使飞机能够在各种复杂环境中保持稳定的飞行姿态，为乘客的安全出行提供了可靠保障。

无人机的广泛应用同样离不开电动机高精度控制的支持。通过电动机的智能调节，无人机能够实现自主飞行、智能避障和精准定位等功能，在航拍、农业植保、电力巡检等领域得到了广泛应用。这不仅为我国的农业现代化和电力巡检提供了高效工具，也在灾害救援和环境监测中发挥了重要作用。

工业机器人作为自动化生产线的核心设备，其运动控制和过程控制同样依赖于电动机的精准调节。通过电动机的智能控制，工业机器人能够实现对生产过程的精确管理，从而大幅提升生产效率和产品质量。这不仅为我国的制造业转型升级提供了有力支撑，也在提升工业核心竞争力方面发挥了重要作用。

综上所述，电动机在控制系统中的重要性不言而喻。它不仅是日常生活中的得力助手，更是国家重大装备与国民经济核心领域中不可或缺的关键技术。因此，我们应高度重视电动机控制技术的研发与创新，不断提升我国在全球科技竞争中的核心竞争力，为实现中华民族伟大复兴的中国梦贡献更多智慧与力量。

思考题

1.直流伺服电动机主要有哪些优缺点?

2.交流伺服电动机有哪些特点?

3.舵机的控制方式是什么?请描述其工作原理。

4.与伺服电动机相比,舵机的角度控制有什么优势?

5.假设要在一条传送带上设计一个挑选装置,将不合格产品推出传送带,合格产品继续输送,请设计该装置并描述所用电动机的类型和控制算法。

第四章　如何实现自动控制？

假设有一个智能温室，它就像一个由自动化技术驱动的微型生态系统。在这个温室中，控制器扮演着“大脑”的角色，负责确保整个环境始终处于最适合植物生长的状态。那么，这个“大脑”是如何运作的？

首先，控制器需要了解温室中的“居民”——植物的需求。例如，它们需要适宜的温度、湿度、光照和水分。这就像了解一个人的饮食偏好后，才能为他准备合适的饭菜一样。

接下来，控制器会设计并执行它的“菜谱”——控制算法。这个算法如同烹饪步骤，指导控制器如何调整温室环境以达到最佳状态。例如，如果传感器检测到温室内温度过高，控制器启动风扇或喷水系统来降温；如果湿度过低，控制器启动加湿或灌溉设备。

传感器则像是温室中的“小侦探”，它们实时监测温度、湿度等环境参数，并将数据反馈给控制器。这样，控制器就能根据当前环境状况做出相应的调整。

执行器是控制器的“小助手”，负责执行控制器的指令。例如，当控制器发出降温指令时，执行器驱动风扇运转；当控制器发出加湿指令时，执行器启动喷水系统。

然而，仅仅知道如何操作还不够，还需要更精确、更高效地完成任务。这时，就需要为被控对象——温室环境建立一个数学模型。这个模型就像是温室的“地图”，可以清晰地展示各种环境参数之间的关系和变化规律。有了这张“地图”，控制器就能更准确地预测环境变化趋势，如未来几小时的温度变化，提前采取相应措施。

作为自动控制系统的核心，控制器必须深入了解被控对象的特性，然后设计并运行相应的控制算法。它根据传感器提供的数据，利用执行器实现对被控对象的精准操作，从而达到预期的控制效果。实际的自动控制系统不仅需要定性分析，还需要定量分析。因此，设计人员需要为被控对象建立精确的数学模型，并基于该模型设计控制算法，生成具体的定量数据，以驱动执行器实现精准操作。

自动控制原理的理论体系分为三个层次：

(1)系统建模：描述系统动态特性及各变量之间关系的数学表达式称为系统的“数学模型”。建立自动控制系统的数学模型是分析控制系统性能和合理设计控制系统装置的基础。在建立模型的过程中，必须在模型的简化性与分析结果的精确性之间作出某些折中的考虑,即根据系统的实际结构、参数以及计算所要求的精度,忽略一些次要因素,使模型既能准确反映系统的动态性能,又能便于分析计算。这是实际建模的原则,即建立简化且合理的数学模型。在经典控制理论中,主要采用输入-输出的描述方法。常用的数学模型有微分方程、传递函数、动态结构图、频率特性、状态空间表达式等。

对于线性系统,时域数学模型是一个线性微分方程式,当微分方程式的系数是常数时,则称该系统为“线性定常系统”。若系统中存在非线性特性,该系统必须用非线性微分方程来描述,则称这种系统为“非线性系统”。

(2)系统分析:建立系统模型后,可以根据模型的形式,选用相应的方法对模型进行求解、分析。如果对应的系统是线性定常系统,经典控制理论常采用时域分析法(time domain analysis)、根轨迹法和频率响应法进行分析。如果对应的系统是非线性系统,则可以选用描述函数法和相平面法。如果是离散系统,则选用 z 变换法。

在线性定常系统的分析中,时域分析法是一种直观易接受的方法,可以提供系统时间响应的全部信息,尤其适用于二阶线性系统的性能分析和计算,其他几种分析方法更适用于高阶系统。

(3)系统校正:如果对系统进行分析时,发现性能指标不能满足要求。若改变系统参数后仍然达不到要求,就只有增加辅助装置来改善系统的结构,从而改善系统的性能。利用增加辅助装置来改善系统性能的方法称为“系统校正”,所增加的辅助装置称为“校正装置或控制器”。

引导阅读

控制自我

情绪控制:在生活中,人们不可避免地会产生一些负面情绪,如愤怒、焦虑、伤心、忧郁、羞愧等。如果这些情绪频繁且持久地出现,可能对身心健康、人际关系和职业发展产生不利影响。尽管情绪是人类天生的反应,但情绪管理是一项后天学习的技能。人们需要学会识别和调节情绪,以保持积极的心态,推动个人成长,成为情绪的主人。

生活管理:人们常常会面临各种压力,因此学会高效管理时间并有效缓解压力显得尤为重要。需要明确的是,压力无法完全消除,但可以通过合理的方式应对它,并找到让生活更加丰富多彩的方法。同时,应放下对完美的执念,不必因享受生活的乐趣而感到内疚。通过简化生活,我们可以逐渐从疲惫中恢复,重拾活力,从而提升生活质量。

提高自控力:自控力是指个体在面对外界诱惑和内心冲动时,能够保持冷静和理智的能力。它决定了一个人是否能够掌控自己的生活、事业和人际关系。自控力是成熟度的体现,它帮助我们养成良好的习惯,并保持长久的自律。而缺乏自控力,往往难以实现目标和取得成功。培养自控力是一个不断自我超越的过程,它让我们能够掌握自己的人生走向,走得更远,活得更好。

4.1 控制理论基础知识

4.1.1 时域分析法

线性定常系统时域分析法的要点是：

(1)建立数学模型(如微分方程式、传递函数、结构图等)。

(2)选择合适的输入信号(如典型信号)，这取决于系统常见的工作状态，同时，在所有的可能的输入信号中，选取对系统要求最严苛的信号作为系统的典型输入信号。

(3)求出系统输出随时间变化的响应关系。

(4)根据时间响应确定系统的性能，包括稳定性、快速性和准确性等，评估这些性能指标是否符合生产工艺的要求。

4.1.2 时域微分方程建立的一般方法

微分方程是描述自动控制系统动态特性的一种数学模型，也是最基本的一种模型。对于一般物理系统的微分方程的建立过程，无论系统结构简单或复杂，总是遵循以下步骤：

(1)分析系统运动的因果关系，确定系统的输入量、输出量及中间变量。

(2)作出合乎实际的假设，忽略一些次要因素。

(3)根据支配系统动态特性的基本规律(如牛顿定律、能量守恒定律、基尔霍夫定律等)，列写原始方程。

(4)列出各中间变量与其他变量的因果关系式(即辅助方程)。

(5)联立上述方程，消去中间变量，得到只包含输入量与输出量的方程。

(6)将方程化为标准型，即将与输入量有关的各项放在等号的右边，与输出量有关的各项放在等号的左边，并将各导数项按降阶排列。

设系统的输入为 $r(t)$，输出为 $c(t)$，线性定常系统的微分方程一般具有以下形式：

$$\begin{aligned}&a_0\frac{\mathrm{d}^n c(t)}{\mathrm{d}t^n}+a_1\frac{\mathrm{d}^{n-1}c(t)}{\mathrm{d}t^{n-1}}+\cdots+a_{n-1}\frac{\mathrm{d}c(t)}{\mathrm{d}t}+a_n c(t)\\&=b_0\frac{\mathrm{d}^m r(t)}{\mathrm{d}t^m}+b_1\frac{\mathrm{d}^{m-1}r(t)}{\mathrm{d}t^{m-1}}+\cdots+b_{m-1}\frac{\mathrm{d}r(t)}{\mathrm{d}t}+b_m r(t)\end{aligned}\tag{4-1}$$

从工程可实现的角度来看，该方程满足以下约束：

(1)方程系数 $a_i(i=0,1,\cdots,n)$，$b_j(j=0,1,\cdots,m)$ 为实常数，是由系统自身参数决定的。这些参数可能包括质量、阻尼系数、弹性系数等，它们反映了系统的固有特性和动态行为。

(2)方程左侧导数阶次高于方程右侧，这是由于一般物理系统均含有质量、惯性或滞后的储能元件，所以输出的阶次都高于或等于输入的阶次，即 $n \geqslant m$。

(3)方程两端各项的量纲都是一致的。这一特征可以用来检验方程列写是否正确，特别是当系数 $a_n=1$ 时，方程各项都应有输出 $c(t)$ 的量纲。

在满足了以上约束条件后，方程(4-1)代表了具有各种不同物理性质的工程系统线性微分方程的一般形式，为理论研究提供了数学模型的一般式。当方程两端的阶次确定后，方程所描述的运动规律可适用于各类同形式的物理系统。

4.1.3 线性常系数微分方程的求解

系统微分方程建立后，在给定输入作用和初始条件下，求解微分方程可以得到系统的输出响应。众所周知，拉普拉斯变换本身具有简化函数和简化运算的功能，能够将微分、积分的运算简化为一般的代数运算。因此，拉普拉斯变换常用于求解线性系统的微分方程。

利用拉普拉斯变换求解微分方程的步骤如图 4-1 所示。

(1)对微分方程两边进行拉普拉斯变换，将时域的微分方程变换为 s 域的代数方程。

(2)求解代数方程，得到微分方程在 s 域的解。

(3)求 s 域解的拉普拉斯反变换，将 s 域中的解转换回时域，从而得到微分方程的时域解。

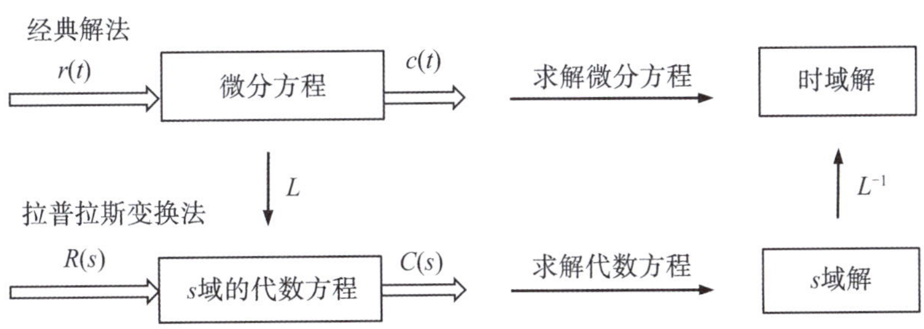

图 4-1 微分方程求解

利用拉普拉斯变换求解微分方程，有以下几个明显的优点：

(1)拉普拉斯变换法可将复杂的微分方程求解转化为简单的代数方程求解。通过这种方法，原本涉及微分运算的方程变成了仅涉及代数运算的方程，大大简化了求解过程。

(2)求得的解是完整的，因为初始条件已经包含在拉普拉斯变换式中，不必另行确定积分常数。

(3)如果所有的初始条件均为零，则微分方程的拉普拉斯变换可以简单地通过用 s 取代 $\frac{\mathrm{d}}{\mathrm{d}t}$，用 s^2 取代 $\frac{\mathrm{d}^2}{\mathrm{d}t^2}$ 等来得到。

当然，若微分方程的阶次较高，求拉普拉斯反变换也不是很容易的事，不借助于计算机，分解分母多项式是一项很繁重的工作。实际上，在建立了复数域的数学模型之后，一般并不需要求出方程的解。因为拉普拉斯变换法有一个优点，即可以用图解法预测系统的性能。另外还可根据拉普拉斯变换的一些性质，在复数域直接研究解的特征、初值、终值等重要数据，以满足工程分析的需要。

4.1.4 系统的性能指标

一般认为，在控制系统的性能分析中，跟踪和复现阶跃输入通常被视为较严格的工作条件。为在工程上有一个统一的标准对各类系统进行比较和研究，通常以单位阶跃响应来评价控制系统性能的优劣。

按照响应过程的时间顺序，控制系统的时间响应可以划分为动态和稳态两个阶段。动态过程又称"过渡过程"，是指系统从初始状态到接近最终状态的响应过程；稳态过程是指时间趋于无穷时系统的输出状态。研究系统的时间响应，必须对动态和稳态两个过程的特点和性能加以探讨。

系统的性能指标是根据实际输出与期望输出在各个阶段之间的差异来确定的。当系统的阶跃响应不产生稳态误差时，响应的稳态值即为期望输出。系统的单位阶跃响应性能指标如图 4-2 所示，包括延迟时间 t_d、上升时间 t_r、超调量 σ_p、峰值时间 t_p、调节时间 t_s、稳态误差等。这些指标用于全面评估系统在跟踪和复现阶跃输入时的性能，通过分析和优化系统的阶跃响应，可以有效地提高系统的动态和稳态性能，确保系统在实际应用中的稳定性和可靠性。

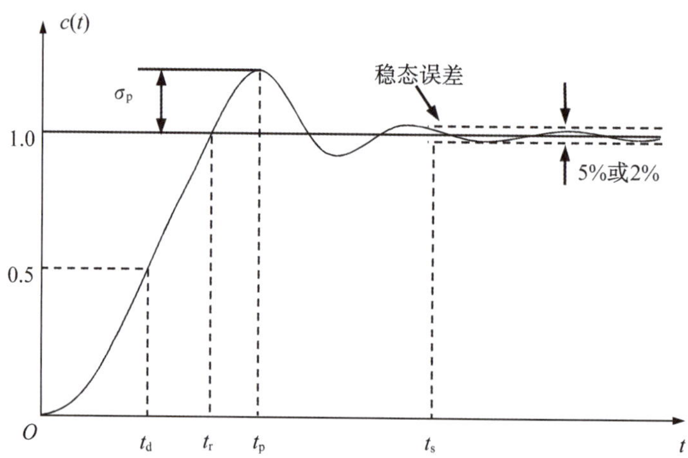

图 4-2　系统的单位阶跃响应性能指标

工程上常用的性能指标有以下几种：

(1) 延迟时间 t_d：响应曲线从零达到稳态值的 50% 所需的时间。

(2) 上升时间 t_r：对于单调上升响应，t_r 指响应曲线从其稳态值的 10% 上升到 90% 所需的时间。对于有振荡的系统，t_r 指响应从零到第一次达到稳态值所需的时间。

(3) 峰值时间 t_p：输出响应超过稳态值而达到第一个峰值所需要的时间。

(4)超调量 $\sigma_p(\%)$:输出响应的最大值超过稳态值的最大偏离量与稳态值之比的百分数,即

$$\sigma_p=\frac{c(t_p)-c(\infty)}{c(\infty)}\cdot 100\% \tag{4-2}$$

(5)调节时间 t_s:在响应曲线的稳态线上,取 $\Delta=5\%$(或 2%)作为误差带,响应曲线达到并不再超出该误差带所需的最小时间,称为"调节时间"(或过渡过程时间)。

(6)稳态误差 e_{ss}:当时间趋于无穷时,响应曲线的实际值(即稳态值)与期望值之差即为稳态误差。在单位反馈系统中,稳态误差为输出的实际响应终值与输入值之差。

上述性能指标中,延迟时间 t_d、上升时间 t_r 和峰值时间 t_p 均能表征系统响应的快慢;调节时间 t_s 表征系统过渡过程持续的时间,从总体上反映系统的快速性;超调量 σ_p 反映系统响应过程的平稳性;稳态误差则反映系统复现输入信号的最终精度。

4.1.5 传递函数(复数域数学模型)

传递函数的定义:在线性定常系统中,当初始条件为零时,系统输出的拉普拉斯变换与输入的拉普拉斯变换之比,称为系统的"传递函数",记为 $G(s)$。

式(4-1)对应的复数域表达式为

$$G(s)=\frac{C(s)}{R(s)}=\frac{b_0s^m+b_1s^{m-1}+\cdots+b_{m-1}s+b_m}{a_0s^n+a_1s^{n-1}+\cdots+a_{n-1}s+a_n} \tag{4-3}$$

式中,$a_0,a_1,\cdots,a_n,b_0,b_1,\cdots,b_m$ 为系数。

传递函数是在拉普拉斯变换法求解线性常微分方程中引申出来的复数域的数学模型。传递函数不仅可以表征系统的动态性能,还可以用来研究系统的结构或参数变化对系统性能的影响,是经典控制理论中最重要的数学模型之一。

从数学变换关系上来看,传递函数是由系统的微分方程经拉普拉斯变换后得到的,而拉普拉斯变换是一种线性变换,它将变量从实数 t 域变换到复数 s 域。因此,传递函数必然与微分方程一样能表征系统的固有特性,即成为描述系统运动的另一种形式的数学模型。同时,传递函数包含了微分方程的所有系数。如果不产生分子分母因式相消,则传递函数与微分方程所包含的信息量相同。实际上,传递函数的分母多项式就是微分方程左端的微分算子多项式,即它的特征多项式。方程解中的动态分量完全由特征方程决定。根据特征方程的根,能够确定系统的稳定性和动态响应特性。

传递函数与微分方程两种数学模型是共通的。通过微分算子$\frac{\mathrm{d}}{\mathrm{d}t}$与复变量 s 的互换,就可以很容易地实现两种模型之间的互化。传递函数 $G(s)$是以 s 为自变量的函数,这里的 s 是拉普拉斯变换所用的复变量,$s=\sigma+\mathrm{j}\omega$,称 s 为"复频率",称 s 的虚部 ω 为"频率",所以 $G(s)$是一个复变函数。经典理论中广泛应用的频域分析法和根轨迹法,都是建立在这个基础上的,统称为"频域法"。这些方法通过分析传递函数在复平面上的特性,来研究系统的动态响应和稳定性,为工程实践提供了强有力的工具。

传递函数本质上是数学模型，与微分方程等价，但在形式上却是一个函数，而不是一个方程。这不仅使运算变得更简便，还可以方便地用图形表示，如图 4-3 所示。这正是工程上广泛采用传递函数分析系统的主要原因。通过使用传递函数，可以更加直观和高效地进行系统设计与分析，预测系统在不同输入条件下的响应，并进行必要的优化和调整。

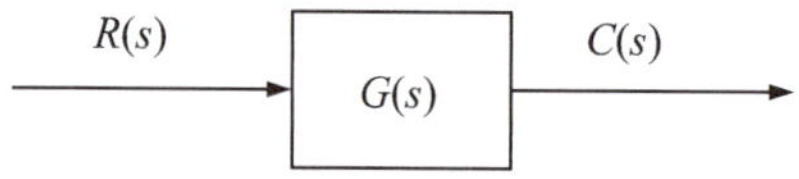

图 4-3　输入、输出及传递函数之间的关系

4.1.6　结构图（数学模型的图解表示）

结构图的定义：由具有一定函数关系的环节组成的，并标明信号流向的系统方框图，称为系统的“结构图”。

结构图的基本作用：

(1)简单明了地表达系统的组成和相互联系，由此人们可以方便地评价每一个元件对系统性能的影响。信号的传递严格遵照单向性原则，对于输出对输入的反作用，通过反馈支路单独表示。

(2)对结构图进行一定的代数运算和等效变换，可方便地求得整个系统的传递函数。

(3)当 $s=0$ 时，结构图表示各变量之间的静特性关系，故称为“静态结构图”；当 $s\neq0$ 时，即为动态结构图。

系统结构图实质上是系统原理图与数学方程的综合。在结构图上，用标有传递函数的方框取代了系统原理图上的元件，同时摒弃了元件的物理结构，而抽象为数学模型。这样，既补充了原理图所缺少的变量间的定量关系，又避免了抽象的纯数学描述；既能表明实际系统中信号流动的情况，又能直观了解每个元件对系统性能的影响，而且把复杂的原理图的绘制简化为方框图的绘制。因此，系统的结构图就是对系统中每个元件的功能和信号流向的图解表示，也是对系统数学模型结构的图解表示。

典型的反馈控制系统的方框图和结构图如图 4-4 所示。其中 $R(s)$ 为输入信号，$E(s)$ 为偏差信号，$C(s)$ 为输出信号，$G_c(s)$ 和 $G(s)$ 为前向通道的传递函数，$H(s)$ 为反馈通道的传递函数。

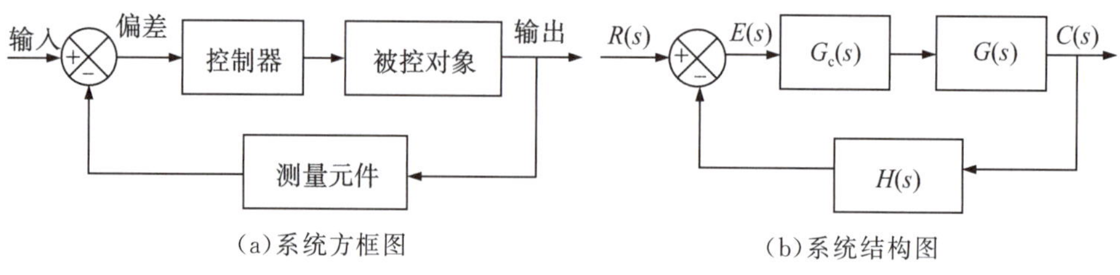

图 4-4　反馈控制系统

反馈连接及其等效变换如图 4-5 所示，其中 $B(s)$ 为反馈信号。

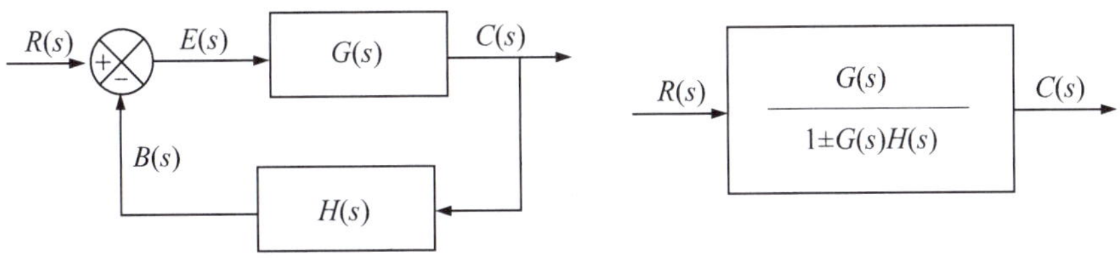

(a)反馈连接　　(b)等效变换

图 4-5　反馈连接及其等效变换

反馈信号相加点处为“＋”时表示正反馈，为“－”时表示负反馈。反馈连接等效的传递函数称为“闭环传递函数”，则

$$\frac{C(s)}{R(s)}=\frac{G(s)}{1\mp G(s)H(s)} \tag{4-4}$$

在闭环系统的讨论中，无论结构图多么复杂，最终都要等效成图 4-5(b)的标准形式来讨论，因此，式(4-4)就成为求闭环传递函数的重要公式。这一公式通过简单的代数运算，将复杂的系统行为归纳为一个简洁的数学表达式，极大地便利了系统的分析和设计。

下面介绍几个重要的术语：

开环传递函数：从反馈的末端反馈信号 $B(s)$ 处将回环断开，并沿回环从误差信号 $E(s)$ 开始，至末端反馈信号 $B(s)$ 终止，其间所经过的通道传递函数的乘积称为“开环传递函数”，即

$$\text{开环传递函数}=G(s)H(s) \tag{4-5}$$

前向传递函数：由输入到输出的直接通道传递函数称为“前向传递函数”，即

$$\text{前向传递函数}=G(s) \tag{4-6}$$

可见，当反馈传递函数 $H(s)=1$ 时，则开环传递函数和前向传递函数一致。这种结构会给理论研究带来很多便利。

至此，可以给出求单回环闭环系统传递函数的一般公式：

$$\text{闭环传递函数}=\frac{\text{前向传递函数}}{1+\text{开环传递函数}} \tag{4-7}$$

式(4-7)提供了直接写出闭环传递函数的快捷方法，是今后最常用的公式之一，应当熟记。显然，式(4-7)将各种定义的传递函数联系在一起，也将闭环系统的动态性能与开环系统的性能联系在一起，即与前向通道元件及反馈通道元件的动态特性联系在一起。这种联系确保了工程师在分析和设计控制系统时，能够利用开环系统的特性来推断闭环系统的行为，从而更有效地进行系统优化和性能预测。注意：若反馈系统为正反馈，则公式中分母里的符号应为“－”号。

对于较为复杂的系统，可以通过简化系统的结构图来分析。每种复杂结构都有相应的简化原则和方法，具体可参考《自动控制原理》等相关书籍。通过应用这些简化方法，

可以将复杂的多回路系统逐步简化为标准形式，最终得到系统的传递函数。

传递函数为分析和设计控制系统提供了一个强有力的工具，使得工程师能够系统地处理和优化各种复杂的控制系统，确保其在实际应用中的性能和可靠性。通过掌握和应用传递函数的相关知识，可以显著提升控制系统的设计效率和效果，推动系统工程的开展。下面对使用传递函数进行表达的例子进行说明。

4.2 一阶系统时域分析举例

例 4-1 研究图 4-6 所示的 RC 电路，当开关突然接通后，电源电压为 u_0，电流为 i，试求出电容电压 $u_c(t)$ 的变化规律。

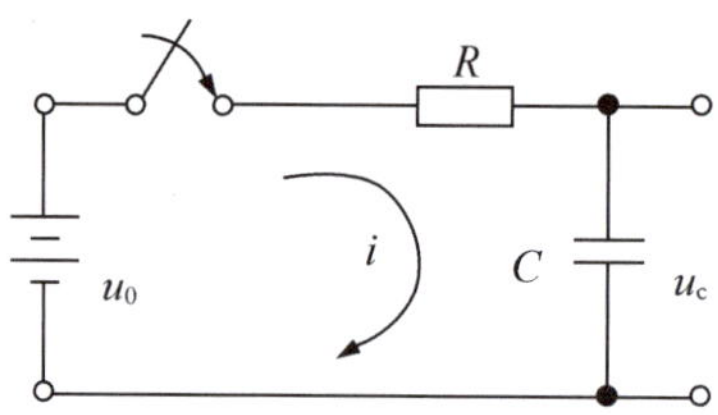

图 4-6 RC 电路

解 (1)建立系统的数学模型：对实际的控制系统进行分析，先要建立系统的数学模型。设输入量为 $u_r(t)$，输出量为 $u_c(t)$，回路电流为 $i(t)$，作为中间变量。电路按线性集中参数考虑，且忽略输出端的负载效应。

由基尔霍夫定律写出原始方程：

$$u_r(t)=i(t)R+u_c(t) \tag{4-8}$$

列写中间变量 $i(t)$ 与输出量 $u_c(t)$ 的关系式：

$$i(t)=C\frac{\mathrm{d}u_c(t)}{\mathrm{d}t} \tag{4-9}$$

消去中间变量 $i(t)$，得 RC 电路的微分方程式为：

$$T\frac{\mathrm{d}u_c(t)}{\mathrm{d}t}+u_c(t)=u_r(t) \tag{4-10}$$

式中，$T=RC$。这是一个一阶常系数微分方程，也就是图 4-6 无源网络的时域数学模型。

(2)微分方程求解：有了数学模型，便可以对微分方程进行求解。现用工程数学(拉普拉斯变换)的方法进行求解。

开关闭合瞬间，相当于网络外加直流电压 u_0，即系统的输入函数 $u_r(t)$，其函数表达式为

$$u_r(t)=\begin{cases}0, & t<0\\ u_0, & t\geqslant 0\end{cases} \tag{4-11}$$

这样的函数称为“阶跃函数”，如图 4-7(a)所示。

图 4-7(b)所示的函数称为“单位阶跃函数”(unit step function)，记作 $1(t)$，其函数表达式为

$$1(t)=\begin{cases}0, & t<0\\ 1, & t\geqslant 0\end{cases} \tag{4-12}$$

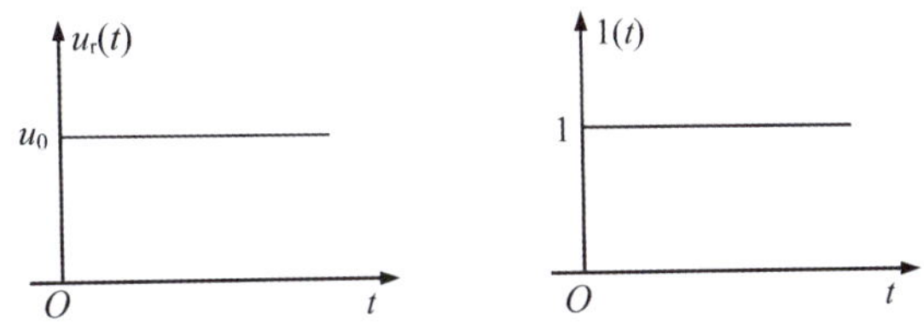

(a)非单位阶跃　　(b)单位阶跃

图 4-7　阶跃函数

显然式(4-11)可以写作

$$u_r(t)=u_0 1(t) \tag{4-13}$$

单位阶跃信号的拉普拉斯变换为

$$R(s)=L[1(t)]=\frac{1}{s} \tag{4-14}$$

在 $t=0$ 处的阶跃信号，相当于一个恒定的信号突然加到系统上。该信号的形式极为简单，但包含初始跃变部分和后续平顶部分，这两部分可较好地反映系统的快速性和准确性，因此在工程实际中应用广泛。

对方程(4-10)两端取拉普拉斯变换得

$$T[sU_c(s)-u_c(0)]+U_c(s)=U_r(s) \tag{4-15}$$

式(4-15)是一个代数方程，可非常方便地解出 $U_c(s)$：

$$U_c(s)=\frac{1}{Ts+1}U_r(s)+\frac{T}{Ts+1}u_c(0) \tag{4-16}$$

已知 $u_r(t)$ 是阶跃函数，所以 $U_r(s)=u_0/s$，代入式(4-16)，整理得

$$U_c(s)=u_0\left(\frac{1}{s}-\frac{1}{s+\frac{1}{T}}\right)+u_c(0)\frac{1}{s+\frac{1}{T}} \tag{4-17}$$

对式(4-17)进行拉普拉斯反变换，得方程的时域解为

$$u_c(t)=u_0(1-e^{-\frac{t}{T}})+u_c(0)e^{-\frac{t}{T}} \tag{4-18}$$

式(4-18)右端第一项是由输入电压 $u_r(t)$ 决定的分量，是电容初始状态 $u_c(0)=0$ 时的响应，故称为“零状态响应”(zero-state response)；第二项是由电容初始电压 $u_c(0)$ 决定的分量，是输入电压 $u_r(0)=0$ 时的响应，故称为“零输入响应”(zero-input response)。RC 充电特性曲线如图 4-8 所示。

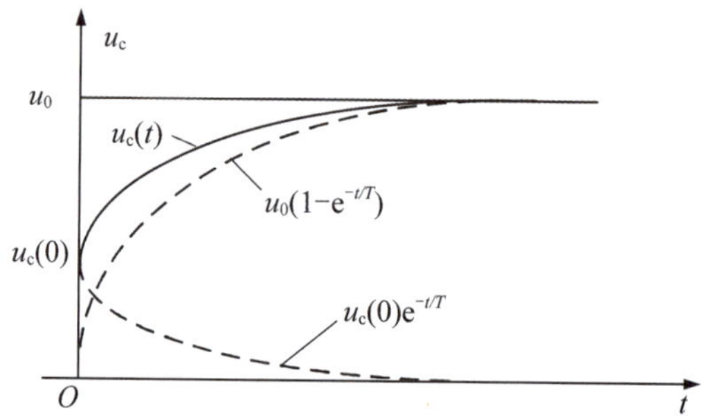

图 4-8　*RC* 充电特性曲线

由此可得出结论：常系数线性微分方程的解也可以看作是零状态解与零输入解的叠加。前者只取决于输入函数，与初始条件无关；后者只取决于初始条件，与输入无关。因此，系统的动态过程完全可以分成两部分分别进行研究。

由式(4-17)和式(4-18)可见，对于一定的输入电压及初始条件，原函数 $u_c(t)$ 与其拉普拉斯变换函数 $U_c(s)$ 之间有单值对应关系，它们以不同形式给出了 *RC* 电路的输出电压。这种单值对应关系奠定了在复数域内建立数学模型并用以研究电路特性的基础。

若令初始条件为零，则式(4-16)可写成：

$$U_c(s)=\frac{1}{Ts+1}U_r(s) \tag{4-19}$$

这时，输入与输出之间的因果关系是完全确定的。这种因果关系完全取决于电路的结构参数构成的复函数 $\frac{1}{Ts+1}$，而与输入和输出的具体形式无关。因为它们的比值是一个确定的函数形式，即

$$\frac{U_c(s)}{U_r(s)}=\frac{1}{Ts+1} \tag{4-20}$$

式(4-20)明显地表示出，在这个确定的系统中，无论输入函数取何种形式，该系统都以相同的传递作用向输出函数传递。在拉普拉斯变换式中，它们之间的关系是用代数方程表示的，故可用一个方框来表示系统这种传递作用，如图 4-9 所示。

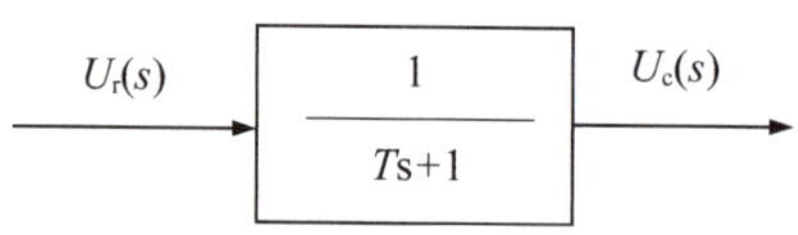

图 4-9　传递作用图示

从形式上看，方框中的复函数是输出复函数与输入复函数的比值，由于系统是线性的，因此这个比值完全不依赖于输入、输出这两个外部变量，是系统本身的固有特性，故可以作为在复数域内描述 *RC* 电路输入输出关系的数学模型，即复数域的数学模型——传递函数。

(3)系统的性能指标：假设初始条件为零，其单位阶跃响应为

$$c(t)=1-e^{-\frac{t}{T}}, \quad t \geqslant 0 \tag{4-21}$$

式中，1 为稳态分量；$-e^{-\frac{t}{T}}$ 为暂态分量，它随时间的推移逐步减小而最终趋于零。

一阶系统的单位阶跃响应曲线如图 4-10 所示，从图中可以看出，这个响应曲线是从零开始，按指数规律单调上升、有惯性、无超调量的曲线，随着时间的推移而趋向于其稳态值 1。

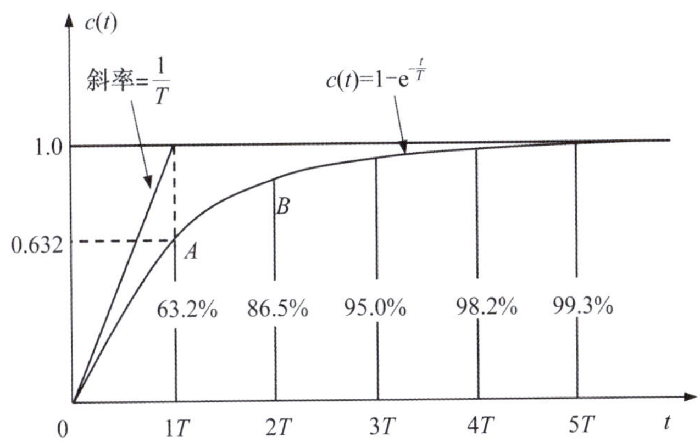

图 4-10 一阶系统的单位阶跃响应

由于一阶系统的单位阶跃响应是单调增长的，没有超调量，所以其动态性能指标主要是调整时间，它表征系统过渡过程的快慢。

考察其变化率，即

$$\frac{dc(t)}{dt}=\frac{1}{T}e^{-\frac{t}{T}}>0, \quad t \geqslant 0 \tag{4-22}$$

其斜率总为正，所以曲线单调递增。

在初始时刻 $t=0$ 时，系统运动有最大的变化率 $1/T$，如果系统始终以初始时刻的变化率运动，只要一个 T 的时间间隔即可达到稳态值，但是实际上系统运动的变化率是随时间的推移而下降的。

当 $t\to\infty$ 时，变化率等于零，$c(\infty)=1$。时间 t 取不同值时，对应的系统单位阶跃响应值为：$c(T)=0.632$，$c(2T)=0.865$，$c(3T)=0.950$，$c(4T)=0.982$。一阶系统的性能指标如下：

$$t_d=0.69T \tag{4-23}$$

$$t_r=2.20T \tag{4-24}$$

$$t_s=\begin{cases}3T, & \Delta=5\%c(\infty)\\4T, & \Delta=2\%c(\infty)\end{cases} \tag{4-25}$$

$$\sigma_p=0 \tag{4-26}$$

$$e_{ss}=0 \tag{4-27}$$

一阶系统的动态性能指标主要由时间常数 T 决定，T 越小，系统响应就越好。反之，T 越大，系统响应越慢。其稳态误差 e_{ss} 为零，即一阶系统能以零误差跟踪阶跃信号。

单位阶跃响应曲线的上述特点，是利用实验方法测定一阶系统的时间常数 T 或确定所测系统是否为一阶系统的理论基础。

4.3 二阶系统时域分析举例

例 4-2 由电阻-电感-电容串联的 RLC 电路如图 4-11 所示。

(1)试列出以 $u_r(t)$ 为输入量，$u_c(t)$ 为输出量的微分方程。

(2)情形 1：当 $R=1\ \Omega, L=1\ \mathrm{H}, C=1\ \mathrm{F}$ 时，求系统的响应。

(3)情形 2：当 $R=2\ \Omega, L=1\ \mathrm{H}, C=1\ \mathrm{F}$ 时，求系统的响应。

(4)情形 3：当 $R=10\ \Omega, L=1\ \mathrm{H}, C=10\ \mu\mathrm{F}$ 时，求系统的响应。

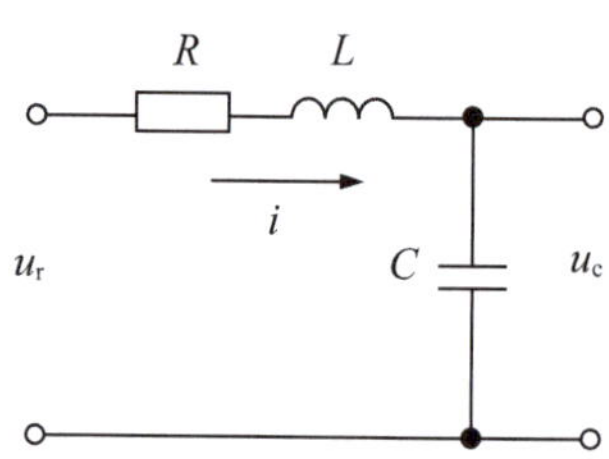

图 4-11 RLC 电路

解 (1)建立系统的数学模型：确定输入量为 $u_r(t)$，输出量为 $u_c(t)$，设回路电流为 $i(t)$，作为中间变量。电路按线性集中参数考虑，且忽略输出端的负载效应。

由基尔霍夫定律写出原始方程：

$$L\frac{\mathrm{d}i(t)}{\mathrm{d}t}+Ri(t)+u_c(t)=u_r(t) \tag{4-28}$$

列出中间变量 $i(t)$ 与输出变量 $u_c(t)$ 的关系式：

$$i(t)=C\frac{\mathrm{d}u_c(t)}{\mathrm{d}t} \tag{4-29}$$

将式(4-29)代入原始方程，消去中间变量，并整理得：

$$LC\frac{\mathrm{d}^2u_c(t)}{\mathrm{d}t^2}+RC\frac{\mathrm{d}u_c(t)}{\mathrm{d}t}+u_c(t)=u_r(t) \tag{4-30}$$

显然，这是一个二阶常系数微分方程，也就是图 4-11 所示电路的时域数学模型。

设 $L[u_r(t)]=U_r(s)$，$L[u_c(t)]=U_c(s)$，则在零初始条件下对式(4-30)进行拉普拉斯变换得

$$LCs^2U_c(s)+RCsU_c(s)+U_c(s)=U_r(s) \tag{4-31}$$

传递函数为

$$G(s)=\frac{U_c(s)}{U_r(s)}=\frac{1}{LCs^2+RCs+1} \tag{4-32}$$

引进二阶系统的两个重要参数阻尼比 ζ 和无阻尼振荡频率 ω_n 后，二阶系统标准传递函数形式为

$$\Phi(s)=\frac{\omega_n^2}{s^2+2\zeta\omega_n s+\omega_n^2} \tag{4-33}$$

在标准形式下，系统的单位阶跃响应为

$$\begin{aligned} c(t)&=1-\frac{e^{-\sigma t}}{\sqrt{1-\zeta^2}}\sin(\omega_d t+\beta) \\ &=1-\frac{e^{-\zeta\omega_n t}}{\sqrt{1-\zeta^2}}\sin(\omega_n\sqrt{1-\zeta^2}\,t+\beta) \quad (t\geqslant 0) \end{aligned} \tag{4-34}$$

式中，$\beta=\arctan\dfrac{\sqrt{1-\zeta^2}}{\zeta}$ 或 $\beta=\arccos\zeta$ 。

对应的性能指标可以根据响应曲线按定义去测量，也可以由二阶系统的参数计算求得。

$$t_r=\frac{\pi-\beta}{\omega_n\sqrt{1-\zeta^2}} \tag{4-35}$$

$$t_p=\frac{\pi}{\omega_n\sqrt{1-\zeta^2}} \tag{4-36}$$

$$\sigma_p=e^{-\frac{\zeta\pi}{\sqrt{1-\zeta^2}}}\times 100\% \tag{4-37}$$

$$t_s=\frac{3}{\zeta\omega_n},\quad \Delta=\pm 5\%c(\infty) \tag{4-38}$$

$$t_s=\frac{4}{\zeta\omega_n},\quad \Delta=\pm 2\%c(\infty) \tag{4-39}$$

比较式(4-32)和式(4-33)，图 4-11 所示的 RLC 电路中，系统的阻尼比和无阻尼振荡频率为

$$\zeta=\frac{R}{2}\sqrt{\frac{C}{L}}\ ,\ \omega_n=\frac{1}{\sqrt{LC}} \tag{4-40}$$

由此可以看出，二阶系统的阻尼比和无阻尼振荡频率与系统元件的参数有一定的对应关系。当给定电路中电阻、电容和电感的值后，二阶系统的阻尼比和无阻尼振荡频率即被确定，从而决定了二阶系统的性能。

对于具有不同物理属性的二阶系统，阻尼比和无阻尼振荡频率的含义是不同的。

(2)当 $R=1\ \Omega, L=1\ \text{H}, C=1\ \text{F}$ 时，系统的阻尼比和无阻尼振荡频率为

$$\zeta=0.5,\quad \omega_n=1 \tag{4-41}$$

传递函数为

$$\Phi(s)=\frac{1}{s^2+s+1} \tag{4-42}$$

系统的单位阶跃响应为

$$
\begin{aligned}
C(s) &= \frac{1}{s^2+s+1} \cdot \frac{1}{s} \\
&= \frac{1}{(s+0.5)^2+0.75} \cdot \frac{1}{s} \\
&= \frac{1}{s} - \frac{s+1}{(s+0.5)^2+0.75} \\
&= \frac{1}{s} - \frac{s+0.5}{(s+0.5)^2+0.75} - \frac{0.5}{(s+0.5)^2+0.75}
\end{aligned} \tag{4-43}
$$

取拉普拉斯反变换得

$$c(t) = 1 - \mathrm{e}^{-0.5t}\left(\cos\sqrt{0.75}\,t + \frac{0.5}{\sqrt{0.75}}\sin\sqrt{0.75}\,t\right) \tag{4-44}$$

整理简化为

$$c(t) = 1 - \frac{\mathrm{e}^{-0.5t}}{\sqrt{0.75}}\sin\left(\sqrt{0.75}\,t + \frac{\pi}{3}\right), \quad t \geqslant 0 \tag{4-45}$$

其单位阶跃响应波形为衰减振荡波形，如图 4-12 所示。

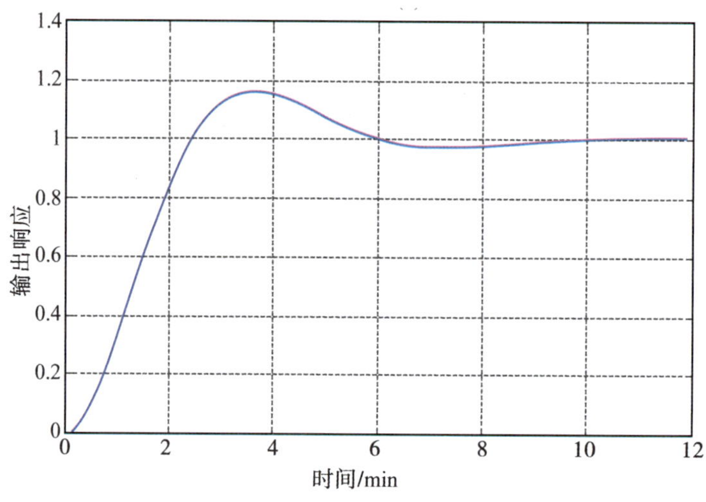

图 4-12　二阶系统 $\zeta=0.5, \omega_n=1$ 时的单位阶跃响应波形

对应的性能指标为

$$t_r = \frac{\pi - \beta}{\omega_n\sqrt{1-\zeta^2}} = 4.42 \tag{4-46}$$

$$t_p = \frac{\pi}{\omega_n\sqrt{1-\zeta^2}} = 3.63 \tag{4-47}$$

$$\sigma_p = \mathrm{e}^{-\frac{\zeta\pi}{\sqrt{1-\zeta^2}}} \times 100\% = 16.2\% \tag{4-48}$$

$$t_s = \frac{3}{\zeta\omega_n} = 6, \quad \Delta = \pm 5\% c(\infty) \tag{4-49}$$

(3)当 $R=2\ \Omega, L=1\ \mathrm{H}, C=1\ \mathrm{F}$ 时，系统的参数阻尼比和无阻尼振荡频率为

$$\zeta=1,\quad \omega_n=1 \tag{4-50}$$

传递函数为

$$\Phi(s)=\frac{1}{s^2+2s+1} \tag{4-51}$$

系统的单位阶跃响应为

$$\begin{aligned} C(s)&=\frac{1}{s^2+2s+1}\cdot\frac{1}{s}=\frac{1}{(s+1)^2}\cdot\frac{1}{s} \\ &=\frac{1}{s}-\frac{1}{(s+1)^2}-\frac{1}{s+1} \end{aligned} \tag{4-52}$$

取拉普拉斯反变换得

$$c(t)=1-\mathrm{e}^{-t}(1+t) \tag{4-53}$$

其单位阶跃响应没有振荡，为单调上升过程，如图 4-13 所示。

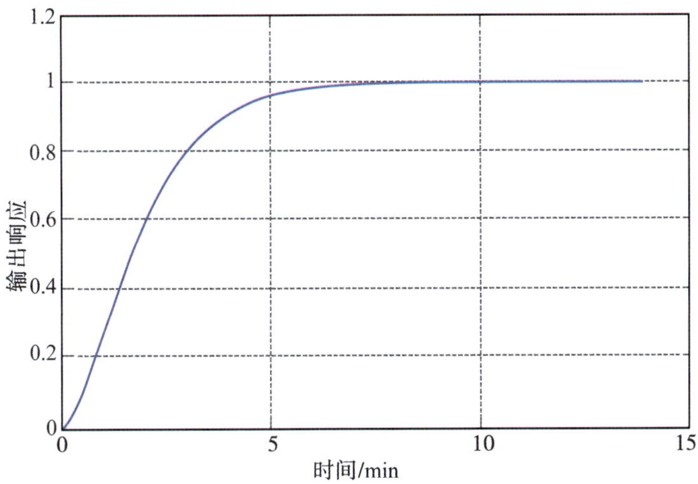

图 4-13 二阶系统 $\zeta=1, \omega_n=1$ 时的单位阶跃响应波形

此时，调节时间修正为

$$t_s=\frac{4.75}{\omega_n}=4.75,\quad \Delta=\pm5\%c(\infty) \tag{4-54}$$

(4)当 $R=10\ \Omega, L=1\ \mathrm{H}, C=10\ \mu\mathrm{F}$ 时，系统的阻尼比和无阻尼振荡频率为

$$\zeta=0.5,\quad \omega_n=10 \tag{4-55}$$

传递函数为

$$\Phi(s)=\frac{100}{s^2+10s+100} \tag{4-56}$$

与情形 1 比对，阻尼比相同，都是 $\zeta=0.5$，无阻尼振荡频率 ω_n 不同。

系统的单位阶跃响应为

$$\begin{aligned}C(s)&=\frac{100}{s^2+10s+100}\cdot\frac{1}{s}\\&=\frac{100}{(s+5)^2+75}\cdot\frac{1}{s}\\&=\frac{1}{s}-\frac{s+10}{(s+5)^2+75}\\&=\frac{1}{s}-\frac{s+5}{(s+5)^2+75}-\frac{5}{(s+5)^2+75}\end{aligned}\tag{4-57}$$

取拉普拉斯反变换得

$$c(t)=1-\mathrm{e}^{-5t}\left(\cos\sqrt{75}\,t+\frac{5}{\sqrt{75}}\sin\sqrt{75}\,t\right)\tag{4-58}$$

整理简化为

$$c(t)=1-\frac{\mathrm{e}^{-5t}}{\sqrt{75}}\sin(\sqrt{75}\,t+60°),\quad t\geqslant 0\tag{4-59}$$

其单位阶跃响应为衰减的振荡响应，由于与情形 1 的阻尼比相同，故超调量也是相同的，只是响应速度加快了，如图 4-14 所示。

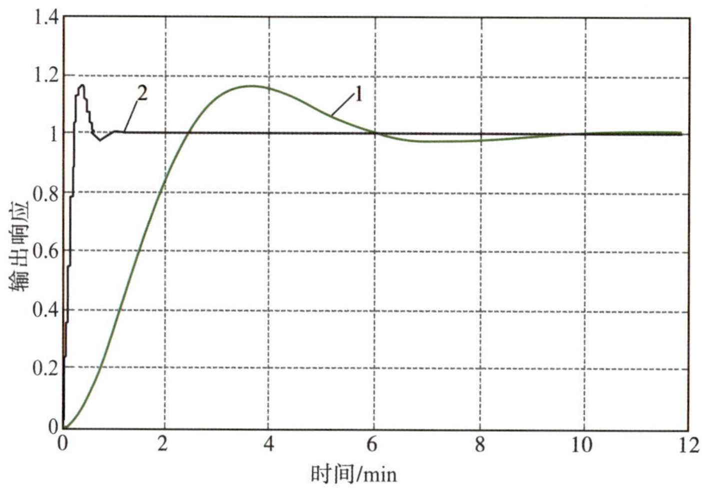

1—$\zeta=0.5,\omega_n=1$； 2—$\zeta=0.5,\omega_n=10$

图 4-14 二阶系统单位阶跃响应波形

对应的性能指标为

$$t_r=\frac{\pi-\beta}{\omega_n\sqrt{1-\zeta^2}}=0.242\tag{4-60}$$

$$t_p=\frac{\pi}{\omega_n\sqrt{1-\zeta^2}}=0.363\tag{4-61}$$

$$\sigma_p=\mathrm{e}^{-\frac{\zeta\pi}{\sqrt{1-\zeta^2}}}\times 100\%=16.2\%\tag{4-62}$$

$$t_s=\frac{3}{\zeta\omega_n}=0.6,\quad \Delta=\pm 5\%\,c(\infty)\tag{4-63}$$

引导阅读

化繁为简,简化人生

在当今复杂多变的社会环境中,人们常常如同面对一个高阶自动控制系统,周围的各种因素相互交织,影响着人们的决策与行动。这种复杂性往往让人感到压力倍增。就像高阶系统中的因变量和参数难以直接分析一样,社会问题的多样性和关联性也常常让人感到无从下手。然而,正如工程师通过降阶处理来简化高阶系统一样,人们也可以通过"化繁为简"的思维方式,将复杂问题分解为简单问题,从而找到有效的解决方案。

这种思维方式正如"庖丁解牛"的典故所揭示的那样,通过深入理解事物的内在结构和规律,抓住核心问题,就能像熟练的工匠一样,灵活应对各种复杂情境。因此,培养"化繁为简"的能力,不仅能够帮助人们解决具体的学习问题,也能在面对复杂的社会现象时,保持清晰的思维,把握问题的本质,从而作出明智的决策。

"化繁为简"不仅是一种解题技巧,更是一种思维方式和人生智慧。它启示人们,在面对困难和挑战时,要勇于探索和创新,避免被复杂问题所压倒。通过简单、直接的方法解决问题,人们不仅能够实现个人价值,还能够为社会作出贡献,最终实现个人与社会价值的和谐统一。

总之,"化繁为简"是一种高效的思维工具,它帮助人们以更加理性、简洁的方式应对生活中的复杂情况,从而能够从容面对挑战,抓住机遇,走向更加高效和有意义的人生。

4.4 随动控制系统建模举例

例 4-3 根据随动控制系统原理图(见图 4-15),绘制系统的结构图。

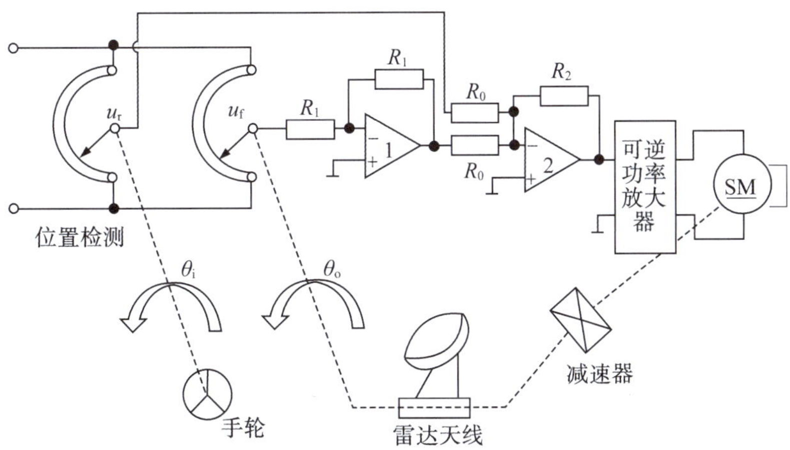

图 4-15 随动控制系统的原理图

解 随动系统的工作原理：转动手轮带动位置检测装置(电位器)，把输入信号 θ_i 转换为电压信号 u_r。输出信号 θ_o 也通过位置检测装置转换为相应的电压信号 u_f，再通过运算放大器 1 组成的反相器进行反相处理。由运算放大器 2 组成的比例放大器对信号 u_r 与信号 u_f 进行比较得到的偏差信号进行放大，然后送到可逆功率放大器进行功率放大，作为伺服电动机的输入信号。伺服电动机通过减速器带动雷达天线旋转，由此产生并输出了信号 θ_o。

按照信号传递过程，绘制相应的方框图，如图 4-16 所示。

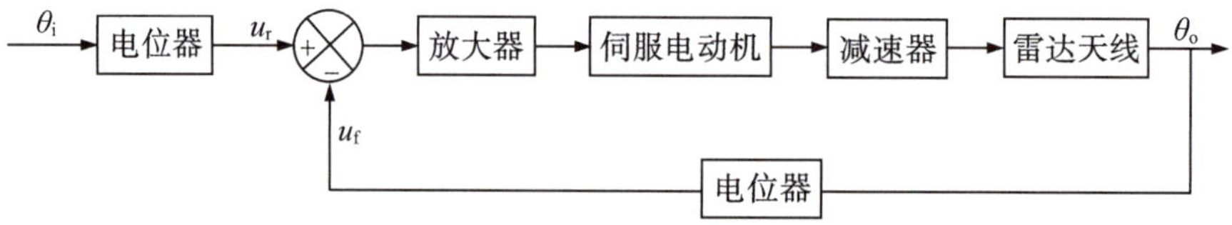

图 4-16　随动控制系统的方框图

各元件的传递函数分析如下：

电位器构成一个比例环节，比例系数为 K_i。运算放大器 2 和可逆功率放大器构成一个比例环节，比例系数为 K_a。伺服电动机的比例系数为 K_e，其电磁时间常数为 T_a，远远小于机电时间常数 T_m，则数学模型为

$$\frac{\Omega(s)}{U_a(s)}=\frac{1/K_e}{T_m s+1} \tag{4-64}$$

式中，$U_a(s)$、$\Omega(s)$ 为伺服电动机输入信号、输出信号的拉普拉斯变换。

减速器也是一个比例环节，比例系数为 K。雷达天线也是一个积分环节，其时间常数为 T_1，其数学模型为

$$\frac{\theta_o(s)}{\Omega(s)}=\frac{1}{T_1 s} \tag{4-65}$$

式中，$\theta_o(s)$ 为雷达天线输出信号的拉普拉斯变换。

把各元件的数学模型代入方框图中，得到系统的另一种图形表示的数学模型——结构图，如图 4-17 所示。

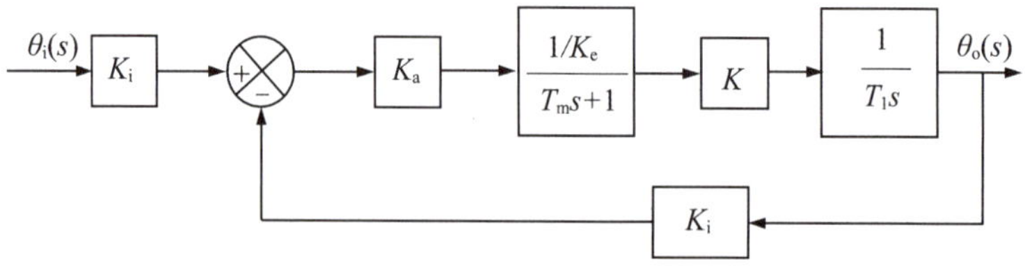

图 4-17　随动控制系统的结构图

如果给出元件的具体参数，仿照前面的例子，就能对系统进行分析评价。

4.5 系统校正举例

根据被控对象及其技术指标要求设计自动控制系统，需要进行大量的分析计算，且需要考虑的问题是多方面的。既要保证所设计的系统有良好的性能，满足给定技术指标的要求，又要照顾到方便加工、经济性好、可靠性高……在设计过程中，既要有理论指导，也要重视实践经验，往往还要配合许多局部和整体的试验。

对于初步设计的系统来说，通常其性能指标达不到要求的指标。这就提出了如何进一步改善系统性能的问题，也就是控制系统的校正问题。

改善系统性能的方法如下：

（1）首先，可通过改变系统参数的方法改善系统性能。例如，增大开环传递系数 K，减小稳态误差 e_{ss}，但系统的稳定性和动态品质可能会变坏。而系统的其他参数一般都是实际系统的固有参数（如时间常数），一般很难改变。因此通过这种方法来改善系统性能，所取得的效果是非常有限的。

（2）当改变系统参数达不到要求时，可增加辅助装置来改善系统的结构，从而改善系统性能。利用增加辅助装置来改善系统性能的方法称为“系统校正”，所增加的辅助装置称为“校正装置”或“控制器”。

控制器是构成自动控制系统的核心部分，控制器设计的好坏直接影响自动控制系统的控制品质。控制器的种类繁多，结构也千差万别，但是采用较多的还是 PID 控制器（也称之为“PID 调节器”）。它是一种历史悠久、技术成熟、应用广泛的控制方法。

PID 控制器具有以下优点：

（1）原理简单，应用方便。

（2）适应能力强，广泛应用于电力、航空、机械、冶金、石油化工、造纸等各行各业。

（3）鲁棒性强，即 PID 控制器的控制品质对被控对象的变化不敏感。

在自动控制系统中，控制器是控制过程的核心，系统的被控对象是按控制器发出的信息来运行的。控制器把控制对象输出的实际值与参考输入（希望值）进行比较以确定偏差 $e(t)$，并产生一个控制信号，最终把偏差减小到零或极小的数值。自动控制系统以这种方式产生的控制信号称为“控制作用”。为较好地达到控制目的，往往需要根据实际要求，在控制器中把检测出的微弱偏差信号，按照其大小和方向，以一定的控制规律[如比例（P）、积分（I）、微分（D）等]运算后，并将其放大，然后发出控制信号，传送到执行机构。控制器的结构图如图 4-18 所示。

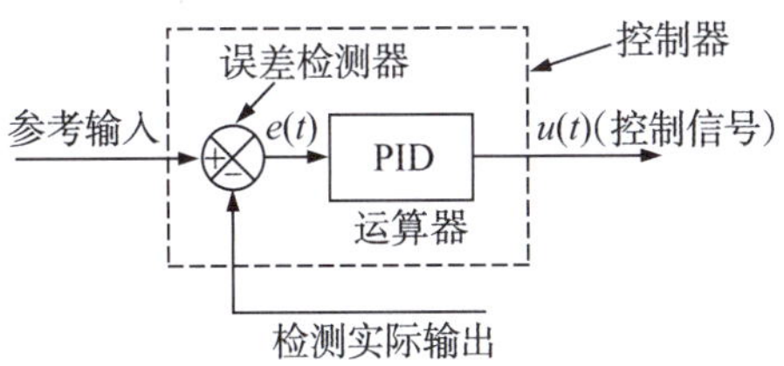

图 4-18 控制器的结构图

在 PID 控制器的功能结构中，最主要的功能是运算功能。PID 控制器的运算功能包括比例、积分、微分运算。系统中使用的控制器一般不单独使用积分或微分控制，大多与比例运算相组合，构成比例加积分（PI）、比例加微分（PD）或比例加积分加微分（PID）的复合控制方式，以达到对被控对象的有效控制。

PID 调节器的基本控制规律：PID 调节器将偏差信号的比例（P）、积分（I）和微分（D）三个分量通过线性组合的方式构成控制量，来对被控对象进行控制，其控制规律可用以下数学表达式描述：

$$u(t)=K_{\mathrm{P}}\left(e(t)+\frac{1}{T_{\mathrm{I}}}\int_{0}^{t}e(\tau)\mathrm{d}\tau+T_{\mathrm{D}}\frac{\mathrm{d}e(t)}{\mathrm{d}t}\right) \tag{4-66}$$

$$G(s)=\frac{U(s)}{E(s)}=K_{\mathrm{P}}\left(1+\frac{1}{T_{\mathrm{I}}s}+T_{\mathrm{D}}s\right) \tag{4-67}$$

式中，K_{P} 为比例系数；T_{I} 为积分时间常数；T_{D} 为微分时间常数。

例 4-4 针对图 4-19 所示的采用比例积分（PI）控制的系统结构，分析并讨论控制器参数 T_{I} 和 K_{P} 的取值对系统性能的影响。

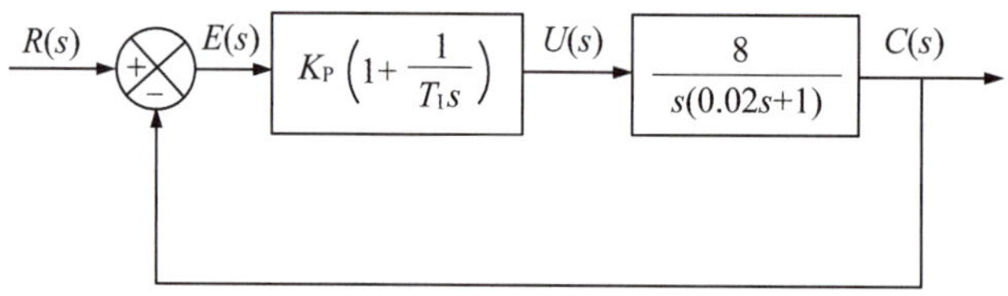

图 4-19 PI 控制系统结构图

解 当 T_{I} 足够大（远大于被控对象的惯性时间常数 T）时，产生的零点趋近于积分环节附加的极点，可较好地保证系统稳定性。

令 $T_{\mathrm{I}}=10$，则系统的开环传递函数为

$$G(s)=\frac{400K_{\mathrm{P}}(s+0.1)}{s^{2}(s+50)} \tag{4-68}$$

闭环传递函数为

$$\frac{C(s)}{R(s)}=\frac{400K_{\mathrm{P}}(s+0.1)}{s^{3}+50s^{2}+400K_{\mathrm{P}}s+40K_{\mathrm{P}}} \tag{4-69}$$

取 $K_{\mathrm{P}}=100$ 时，闭环传递函数为

$$\frac{C(s)}{R(s)}=\frac{40000(s+0.1)}{s^{3}+50s^{2}+40000s+4000} \tag{4-70}$$

特征根为

$$s_{1}=-0.1 \quad s_{2,3}=-24.95\pm \mathrm{j}198.43 \tag{4-71}$$

此时闭环系统在 s_{1} 处形成偶极子，动态性能由主导复极点 $s_{2,3}$ 决定。闭环传递函数可近似为

$$\frac{C(s)}{R(s)}=\frac{40000}{s^{2}+50s+40000} \tag{4-72}$$

两个复极点 $s_{2,3}=-25\pm \mathrm{j}198.43$，响应波形如图 4-20 中波形 1 所示，由于 K_{P} 较大，

超调量为 67.3%($\zeta=0.125$)。

由于减小 K_P 不再影响稳态误差,取 $K_P=10$,则

$$\frac{C(s)}{R(s)}=\frac{4000(s+0.1)}{s^3+50s^2+4000s+400}\approx\frac{4000}{s^2+50s+4000} \tag{4-73}$$

两个复极点 $s_{2,3}=-25\pm j58.0948$,阻尼增大($\zeta=0.395$),超调量下降为 26%,响应波形如图 4-20 中波形 2 所示。

继续减小 K_P,可使瞬态响应无超调量。取 $K_P=1.56$,则

$$\frac{C(s)}{R(s)}=\frac{624(s+0.1)}{s^3+50s^2+624s+62.4}\approx\frac{624}{s^2+50s+624} \tag{4-74}$$

两个极点 $s_2=-26$,$s_3=-24$,阻尼增大($\zeta\geqslant1$),超调量降至 0,响应波形如图 4-20 中波形 3 所示。

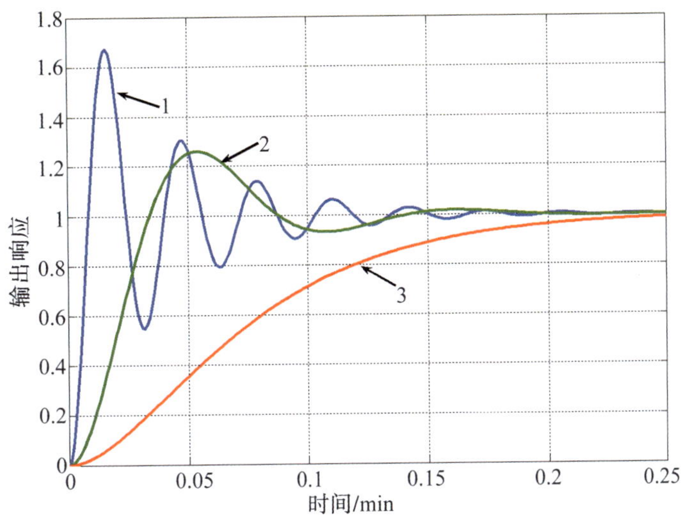

图 4-20 PI 控制系统中 K_P 对动态过程的影响

下面对阶跃响应全过程进行分析,说明 PI 控制的物理意义。

刚开始加入输入时,积分从 0 开始,此时主要由比例环节起作用,只要 T_I 足够大,在过渡过程中起主要作用的将是比例。若 K_P 适当,则整个系统的增益不大,系统就有较好的稳定性和动态响应(见图 4-20 波形 2)。积分作用随时间逐步积累,只要偏差 $e(t)\neq0$,积分环节将会持续产生控制作用,直至 $e(t)=0$ 时积分不再积累而稳定下来。若 T_I 取值较小,积分作用较强时,在过渡过程中,积分环节会和比例环节一起影响系统动态,致使振荡加剧,故 T_I 要选择适当。当响应趋近稳态时,积分作用相当于系统具有无穷大的增益,使系统 $e(t)=0$,消除了稳态误差。

例 4-5 含有比例积分控制环节的系统结构图如图 4-21 所示,分析比例积分控制对系统性能改善的作用。

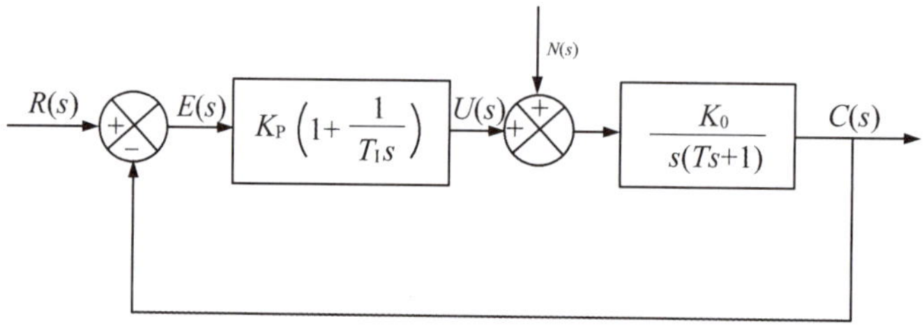

图 4-21　含有 PI 控制器的控制系统

解　由图 4-21 可知，采用 PI 控制作用前，系统的无差型号为Ⅰ型。当采用 PI 控制后，系统的开环传递函数变为

$$G(s)=\frac{K_PK_0(1+T_Is)}{T_Is^2(Ts+1)} \tag{4-75}$$

此时系统的无差度升级为Ⅱ型，且增加了一个开环零点。前者改善了稳态性能，后者改善了相对稳定性。在斜坡输入信号作用下分析稳态误差时，完全可以使系统达到无差控制。

同时，采用 PI 控制后产生的新特征方程为

$$T_ITs^3+T_Is^2+K_PK_0T_Is+K_PK_0=0 \tag{4-76}$$

由于参数 T、T_I、K_P、K_0 都是正数，所以上述方程中各项系数全为正，满足系统稳定的必要条件。只要合理选择上述各参数，采用 PI 控制既可保证系统稳定，又能提高系统的稳态性能。

下面分析取不同 T_I 值时系统的单位阶跃响应。

设 $T=0.5$，$K_0=2$，$K_P=2$，系统的传递函数为

$$\begin{aligned}\frac{C(s)}{R(s)}&=\frac{K_PK_0(1+T_Is)}{T_ITs^3+T_Is^2+K_PK_0T_Is+K_PK_0}\\&=\frac{\frac{K_PK_0}{T}\left(s+\frac{1}{T_I}\right)}{s^3+\frac{1}{T}s^2+\frac{K_PK_0}{T}s+\frac{K_PK_0}{T_IT}}\\&=\frac{8\left(s+\frac{1}{T_I}\right)}{s^3+2s^2+8s+\frac{8}{T_I}}\end{aligned} \tag{4-77}$$

当取 $T_I=0.4$ 时，系统的传递函数为

$$\frac{C(s)}{R(s)}=\frac{8s+20}{s^3+2s^2+8s+20} \tag{4-78}$$

系统的特征根为 $s_1=-2.3009$，$s_{2,3}=0.1504\pm j2.9444$，响应波形如图 4-22 中波形 1 所示。

当取 $T_I=1$ 时，系统的特征根为 $s_1=-1.1397$，$s_{2,3}=-0.4302\pm j2.6143$，响应波形如

图 4-22 中波形 2 所示。

当取 $T_I=8$ 时，系统的特征根为 $s_1=-0.1289$，$s_{2,3}=-0.9356\pm j2.6237$，响应波形如图 4-22 中波形 3 所示。

可见，附加的零点可抵消积分对稳定性的破坏，T_I 增大使零点趋近于原点，也使积分作用逐步减弱，通过选择适当的 T_I，系统可达到稳定且具有较好的动态过程。

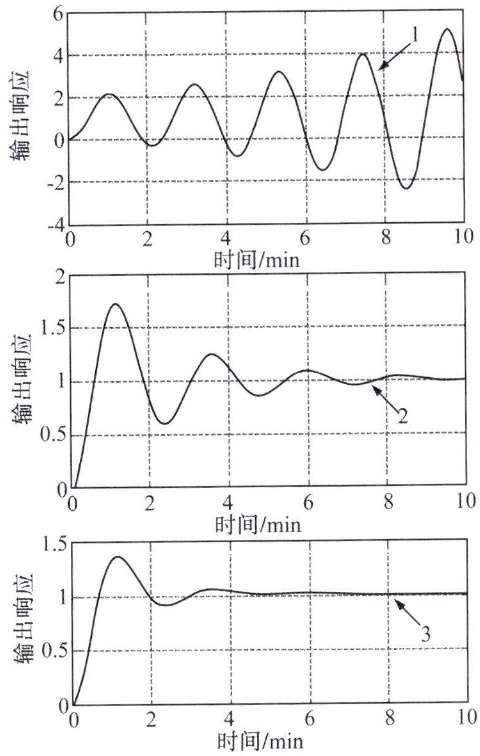

图 4-22 不同 T_I 对动态过程的影响

采用比例积分控制对系统三大性能的影响分别为：第一，积分作用能有效消除或减小系统对各种输入响应的稳态误差，提高系统的稳态精度；第二，比例作用与积分作用配合产生等效的微分作用，可以改善积分环节对系统稳定性造成的不利影响，使系统趋于稳定；第三，选取适当的 K_P 和 T_I，可以使系统动态性达到较佳效果。

由于调整 T_I 对过渡过程的影响具有两重性，在同样的比例度下（K_P 不变），减小 T_I 将使积分作用加强（因为零点远离虚轴，微分作用较弱），容易消除偏差，使动态偏差减小，这是有利的一面。但积分作用的加强又会导致系统振荡加剧，有不易稳定的倾向。积分时间越短，振荡倾向越强烈，甚至会出现不稳定的发散振荡，这是不利的一面。反之，增大 T_I 能使比例作用相对增强，加强微分效果，能使振荡倾向减弱。但 T_I 不能过大，T_I 过大（零点趋于原点的极点处），积分作用将过小，虽然可能使系统响应不产生振荡，但动态偏差太大，过渡过程将延长。

例 4-6 具有误差比例微分(PD)控制的二阶系统如图 4-23 所示，讨论控制器参数 T_I 和 K_P 的取值对系统性能的影响。

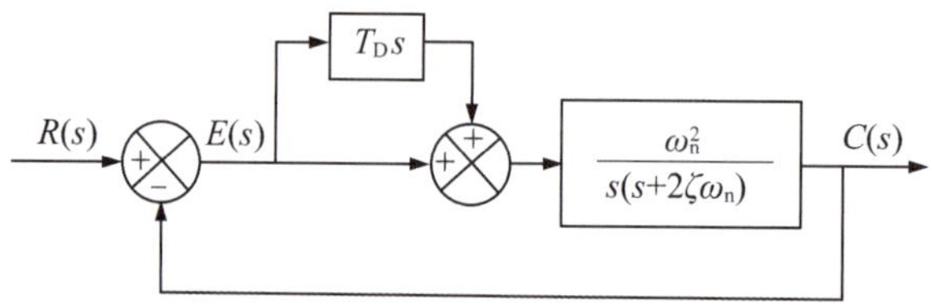

图 4-23 具有误差比例微分控制的二阶系统

解 图 4-23 中，下通路为典型二阶系统的误差比例控制通路，比例因子为 1；上通路为引入的误差微分控制通路，T_D 为其微分时间常数。系统对被控对象的控制作用是误差信号 $e(t)$ 与其微分信号的线性组合，即系统的输出量同时受误差信号及其速率的双重作用。因而，比例微分控制是一种早期控制，可在出现位置误差前产生控制作用，从而达到改善系统性能的目的。

由图 4-23 易知，系统的开环传递函数为

$$G(s)=\frac{\omega_n^2(1+T_D s)}{s(s+2\zeta\omega_n)}=\frac{K(T_D s+1)}{s(s/2\zeta\omega_n+1)} \tag{4-79}$$

式中，$K=\omega_n/2\zeta$，为开环增益。

闭环传递函数为

$$\Phi(s)=\frac{\omega_n^2(1+T_D s)}{s^2+2\zeta_d\omega_n s+\omega_n^2} \tag{4-80}$$

式中，ζ_d 为系统的有效阻尼比。

$$\zeta_d=\zeta+\frac{1}{2}\omega_n T_D \tag{4-81}$$

式(4-81)表明，比例微分控制不改变系统的自然频率，但是可以增大系统的有效阻尼比，抑制振荡。由于增加了一个参数选择的自由度，合理选择微分时间常数 T_D 的取值，可使系统既具有良好的响应平稳性，又具有令人满意的响应快速性。由于 $\dot{e}(t)$ 只反映误差信号的变化速率，所以微分控制部分不影响系统的常值稳态误差。若输入是斜坡函数，其稳态误差 $e_{ss}=-1/K$，其中开环增益 K 与 ζ 和 ω_n 有关。微分作用相当于增大系统的有效阻尼，从而允许选用较大的开环增益(使 ω_n 较大而 ζ 适当减小)，既改善阶跃响应动态性能，又减小斜坡响应的常值稳态误差。

系统输出的拉普拉斯变换为

$$\begin{aligned}C(s)&=\frac{\omega_n^2(1+T_D s)}{s^2+2\zeta_d\omega_n s+\omega_n^2}R(s)\\&=\frac{\omega_n^2}{s^2+2\zeta_d\omega_n s+\omega_n^2}R(s)+T_D s\frac{\omega_n^2}{s^2+2\zeta_d\omega_n s+\omega_n^2}R(s)\end{aligned} \tag{4-82}$$

时间响应可表示为

$$c(t)=c_1(t)+T_D\frac{dc_1(t)}{dt} \tag{4-83}$$

式(4-83)的第一项对应于典型二阶系统的时间响应 $c_1(t)$，由于有效阻尼比的提高，大大降低了阶跃响应的超调量，加快了过渡过程。第二项为第一项的微分附加项，其存在增加了时间响应中的高次谐波分量，使响应曲线的前沿变陡，提高了系统响应的初始快速性。

若设参数 $\zeta=0.2,\omega_n=2,T_D=0.3$，则 $\zeta_d=0.5$，阶跃响应曲线如图 4-24 所示。

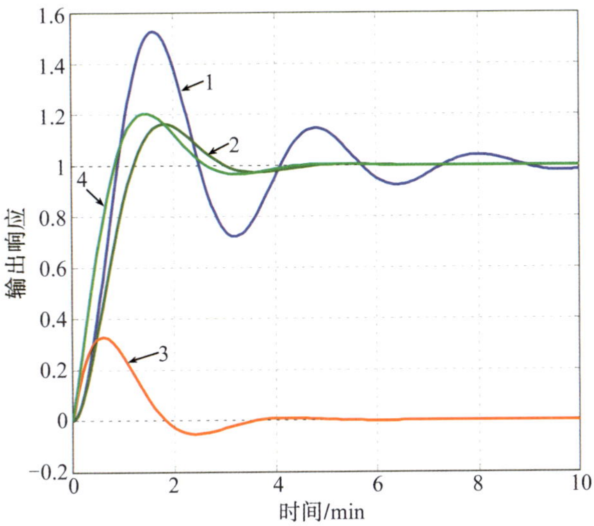

图 4-24 比例微分控制二阶系统的响应曲线

图 4-24 中波形 1 是未加微分控制前的二阶系统在 $\zeta=0.2,\omega_n=2$ 时的阶跃响应波形，对应的超调量为

$$\sigma_p=e^{\frac{-\zeta\pi}{\sqrt{1-\zeta^2}}}\cdot 100\%=e^{\frac{-0.2\pi}{\sqrt{1-0.2^2}}}\cdot 100\%\approx 52.7\%$$

图 4-24 中波形 2 是加了 PD 控制后，$c(t)$中的第一项 $c_1(t)$的响应波形曲线。此项相当于 $\zeta=0.5,\omega_n=2$ 时的典型二阶系统(无零点)的时间响应，对应的超调量为

$$\sigma_p=e^{\frac{-\zeta\pi}{\sqrt{1-\zeta^2}}}\cdot 100\%=e^{\frac{-0.5\pi}{\sqrt{1-0.5^2}}}\cdot 100\%\approx 16.3\%$$

加了 PD 控制后，由于有效阻尼比的提高，大大降低了阶跃响应的超调量，加快了过渡过程。

图 4-24 中波形 3 是 $c(t)$中的第二项，为第一项 $c_1(t)$的微分附加项，$c_1(t)$曲线上升时微分附加项为正，$c_1(t)$曲线下降时微分附加项为负。

图 4-24 中波形 4 是加了 PD 控制后的 $c(t)$响应曲线。$c(t)$中的第一和第二项合成后，由于微分附加项的作用，$c(t)$响应曲线的前沿比 $c_1(t)$陡，峰值略有增加，导致系统初始响应速度加快，超调量略有增大。

可见，微分附加项对动态性能的影响是比较明显的，这主要取决于 T_D 的选取。不过，考虑到增加微分控制会使有效阻尼比增大，从最终结果来看，波形 4 与未加微分控制前的二阶系统波形 1 相比，超调量和调节时间以及上升时间都有所改善。

虽然增加微分控制不直接影响稳态误差，但它使系统的稳定性增强（即增加了系统的阻尼），因而容许采用比较大的增益 K，这将有助于系统稳态精度的改善。

值得注意的是，由于微分控制有放大噪声信号的缺点，在设计控制系统时要给予足够的重视。

例 4-7 采用 PID 控制作用的系统结构图如图 4-25 所示，该系统针对二阶被控对象设计。讨论如何选择控制器参数 K_P 和 T_I、T_D 的值，使系统存在一对闭环主导极点，性能指标满足 $\zeta=0.5$，$w_n=4$ rad/s。

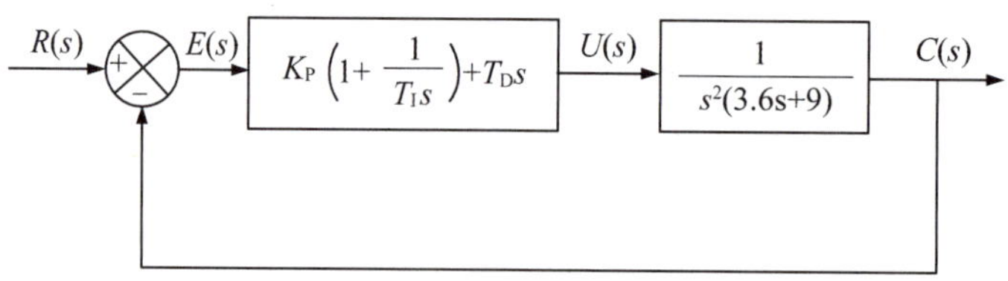

图 4-25　PID 控制系统

解　从传递函数角度分析，PID 控制相当于在原系统基础上增加了一个开环极点（处于原点）和两个开环零点。原点处的极点起积分作用，使系统的稳态性能得到提高；两个零点中，一个起与原点极点相抵的作用，可较好地保持系统的稳定性，另一个则起到改善系统动态性能的作用。

PID 控制器的传递函数如下：

$$G_c(s)=K_P(1+\frac{1}{T_Is}+T_Ds)=\frac{K_P(1+T_Is+T_IT_Ds^2)}{T_Is} \tag{4-84}$$

闭环传递函数如下：

$$\begin{aligned}\frac{C(s)}{R(s)}&=\frac{K_P(1+T_Is+T_IT_Ds^2)}{T_Is(s^2+3.6s+9)+K_P(1+T_Is+T_IT_Ds^2)}\\&=\frac{\frac{K_P}{T_I}(1+T_Is+T_IT_Ds^2)}{s^3+(3.6+K_PT_D)s^2+(9+K_P)s+K_P/T_I}\end{aligned} \tag{4-85}$$

由于希望的闭环主导极点的 $\zeta=0.5$，$w_n=4$，故选择的第三个实极点位于 $s=-10$ 处，从而使实极点对系统响应的影响较小，于是希望的特征多项式为

$$(s+10)(s^2+4s+16)=s^3+14s^2+56s+160$$

由式(4-85)得系统的特征多项式为

$$s^3(3.6+K_PT_D)s^2+(9+K_P)s+K/T_I$$

对比两个特征多项式得到

$$K_P=47,\quad T_I=0.29375,\quad T_D=0.22128$$

则 PID 控制器的传递函数为

$$G_c(s)=\frac{K_P(1+T_Is+T_IT_Ds^2)}{T_Is}=\frac{160(0.065s^2+0.29375s+1)}{s}$$
$$=\frac{10.4(s^2+4.5192s+15.385)}{s}$$

闭环传递函数为

$$\frac{C(s)}{R(s)}=\frac{10.4(s^2+4.5192s+15.385)}{s^3+14s^2+56s+160}=\frac{10.4s^2+47s+160}{s^3+14s^2+56s+160}$$

系统的单位阶跃响应如图 4-26 所示，最大超调量 $\sigma_p=7.3\%$，调节时间 $t_s=1.2$ s，系统具有相当令人满意的响应特性。

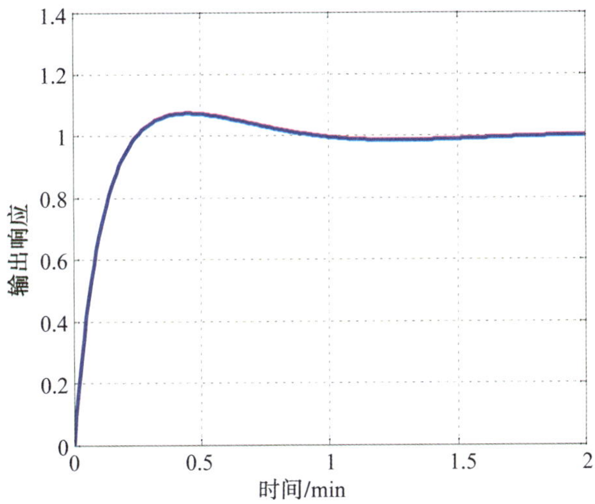

图 4-26 PID 控制系统的单位阶跃响应

引导阅读

直流电动机模型的建立与化简

直流电动机是将电能转化为机械能的一种典型的机电转换装置，如图 4-27 所示。在电枢控制的直流电动机中，由输入的电枢电压 u_a 在电枢回路中产生电枢电流 i_a，再由电枢电流 i_a 与激磁磁通相互作用产生电磁转矩 M_D，从而使电枢旋转，带动负载运动。R_a 和 L_a 分别是电枢绕组的总电阻和总电感。在完成能量转换的过程中，电枢绕组在磁场中切割磁力线会产生感应反电势 E_a，其大小与激磁磁通及转速成正比，方向与外加电枢电压 u_a 相反。

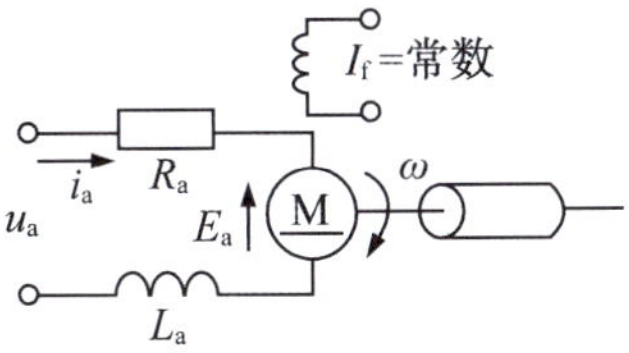

图 4-27 直流电动机模型

取电枢电压 u_a 为控制输入，负载转矩 M_L 为扰动输入，电动机角速度 ω 为输出量，忽略电枢反应、磁滞、涡流效应（铁芯）等影响，当激磁电流 I_f 不变时，激磁磁通视为不变，则可将变量关系看作线性关系。

根据电枢回路方程（基尔霍夫定律）和电动机轴上机械运动方程（刚性转动定律）得系统的微分方程模型如下：

$$\frac{L_aJ}{k_ek_m}\times\frac{\mathrm{d}^2\omega(t)}{\mathrm{d}t^2}+\frac{R_aJ}{k_ek_m}\times\frac{\mathrm{d}\omega(t)}{\mathrm{d}t}+\omega(t)=\frac{1}{k_e}u_a(t)-\frac{R_a}{k_ek_m}M_L(t)-\frac{L_a}{k_ek_m}\times\frac{\mathrm{d}M_L(t)}{\mathrm{d}t}$$

式中，J为负载折合到电动机轴上的转动惯量；M_L 为折合到电动机轴上的负载转矩；k_e 为电动势系数，由电动机结构参数确定；k_m 为转矩系数，由电动机结构参数确定。

令机电时间常数 $T_m=\frac{R_aJ}{k_ek_m}$，电磁时间常数 $T_a=\frac{L_a}{R_a}$，则模型可描述为

$$T_aT_m\frac{\mathrm{d}^2\omega(t)}{\mathrm{d}t^2}+T_m\frac{\mathrm{d}\omega(t)}{\mathrm{d}t}+\omega(t)=\frac{1}{k_e}u_a(t)-\frac{T_m}{J}M_L(t)-\frac{T_aT_m}{J}\times\frac{\mathrm{d}M_L(t)}{\mathrm{d}t}$$

当电枢电感较小时，可忽略电磁时间常数（即 $T_a=0$），模型可简化为

$$T_m\frac{\mathrm{d}\omega(t)}{\mathrm{d}t}+\omega(t)=\frac{1}{k_e}u_a(t)-\frac{T_m}{J}M_L(t)$$

对于微型电动机，转动惯量 J 很小，也可以忽略不计。

这样 $T_a=0$，$T_m=0$，$\omega(t)=\frac{1}{k_e}u_a(t)$，模型可简化为

$$u_a(t)=k_e\omega(t)$$

随动系统中，取 θ 为输出，由 $\omega=\frac{\mathrm{d}\theta}{\mathrm{d}t}$，得角度 θ 表示的模型为

$$T_m\frac{\mathrm{d}^2\theta}{\mathrm{d}t^2}+\frac{\mathrm{d}\theta}{\mathrm{d}t}=\frac{1}{k_e}u_a-\frac{T_m}{J}M_L$$

在实际使用中，转速常用 n（单位为 r/min）表示。设 $M_L=0$，$\omega=\frac{2\pi n}{60}=\frac{\pi n}{30}$，令 $k_e'=k_e\cdot\frac{\pi}{30}$，则转速 n 表示的模型为

$$T_aT_m\frac{\mathrm{d}^2n}{\mathrm{d}t^2}+T_m\frac{\mathrm{d}n}{\mathrm{d}t}+n=\frac{1}{k_e'}u_a$$

思考题

1.控制系统通常根据输入和输出的变化，利用控制器实现理想的控制效果，请类比生活中影响你情绪的输入是什么？你的情绪输出是什么？不良的情绪输出会导致怎样的后果？积极的情绪输出会对情绪输入有什么影响？你是如何进行情绪控制的？

2.线性微分方程的求解较为复杂，如何利用拉普拉斯变换简化求解？拉普拉斯变换的优点有哪些？

3.系统的性能指标可以总结为快、准、稳，请结合对应的指标进行解释。

4.反馈控制系统的结构使得输出对输入有一定的影响，请分析这种影响的作用和带来的好处。

5.一阶系统的阶跃响应有什么特点？

6.二阶系统的阶跃响应有什么特点？

7.改善系统性能的方法有哪些？

8.PID 调节器的 P、I、D 的含义分别是什么？它们分别有什么作用？

9.真实的系统中存在噪声、干扰等因素，在设计系统时，需要根据其在系统中所处的位置进行谨慎处理，如系统的输入端通常是微电流、弱信号的，此时需要使用高信噪比的信号放大器，否则噪声会被等比例放大而造成原信号被淹没，导致系统失控。那么，系统输出端的信号具有怎样的特点？设计系统时需要考虑哪些因素？

第五章 自动控制系统的“智能大脑”——先进智能控制技术

传统的控制方法就像是按照一个精确的“食谱”来烹饪一道菜。这个“食谱”详细列出了每一步需要添加的食材和用量，以及烹饪的时间和温度。但是，如果厨房里有不确定因素，比如火候的大小有变化，或者食材的新鲜度不同，那么按照这个“食谱”做出来的菜可能就不那么完美。

在实际的控制系统里，情况也是类似的。传统的控制方法需要人们知道被控对象（比如一台机器、一个工厂的生产线或者一辆自动驾驶的汽车）的精确数学模型，就像是精确的“食谱”。但是，现实世界里很多系统都非常复杂，它们会受到各种随机、不确定和非线性因素的影响，就像厨房里那些难以预料的变化。这时候，传统的控制方法就显得有些力不从心了，它们可能无法很好地应对这些变化，导致控制效果不理想。

然而，在实际工程中，经验丰富的操作人员往往能够凭借自己的直觉和经验，把复杂的系统控制得井井有条。他们不需要精确的数学模型，而是根据自己的感觉和判断来调整控制策略。这启发了控制理论的科学家们：为什么不试试模仿人脑的思维方式来设计控制器呢？

于是，他们就开发了模糊控制和神经网络控制等新的控制理论。模糊控制就像是让控制器摆脱传统计算机“一是一，二是二”的固定逻辑，学会“模糊思考”，生成一些模糊规则和逻辑来做出更符合实际的决策。这样，即使面对复杂和不确定的系统，模糊控制也能找到一种相对合理的控制方式。

神经网络控制则更像是让控制器拥有一个“大脑”。它通过学习和训练，能够自动地从大量数据中提取出有用的信息，并据此来优化控制策略。神经网络控制非常擅长处理那些难以用数学模型描述的问题，因此它在复杂系统的控制中表现出很大的潜力。

模糊控制和神经网络控制等新的控制理论为人们提供了一种更加灵活和智能的控制方式。它们不再依赖于精确的数学模型，而是能够模仿人脑的思维方式来应对复杂和不确定的系统。这使得人们在控制技术方面迈出了重要的一步，为未来的自动化和智能化发展奠定了坚实的基础。

引导阅读

人工智能

人工智能是新一轮科技革命和产业变革的重要驱动力量。它是一门旨在模拟、延伸和扩展人类智能的理论、方法、技术及应用系统的学科。人工智能作为智能学科的重要组成部分，旨在探索智能的本质，并研发出能够以类似于人类智能的方式作出反应的机器。人工智能的研究领域十分广泛，包括机器人、语音识别、图像识别、自然语言处理、专家系统、机器学习、计算机视觉等多个方面。

弱人工智能：弱人工智能的观点认为，目前不可能制造出能够真正推理和解决问题的智能机器。弱人工智能的机器看似具有智能，但并不具备真正的认知能力和自主意识。主流的人工智能研究集中在弱人工智能方面，这一领域的研究也取得了显著进展，许多实际应用已经证明了其有效性，如语音助手、自动驾驶等。

强人工智能：强人工智能的观点认为，有可能制造出能够进行推理和解决问题的智能机器，并且这些机器被认为是具有知觉和自我意识的。强人工智能可以分为两类：①类人人工智能：这种人工智能的思维和推理方式与人类相似，能够模拟人类的认知过程。②非类人人工智能：这种人工智能产生与人类完全不同的知觉和意识，使用与人类不同的推理方式和决策过程。

5.1 模糊控制

模糊控制是一种基于模糊逻辑规则实施控制的方法。由于规则表达易于通过计算机编程来实现，因此随着计算机控制系统的发展，模糊控制得到了广泛的应用。直观来讲，熟练的操作人员在总结经验时，通常会将其转化成一系列的描述规则。而人的语言在描述问题时具有模糊性，这就需要使用模糊规则将其转化为一套控制策略。从广义上讲，模糊控制就是基于一系列模糊规则，模仿人的思维方式进行模糊推理，从而为被控对象生成精确控制输出的一种控制方法。

5.1.1 模糊控制的特点

与传统控制理论相比，模糊控制理论具有如下特点：

(1)不需要建立被控对象的数学模型：由于控制经验是依据对系统输入和输出的观察而提炼出来的，因而不需要像传统控制理论那样利用精确模型进行计算。

(2)模糊控制反映了人类思维的活动方式：不同于传统数值计算模式中非 A 即 B、非 0 即 1 的精确逻辑表示，模糊控制的控制量采用高、中、低、大、小等模糊量来描述控制参数。

(3)模糊控制比较容易实施：首先，模糊控制的核心是模糊规则，其接近人类的语言描述；其次，这些规则易于通过计算机编程实现。

(4)模糊控制的鲁棒性和适应性较好：只要专家经验总结到位，即使面对较复杂的被控对象，系统也能进行有效控制，且具备较好的抗噪声、抗干扰能力。

5.1.2 模糊集合

对于数学中的集合概念，其元素的表示通常是精确的。例如，[0,1]中的实数集合 $A=\{x|x\in\mathbf{R},0\leqslant x\leqslant 1.0\}$，对于任意一个数值 x，其与集合 A 的关系只有两种可能：属于 A，或者不属于 A。这种特性可以用特征函数来描述，即

$$\mu_A(x)=\begin{cases}1, & x\in A\\ 0, & x\notin A\end{cases} \tag{5-1}$$

从人类的思维角度来看，有时候上述概念是模糊的，因此可用如下特征函数来表示 x 和 A 的关系：

$$\mu_A(x)=\begin{cases}1, & x\in A\\ (0,1), & x \text{ 属于 } A \text{ 的隶属度}\\ 0, & x\notin A\end{cases} \tag{5-2}$$

这里，除了 x 属于 A 的确定状态 1 和 x 不属于 A 的确定状态 0 之外，还有个取值范围为(0,1)的模糊数值，定义为 x 属于 A 的隶属度。

这样，模糊集合 A 可以用如下的形式来表示

$$A=\{(x_1,\mu_1),(x_2,\mu_2),\cdots,(x_i,\mu_i),\cdots\} \tag{5-3}$$

可见，模糊集合的元素是由元素及其隶属度函数组成的。

例如，某学校按照学习成绩来划分学生质量，成绩大于等于 85 分的学生都是优秀学生。某班里有三位同学，其中张三的成绩为 95 分，李四的成绩为 90 分，王五的成绩为 85 分，他们都是优秀学生。

用普通集合来表示的话，$A_{\text{优秀}}=\{x|x\in\mathbf{R},x\geqslant 85\}$；则有 $\mu_A(\text{张三})=1$，$\mu_A(\text{李四})=1$，$\mu_A(\text{王五})=1$。

可见，他们之间是没有差异的，但实际上，人们对他们的优秀程度的认知还是有区别的。

按照百分制来对他们做一个度量，即构造一种隶属函数 $\mu_A(x)=x/100$，则按照这三个人的成绩，其优秀程度可以表示为一个模糊子集

$$A_{\text{优秀}}=\{(\text{张三},0.95),(\text{李四},0.90),(\text{王五},0.85)\}$$

5.1.3 常用的隶属函数

(1)高斯型隶属函数如下：

$$f(x,\sigma,c)=e^{-\frac{(x-c)^2}{2\sigma^2}}$$

式中，σ 为正态分布的标准偏差；c 为正态分布的均值。高斯型隶属函数曲线示例如图 5-1 所示。

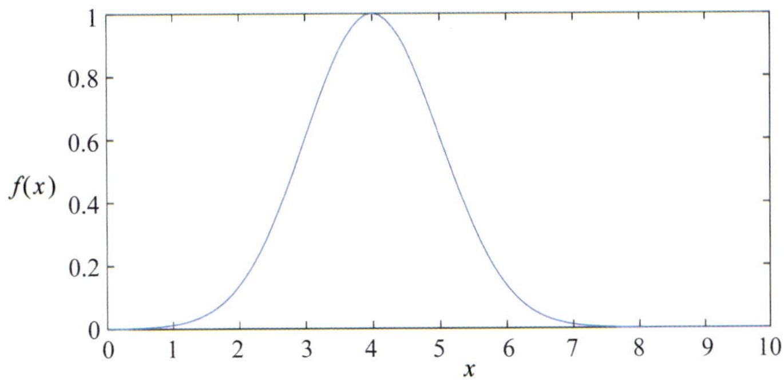

图 5-1 高斯型隶属函数曲线示例

(2)广义钟形隶属函数如下：

$$f(x,a,b,c)=\frac{1}{1+\left|\frac{x-c}{a}\right|^{2b}}$$

式中，参数 a 和 b 通常为正数，可确定波峰的宽度；参数 c 可确定曲线中心的位置。广义钟形隶属函数曲线示例如图 5-2 所示。

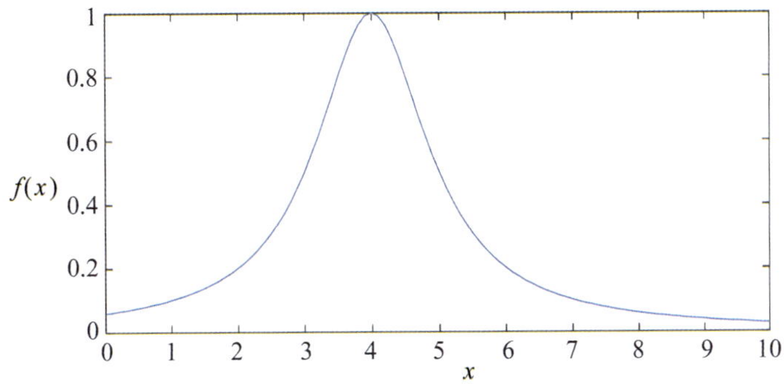

图 5-2 广义钟形隶属函数曲线示例

(3)S 形隶属函数如下：

$$f(x,a,c)=\frac{1}{1+e^{-a(x-c)}}$$

式中，参数 a 的正负决定了函数的开口朝向；参数 c 可确定曲线中心的位置。S 形隶属函数曲线示例如图 5 3 所示。

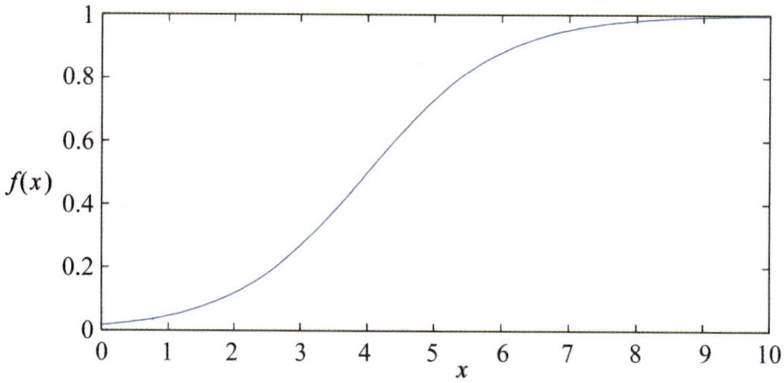

图 5-3　S 形隶属函数曲线示例

(4)梯形隶属函数如下：

$$f(x,a,b,c,d)=\begin{cases}0, & x<a\\ \dfrac{x-a}{b-a}, & a\leqslant x<b\\ 1, & b\leqslant x\leqslant c\\ \dfrac{d-x}{d-c}, & c<x\leqslant d\\ 0, & x>d\end{cases}$$

式中，参数 a、d 对应梯形底部两个拐点的位置；参数 b、c 可确定梯形顶部两个拐点的位置。梯形隶属函数曲线示例如图 5-4 所示。

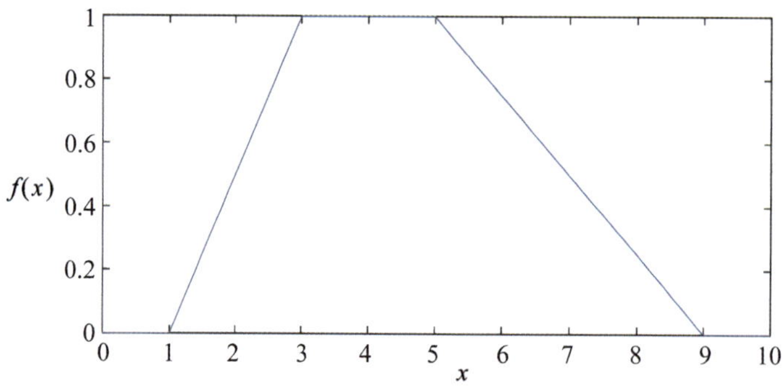

图 5-4　梯形隶属函数曲线示例

(5)三角形隶属函数如下：

$$f(x,a,b,c)=\begin{cases}0, & x<a\\ \dfrac{x-a}{b-a}, & a\leqslant x\leqslant b\\ \dfrac{c-x}{c-b}, & b<x\leqslant c\\ 0, & x>c\end{cases}$$

式中，参数 a、c 对应三角形底部两个拐点的位置；参数 b 可确定三角形顶点的位置。三角形隶属函数曲线示例如图 5-5 所示。

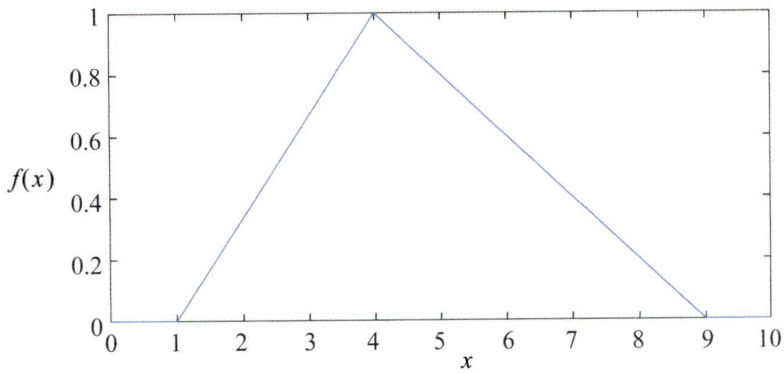

图 5-5　三角形隶属函数曲线示例

(6)Z 形隶属函数如下：

$$f(x)=\begin{cases}0, & x \leqslant a \\ \dfrac{x-a}{b-a}, & a<x<b \\ 1, & x \geqslant b\end{cases}$$

式中，参数 a 对应函数上升的起点；参数 b 可确定达到最大隶属度的点(通常为 1)。Z 形隶属函数曲线示例如图 5-6 所示。

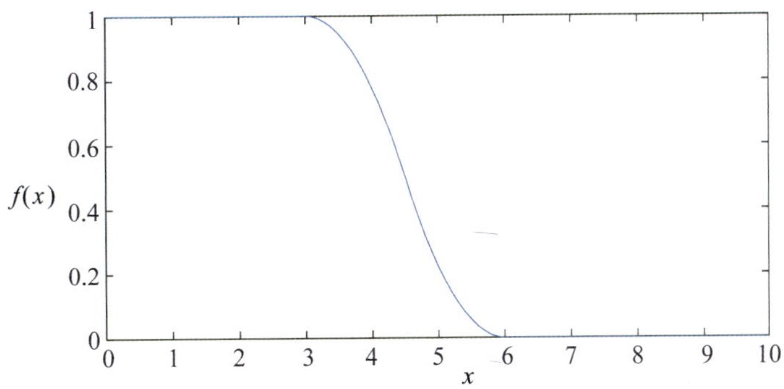

图 5-6　Z 形隶属函数曲线示例

例如，设计一个学生五级制评价模糊系统，按照学生的成绩(0～100)评定为{不及格，及格，中等，良好，优秀}5 个等级。参考惯例，优秀等级判定在 95 分左右，良好等级判定在 85 分左右，中等等级判定在 75 分左右，及格等级判定在 65 分左右，不及格等级判定在 60 分以下。

从图 5-7 中可知，高斯隶属函数是对称的，它在不及格等级的判定中不适用。相比之下，采用三角形隶属函数能更准确地表达各等级之间的关系，如图 5-8 所示。

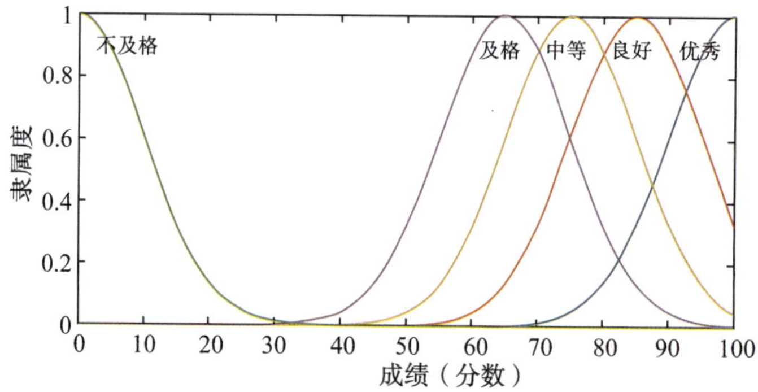

图 5-7 高斯隶属函数的五级制评价模糊曲线

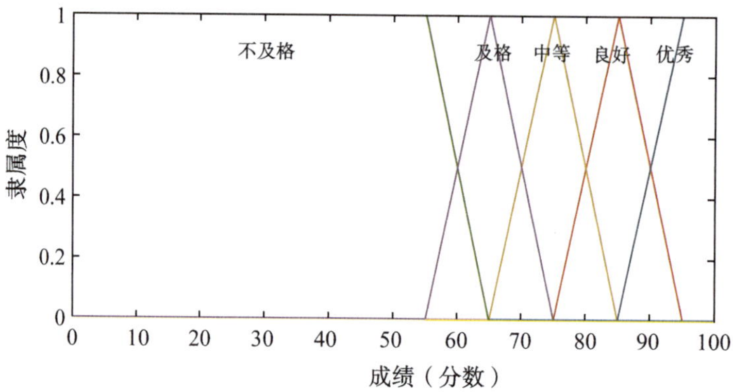

图 5-8 三角形隶属函数的五级制评价模糊曲线

5.1.4 模糊推理

模糊集合给出了对客观事物的模糊表达，在描述事物的复杂关系时，还需要进行一系列模糊运算来表达这种复杂的模糊关系。模糊关系的运算通常借助模糊矩阵合成运算来进行，下式表达了模糊关系 R 和 S 的合成：

$$\mu_{R\circ S}(u,w)=\bigvee_{v\in V}\{\mu_R(u,v)\wedge\mu_S(v,w)\},\quad u\in U,\quad w\in W \tag{5-4}$$

式中，$\vee$ 为模糊矩阵的并运算；$\wedge$ 为模糊矩阵的交运算；U、V 和 W 为集合。

例如，某家有儿子小帅和女儿小美，他们和父母长相相似的模糊关系矩阵 $\boldsymbol{R}$ 为

$$\boldsymbol{R}=\begin{pmatrix}0.2 & 0.8\\ 0.6 & 0.1\end{pmatrix}$$

可知，小帅与父亲的长相相似度为 0.2，与母亲的长相相似度为 0.8；小美与父亲的长相相似度为 0.6，与母亲的长相相似度为 0.1。

同时，小帅父母与祖父、祖母长相的相似度模糊关系矩阵 $\boldsymbol{S}$ 为

$$\boldsymbol{S}=\begin{pmatrix}0.5 & 0.7\\ 0.1 & 0\end{pmatrix}$$

可知，小帅父亲与祖父的长相相似度为 0.5，与祖母的长相相似度为 0.7；小帅母亲与

祖父的长相相似度为 0.1，与祖母的长相相似度为 0。

那么，小帅、小美与祖父、祖母的长相相似度是多少？

可以使用模糊关系的合成运算，具体如下：

$$\begin{aligned}\boldsymbol{R}\circ\boldsymbol{S}&=\begin{pmatrix}0.2&0.8\\0.6&0.1\end{pmatrix}\circ\begin{pmatrix}0.5&0.7\\0.1&0\end{pmatrix}\\&=\begin{pmatrix}(0.2\wedge0.5)\vee(0.8\wedge0.1)&(0.2\wedge0.7)\vee(0.8\wedge0)\\(0.6\wedge0.5)\vee(0.1\wedge0.1)&(0.6\wedge0.7)\vee(0.1\wedge0)\end{pmatrix}\\&=\begin{pmatrix}0.2&0.2\\0.5&0.6\end{pmatrix}\end{aligned}$$

由此可以推测出，小帅与祖父、祖母的长相相似度都是 0.2；小美与祖父的长相相似度为 0.5，与祖母的长相相似度为 0.6。事实上，因为小美长得与父亲更相似，而父亲与祖父、祖母的长相相似，因此，小美的长相与祖父、祖母相似；而小帅长得与母亲更相似，但母亲与祖父、祖母的长相不相似，因此，小帅的长相与祖父、祖母都不相似。

将模糊关系和模糊运算按照语义和语法关系，构成用于决策的规则，规则的执行过程称为“模糊推理”。

如图 5-9 所示的模糊控制器可以用 if A and B then C 这样的规则形式来进行推理。

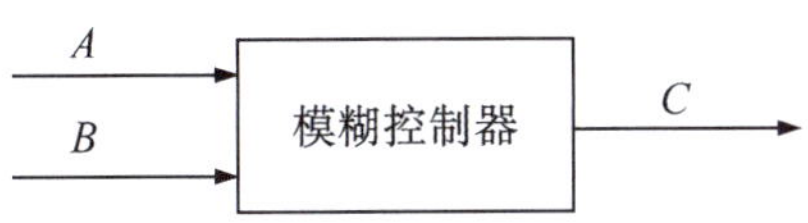

图 5-9　模糊控制器示意图

5.1.5　模糊控制原理

模糊控制方法的实施流程主要包括：将被控对象的专家经验整理成模糊规则；同时，对来自实时感知反馈信息的传感器信号进行模糊化处理，即用隶属函数来表示，然后作为模糊规则的输入；依照模糊规则进行模糊推理生成控制输出量；控制输出信号通过执行器来驱动被控对象，从而实现模糊控制。模糊控制框图如图 5-10 所示。

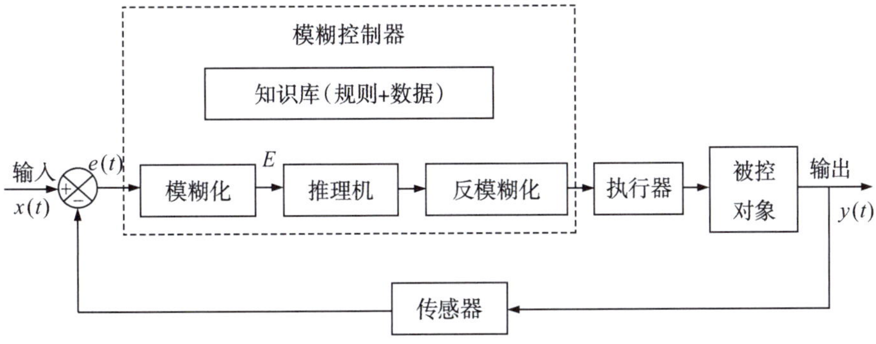

图 5-10　模糊控制框图

模糊控制器的输入接口将输入的确定量转换为一个模糊量 E，其模糊子集通常可以使用如下方式来表达：

E = {负大，负小，零，正小，正大} = {NB，NS，ZO，PS，PB}

E = {负大，负中，负小，零，正小，正中，正大} = {NB，NM，NS，ZO，PS，PM，PB}

E = {负大，负中，负小，零负，零正，正小，正中，正大}

= {NB，NM，NS，NZ，PZ，PS，PM，PB}

模糊量 E 的三角形隶属度函数表示如图 5-11 所示。

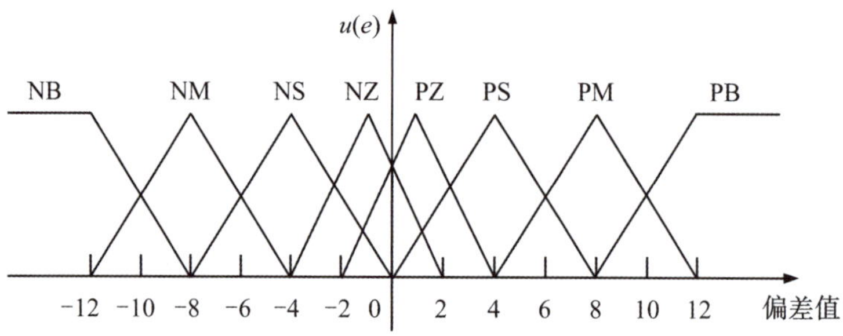

图 5-11　模糊量 E 的三角形隶属度函数表示

基于专家知识或操作人员长期积累的经验，通常可将人类推理过程表述为一系列模糊规则，其中各模糊变量的论域可采用隶属度函数描述，也可用离散化的等级值集合来表示。推理机通过对输入的模糊量执行基于模糊规则的模糊推理，获得相应的输出结果。但是这个结果是一个模糊量，不能直接当作控制量，需要通过反模糊化接口转换为确定的控制量，从而驱动被控对象实施控制。

常用的反模糊化方法有以下三种：

(1)最大隶属度法：选取推理结果模糊集合中隶属度最大的元素作为输出值。如果输出向量中最大隶属度对应的输出值多于一个，则取所有具有最大隶属度输出的平均值作为输出值。

(2)重心法：取隶属度函数曲线与横坐标所围成区域的重心作为模糊推理的最终输出值。

(3)加权平均法：根据实际情况对量化等级进行权重系数修订，如果各量化等级的权重相等，则该方法等价于重心法。

5.1.6　实例分析

下面以水箱水位的模糊控制为例进行说明。

如图 5-12 所示的水箱，其入水管既可以向内注水，也可以向外抽水，通过调节阀可控制注水和抽水的速度。由于用水负荷的变化会造成水箱内水位发生变化，该系统的控制目标是保持水箱内的液位恒定不变。

根据经验，基本的控制规则可以总结如下：

(1)如果水位高于设定高度 h_0，则向外抽水，水位高出 h_0 的偏差越大，抽水速度越快。

(2)如果水位低于设定高度 h_0，则向内注水，水位低于 h_0 的偏差越大，注水速度越快。

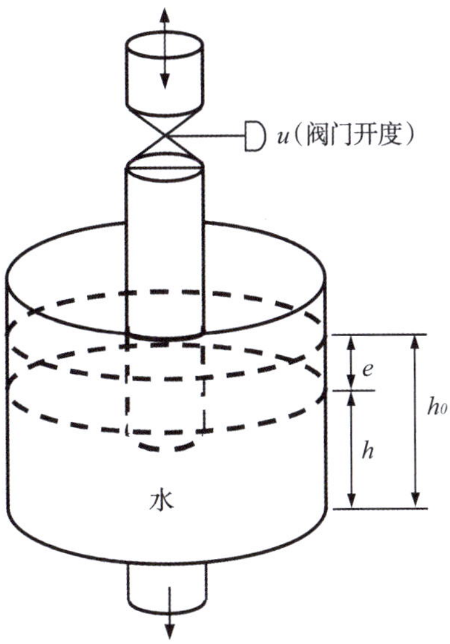

图 5-12 水箱水位调节系统示意图

假设实际测量的水位高度为 h，则与设定高度 h_0 的偏差值($e=h_0-h$)可作为系统输入量。为了对偏差 e 进行模糊化，将其分为 5 个模糊值：{负大(NB)，负小(NS)，零(ZO)，正小(PS)，正大(PB)}。根据观察发现，e 的实际值基本能保持在 ±3 cm 的范围内，因此可将其水位变化分为 7 个等级：{−3，−2，−1，0，+1，+2，+3}。这样就可得到一个水位变化与模糊值的对应关系，具体如表 5-1 所示。

表 5-1 水位变化模糊表

e 的隶属度		变化等级						
		−3	−2	−1	0	+1	+2	+3
模糊值	PB	0	0	0	0	0	0.5	1
	PS	0	0	0	0	1	0.5	0
	ZO	0	0	0.5	1	0.5	0	0
	NS	0	0.5	1	0	0	0	0
	NB	1	0.5	0	0	0	0	0

水位调节通过控制阀门开度 u 实现，即通过调整注水/抽水速度使水位稳定在 h_0。同样，定义一个含 5 个模糊值的模糊集：{负大(NB)，负小(NS)，零(ZO)，正小(PS)，正大(PB)}。可将 u 的变化范围分为九个等级：{−4，−3，−2，−1，0，+1，+2，+3，+4}，同

样可得到一个阀门开度变化与模糊值的对应关系，如表 5-2 所示。

表 5-2　阀门开度变化模糊表

u 的隶属度		变化等级								
		−4	−3	−2	−1	0	+1	+2	+3	+4
模糊值	PB	0	0	0	0	0	0	0	0.5	1
	PS	0	0	0	0	0	0.5	1	0.5	0
	ZO	0	0	0	0.5	1	0.5	0	0	0
	NS	0	0.5	1	0.5	0	0	0	0	0
	NB	1	0.5	0	0	0	0	0	0	0

根据经验知识设计如下模糊规则：

(1)“若 e 负大，则 u 负大”：if e=NB then u=NB。

(2)“若 e 负小，则 u 负小”：if e=NS then u=NS。

(3)“若 e 为 0，则 u 为 0”：if e=0 then u=0。

(4)“若 e 正小，则 u 正小”：if e=PS then u=PS。

(5)“若 e 正大，则 u 正大”：if e=PB then u=PB。

其中，e 为负时，代表实际水位 h 高于设定水位 h_0，因此需要向外抽水，相应的控制量 u 是负值；e 为正时，代表实际水位 h 低于设定水位 h_0，因此需要向内注水，相应的控制量 u 是正值。u 值的绝对值越大代表阀门开度越大，抽水或注水的速度越快。实际中，调控好阀门开度才能使水位稳定在设定值上，否则会出现较大的水位波动，甚至出现溢出或被抽干，导致控制失败。

上述模糊规则可用如下模糊关系来表达：

$$\boldsymbol{R}=(\mathrm{NB}e\times\mathrm{NB}u)\cup(\mathrm{NS}e\times\mathrm{NS}u)\cup(\mathrm{ZO}e\times\mathrm{ZO}u)\cup(\mathrm{PS}e\times\mathrm{PS}u)\cup(\mathrm{PB}e\times\mathrm{PB}u)$$

$$=\begin{pmatrix}1.0 & 0.5 & 0 & 0 & 0 & 0 & 0 & 0 & 0\\ 0.5 & 0.5 & 0.5 & 0.5 & 0 & 0 & 0 & 0 & 0\\ 0 & 0.5 & 1.0 & 0.5 & 0.5 & 0.5 & 0 & 0 & 0\\ 0 & 0 & 0 & 0.5 & 1.0 & 0.5 & 0 & 0 & 0\\ 0 & 0 & 0 & 0.5 & 0.5 & 0.5 & 1.0 & 0.5 & 0\\ 0 & 0 & 0 & 0 & 0 & 0.5 & 0.5 & 0.5 & 0.5\\ 0 & 0 & 0 & 0 & 0 & 0 & 0 & 0.5 & 1.0\end{pmatrix}$$

这样，推理机的决策为误差向量 $\boldsymbol{e}$ 和模糊关系 $\boldsymbol{R}$ 的合成：

$$\boldsymbol{u}=\boldsymbol{e}\circ\boldsymbol{R}$$

例如：当 e=NB 时，根据 e 的隶属度取值表，$\boldsymbol{e}$=(1.0, 0.5, 0, 0, 0, 0, 0)，则

$$
\begin{aligned}
\boldsymbol{u} &= \boldsymbol{e} \circ \boldsymbol{R} \\
&= (1\quad 0.5\quad 0\quad 0\quad 0\quad 0\quad 0) \circ \begin{pmatrix}
1.0 & 0.5 & 0 & 0 & 0 & 0 & 0 & 0 & 0 \\
0.5 & 0.5 & 0.5 & 0.5 & 0 & 0 & 0 & 0 & 0 \\
0 & 0.5 & 1.0 & 0.5 & 0.5 & 0.5 & 0 & 0 & 0 \\
0 & 0 & 0 & 0.5 & 1.0 & 0.5 & 0 & 0 & 0 \\
0 & 0 & 0 & 0.5 & 0.5 & 0.5 & 1.0 & 0.5 & 0 \\
0 & 0 & 0 & 0 & 0 & 0.5 & 0.5 & 0.5 & 0.5 \\
0 & 0 & 0 & 0 & 0 & 0 & 0 & 0.5 & 1.0
\end{pmatrix} \\
&= (1\quad 0.5\quad 0.5\quad 0.5\quad 0\quad 0\quad 0\quad 0\quad 0)
\end{aligned}
$$

根据最大隶属度原则，参考 u 的隶属度取值表，向量 $\boldsymbol{u}$ 中最大隶属度值 1 对应的量化等级为 -4，因此可将向量 $\boldsymbol{u}$ 反模糊化为实际输出的控制量，也就是阀门的开度为 -4。

可见，当 $e=\mathrm{NB}$ 时，说明实际水位已经远远超过设定水位，需要把阀门开到最大（$|\boldsymbol{u}|=4$），并进行抽水（u 为负）。

5.1.7　模糊系统的万能逼近特性

对于传统函数的推理模式，如果 x 和 y 的关系满足 $y=f(x)$，则当 $x=a$ 时，系统的输出 $y=f(a)=b$，如图 5-13 所示。

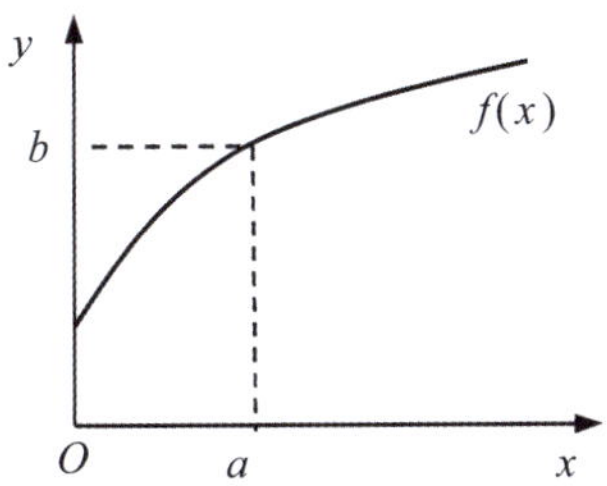

图 5-13　传统函数

接着将点 a 的取值扩展到一个区间 a 上，通过构造一个以 a 为底的柱状集 $\underline{a}$，将 $\underline{a}$ 与区间值曲线的交集 I 投影到 y 轴上，可得到区间 b，如图 5-14 所示。

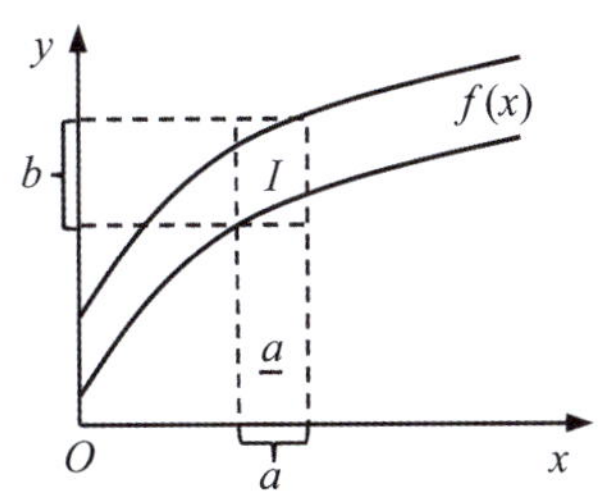

图 5-14　柱状集的投影

同理，如果将区间 a 扩展为模糊子集 $A \in \bar{A}$，$\bar{A}$ 为 x 轴上的一个模糊集，R 为从 x 轴到 y 轴的模糊关系，将模糊集合 A 的柱状集 $\underline{A}$ 与模糊关系 R 的交集投影到 y 轴上，可得

到模糊集合 B，如图 5-15 所示。

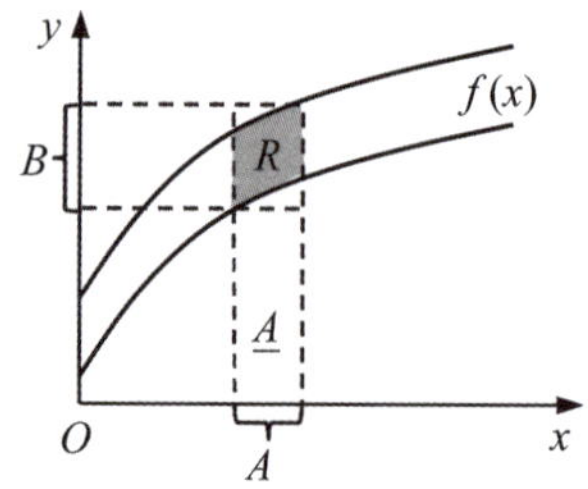

图 5-15　模糊集的投影

可见，模糊系统中的每条规则在 $x \times y$ 空间中都定义了一个模糊补块，模糊补块越大，模糊规则越模糊；反之，模糊补块越小，模糊规则越精确。完全精确时模糊补块就退化为一个点，模糊规则就变为精确函数。模糊系统的投影如图 5-16 所示。

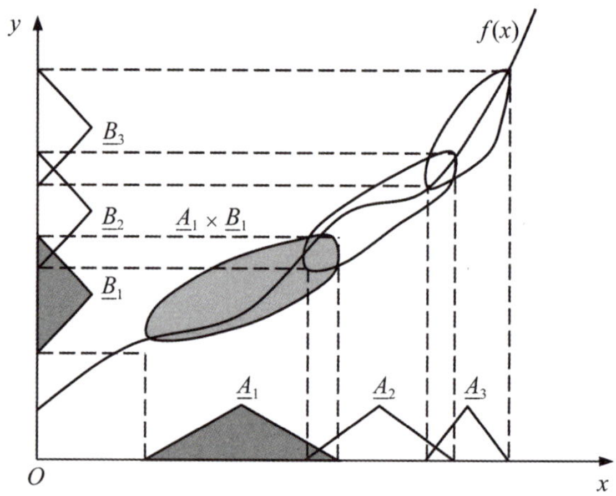

图 5-16　模糊系统的投影

对于一个由多条规则组成的模糊系统，这些模糊规则构成了从输入到输出的非线性映射。这种非线性映射能力，使得系统具备万能逼近特性，从而具有了智能属性。

5.2　神经网络控制

神经生理学和神经解剖学的研究表明，人脑极其复杂，由一千多亿个神经元（神经细胞）交织在一起的网状结构构成，其中大脑皮层约有 140 亿个神经元，小脑皮层约有 1000 亿个神经元。人工神经网络通过对人脑神经元细胞进行抽象建模，按照不同的连接方式组成不同的网络，从而使其具备人脑学习、推理、记忆的功能。

随着神经网络研究的不断深入，其在模式识别、人工智能、机器人学、自动控制、生物医学、经济学等领域取得了突破性进展，表现出良好的智能特性。神经网络控制是将神经网络与控制理论相结合而发展起来的智能控制方法，为解决复杂的非线性、不确定、未知系统的控制问题提供了新途径。

5.2.1 人工神经网络

神经系统的基本组成单元是神经元,其典型结构如图 5-17 所示。每个神经元都由一个细胞体、一个连接其他神经元的轴突和一些向外伸出的树突组成。轴突的功能是将本神经元的输出信号通过其末端的神经末梢同时传送给其他神经元。树突的功能是接收来自其他神经元的信号。神经元细胞体将接收到的所有信号进行处理后,由轴突输出。一个神经元的轴突末梢与另一个神经元的突起或胞体相互接触的部位称为“突触”。该结构可以用图5-18所示的人工神经元模型来表示。

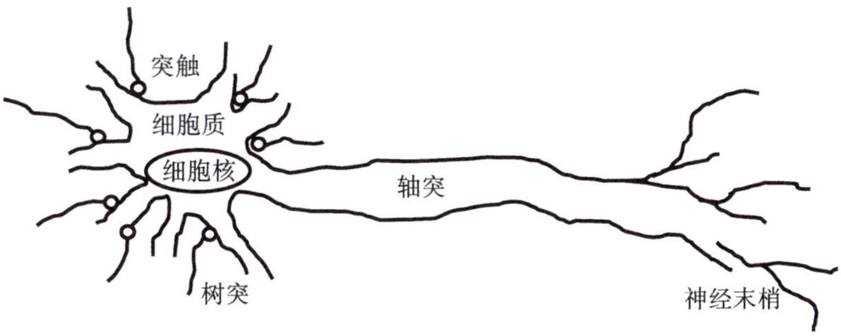

图 5-17　神经元的典型结构简图

图 5-18 中,$x_1, x_2, \cdots, x_n$ 为输入信号,$w_1, w_2, \cdots, w_n$ 为各神经元的连接强度,u_i 为神经元的膜电位,θ_i 为神经元的兴奋阈值,y_i 为神经元的输出信号。其数学模型可描述为:

$$y_i = f\left(\sum_{j=1}^{n} w_j x_j - \theta_i\right) \tag{5-5}$$

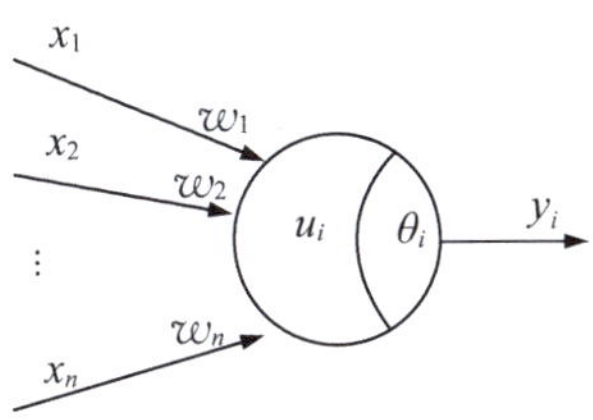

图 5-18　人工神经元模型

这里的输出函数 $f(\cdot)$ 又称为“激活函数”,常用的激活函数类型有五种,如图 5-19 所示。

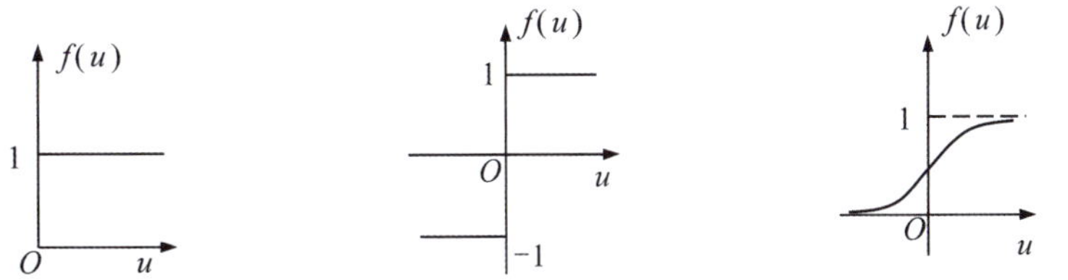

$$f(u)=\begin{cases}1, & u \geqslant 0 \\ 0, & u<0\end{cases}$$

(a)阶跃函数

$$f(u)=\begin{cases}1, & u>0 \\ -1, & u<0\end{cases}$$

(b)符号函数

$$f(u)=\frac{1}{1+e^{-u}}$$

(c)S 形函数

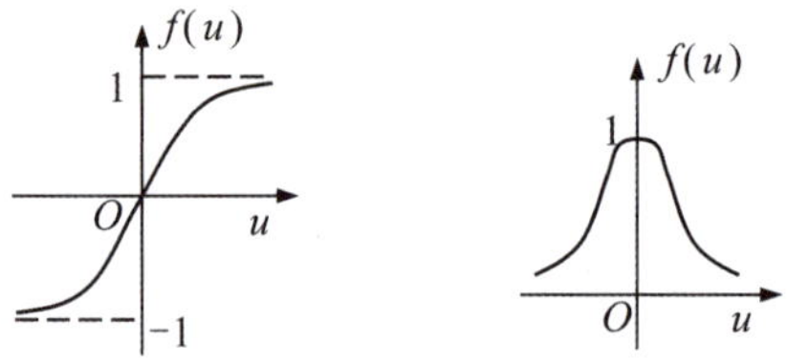

$$f(u)=\frac{e^u-e^{-u}}{e^u+e^{-u}} \qquad f(u)=e^{-(u^2/\sigma^2)}$$

(d)双曲正切　　(e)高斯函数

图 5-19　人工神经元模型中的常用激活函数

美国学者弗兰克·罗森布拉特(Frank Rosenblatt)于 1957 年提出了感知机(perceptron)模型,这是一种易于实现的神经元模型。图 5-20 所示是一个二输入感知机,其中 x_1、x_2 为输入信号,y 为输出信号,w_1、w_2 为两条连接的权重,b 为偏置,其数学模型可描述为

$$y=f\left(\sum_{j=1}^{2} w_j x_j+b\right)$$

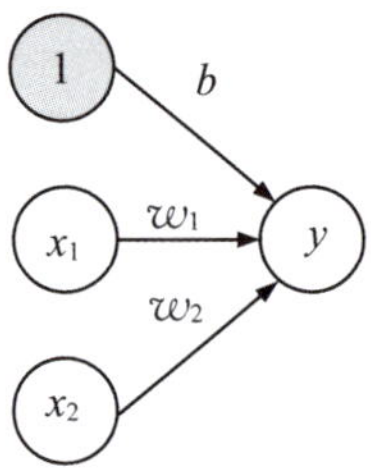

图 5-20　二输入感知机

由于单个神经网络对特征空间的划分能力有限,难以实现复杂的逻辑功能,于是研究人员构造了多层神经网络模型,来实现强大的非线性映射能力,从而使其具备万能逼近器的特性。多层神经网络的基本架构如图 5-21 所示。

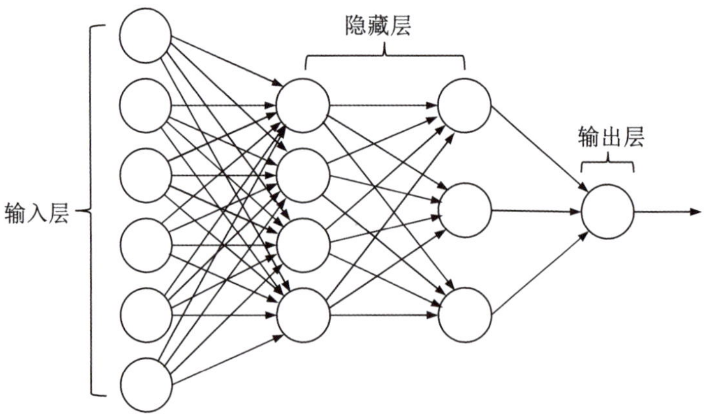

图 5-21　多层神经网络的基本架构

图 5-21 是一个标准的三层神经网络，包含输入层（input layer）、隐藏层（hidden layers）和输出层（output layer）三部分。图中的每个圆圈代表一个神经元，它在神经网络中被称为“节点‘（node）。节点之间的连接代表信号通过的权重和偏置，每个节点代表一种特定的激活函数，通过不同的激活函数引入各种非线性操作。神经网络能够有效处理各种复杂任务的其中一个关键就是，其隐藏层可以多层叠加。隐藏层的层数越多，网络越深，引入的非线性操作越多，从而增强了网络的特征表达能力。如今应用广泛的深度神经网络就是具有几十层甚至上百层精心设计的隐藏层的网络结构。

5.2.2 神经网络的特征及要素

神经网络具有以下几个特征：

（1）能逼近任意非线性函数。

（2）采用并行分布式信息处理与存储方式。

（3）支持多输入、多输出。

（4）既可用超大规模集成电路或光学集成电路系统实现，又可用现有的计算机技术实现。

（5）能进行自主学习，能够适应环境的变化。

神经网络的核心要素包括以下三个：

（1）神经元（信息处理单元）的特性。

（2）神经元之间相互连接的拓扑结构。

（3）为适应环境而改善性能的学习规则。

神经网络控制在实践工程中主要有以下四个方面的应用：

（1）基于神经网络的系统辨识：①将神经网络作为被辨识系统的模型，可在已知常规模型结构的情况下，估计模型的参数。②利用神经网络的线性、非线性特性，建立线性、非线性系统的静态、动态、逆动态及预测模型，实现非线性系统的建模和辨识。

（2）神经网络控制器：神经网络作为实时控制系统的控制器，对不确定、未知系统及扰动进行有效的控制，使控制系统达到所要求的动态、静态特性。

（3）神经网络与其他算法相结合：将神经网络与专家系统、模糊逻辑、遗传算法等相结合，设计新型智能控制系统。

（4）优化计算：在常规的控制系统中，常遇到求解约束优化问题，神经网络为这类问题的解决提供了有效途径。

目前，神经网络控制已经在多种控制结构中得到应用，如 PID 控制、模型参考自适应控制、前馈反馈控制、内模控制、预测控制、模糊控制等。

5.2.3 前馈神经网络

神经网络的结构仅仅定义了一种知识推理和存储的形式，要想使该网络结构正常使用，需要先对网络进行训练和学习。通常通过对神经网络输入样本数据，以教师示教的方式监督神经网络调整其内部连接的权重，在不同样本输入的刺激下，神经网络的连接权重被反复调整，直到所有输入的期望输出的误差小于允许的范围。这一过程称为神经网络的训练和学习。对于训练好的神经网络，即使输入一组样本里没有出现过的数据，神经网络仍然能够给出期望的输出，这称为神经网络的泛化能力。

典型的前馈神经网络由输入层、隐藏层和输出层组成，如图 5-22 所示。其中，隐藏层可以由一层或者多层神经网络组成。前馈神经网络的输入信息经由输入层通过隐藏层逐层向前传递，最后由输出层输出推理后的结果，信息从前向后单向传输，所以又称为“前向网络”。

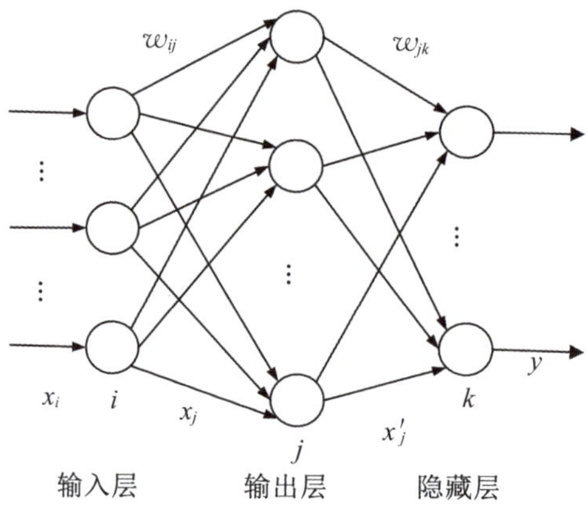

图 5-22　前馈神经网络结构

隐藏层神经元的输入为所有输入的加权之和，即

$$x_j = \sum_i w_{ij} x_i \tag{5-5}$$

当采用 Sigmoid 激活函数时，隐藏层神经元的输出为

$$x'_j = f(x_j) = \frac{1}{1 + e^{-x_j}} \tag{5-6}$$

输出层神经元的输出为

$$y = \sum_j w_{jk} x'_j \tag{5-7}$$

该网络采用误差反向传播算法(BP 算法)进行训练，因此又称为“BP 神经网络”。BP 算法利用输出层的实际输出与期望输出之间的误差来判断神经网络学习的效果，并将误差信号由输出层逐层反向传输至输入层，同时计算每个权重变化时误差的变化(即误差的导数)，来调整神经元连接的权重系数，然后再次正向传输至输出层，重新计算权重系数调整后的输出误差，如此循环，直到输出误差趋于零或在允许范围内。BP 算法的实质是一个以梯度法求取神经网络误差平方和，使目标函数达到最小值的优化过程。

BP 算法的实现步骤如下：

(1)初始化，对所有权重赋以随机任意小值，并设定阈值初值。

(2)给定训练数据集，即提供输入向量 $\boldsymbol{x}$ 和期望输出 $\hat{y}$。

(3)计算实际输出 y,得误差函数为 $L(y,\hat{y})=\frac{\sum_{k}(y_k-\hat{y}_k)^2}{2}$。

(4)根据误差函数关于神经网络各层参数的偏导数对权重进行调整,并将误差反向传递至前一层。输出层节点的权重修正为

$$w_{ij}(t+1)=w_{ij}(t)+\eta\delta_j y_j$$

式中,η 为大于 0 的学习速率;δ_j 为神经元 j 的误差梯度项。

然后,根据微积分链式法则逐层向前对各层节点的权重进行修正。

(5)返回第(2)步,直至误差满足要求。

5.2.4 神经网络控制原理

图 5-23(a)展示了一个单位反馈控制系统的基本架构。若控制器采用 PID 控制器,则该系统就是传统的 PID 控制系统;若控制器采用模糊逻辑控制器,则该系统就是模糊控制系统;若控制器采用神经网络控制器,则该系统就是神经控制系统[见图 5-23(b)]。

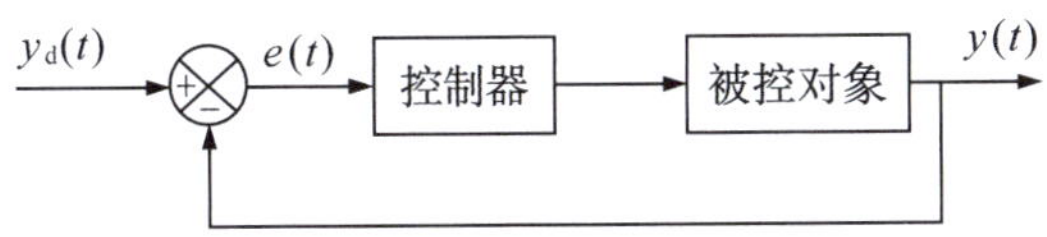

(a)单位反馈系统

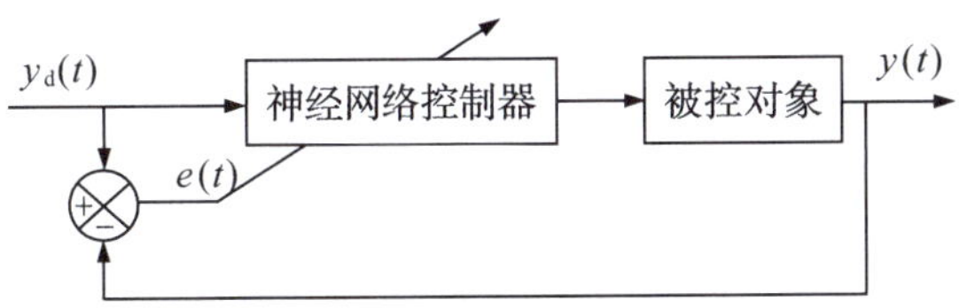

(b)神经网络单位反馈系统

图 5-23 神经网络控制系统结构框图

设被控对象的输入 u 和系统输出 y 之间存在如下非线性函数关系:

$$y=g(u)$$

控制目的在于确定最佳的控制量输入 u,使系统的实际输出 y 等于期望的输出 y_d。在该系统中,神经网络实质上实现了一种从输入到输出的映射,设其函数关系为 $u=f(y_d)=g^{-1}(y_d)$,则神经网络需要利用其强大的非线性函数逼近特性来模拟 $g^{-1}(\cdot)$。在神经网络的学习、训练过程中,可以根据系统的实际输出 y 与期望输出 y_d 之间的误差来调整神经网络的权重,直至 $e=y_d-y\to 0$,实现神经网络学习收敛。

5.2.5 神经网络控制结构

根据神经网络在控制系统中的不同作用,可将其控制方式分为两大类:以神经网络为主的神经网络控制方式、以神经网络为辅的混合智能控制方式。

(1)神经网络监督控制:神经网络控制器实际上是一个前馈控制器,它可以建立被控对象的逆模型,如图 5-24 所示。神经网络控制器通过对控制器的输出 $u_p(t)$进行学习,在线调整神经网络的权重。随着学习过程的收敛,反馈误差 $e(t)$趋近于零,这时神经网络控制器取代控制器,起到主要的控制作用。当系统干扰误差增大时,控制器重新起作用,此时神经网络控制器再次进行在线学习。由于神经网络具有记忆和泛化能力,神经网络控制器的效能会逐步提高,从而确保系统的稳定性和鲁棒性,有效提高系统的精度和自适应能力。

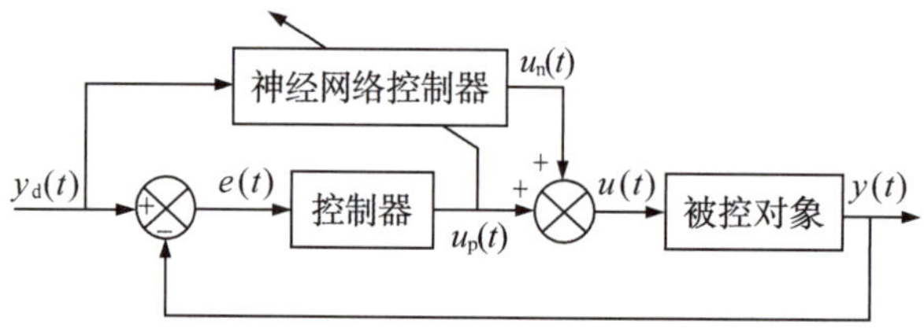

图 5-24　神经网络监督控制系统的结构框图

(2)神经网络直接逆控制:神经网络直接逆控制(见图 5-25)将被控对象的神经网络逆模型 NN1 直接与被控对象进行串联,以使其期望输出与被控对象的实际输出之间的传递函数为 1,这样 $y(t)=y_d(t)$,即被控对象的输出始终与期望输出保持一致。NN1 与 NN2 具备完全相同的网络结构,并采用相同的学习算法分别实现对被控对象的逆运算。

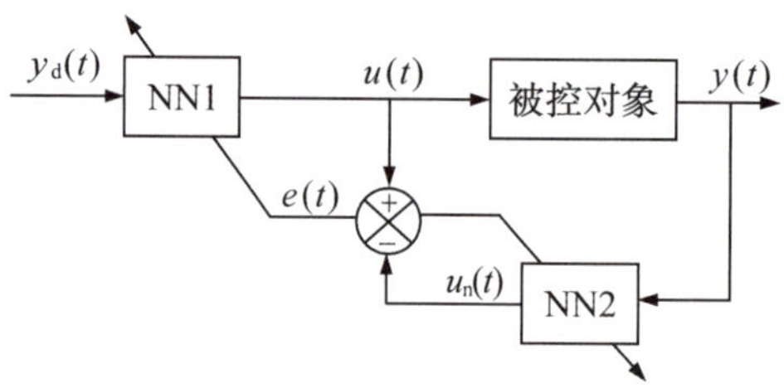

图 5-25　神经网络直接逆控制系统的结构框图

(3)神经网络内模糊控制:图 5-26 中 NN2 构成系统的正向模型,并与实际的被控对象相并联,两者输出的差值作为反馈信号 $e(t)$反馈到前向通道中。$e(t)$首先经过滤波器处理以提高系统的鲁棒性,随后输入由系统逆模型构成的控制器 NN1 中进行处理,最终生成控制信号。

神经网络技术还可以与模糊控制、专家系统等相结合,形成各种具有更强的学习、推理和决策能力的智能控制系统。

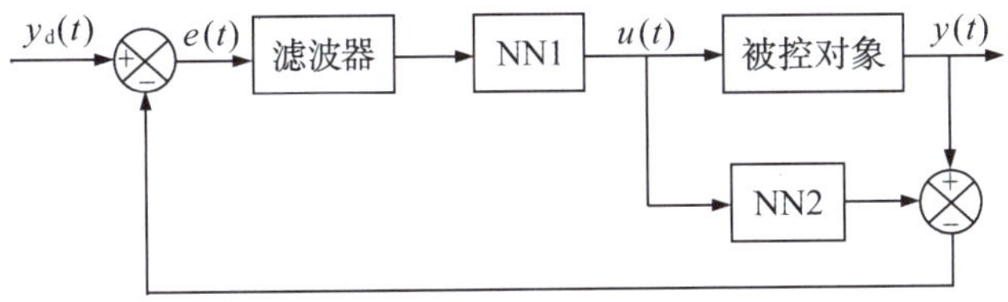

图 5-26 神经网络内模糊控制系统的结构框图

5.3 智能优化算法

自动控制的规律通常是人类在生活和工作中通过无数次尝试总结出来的，需要对不同参数组合下系统输出的控制效果进行评价，反复比较得出最满意的控制方式。通常，对于数学模型精确已知的系统而言，可以使用数学推导和求解的方法来确定最优控制规律。但是，实际系统中存在很多非线性、随机性和不确定性因素，很难得到精确的数学模型描述，或者得到的数学模型过于复杂而无法求解。这时智能优化算法应运而生，它能够比较容易且快速地获取令人满意的解。智能优化算法属于一类启发式搜索算法，它受到人类智能、生物群体社会性或自然现象规律的启发，通过模拟和利用自然界中生物体的行为或自然规律，采用经验或特定方法解决优化问题。这种算法一般具有严密的理论依据，可以在一定的时间内找到最优解或近似最优解。

常用的智能优化算法包括遗传算法、模拟退火算法、禁忌搜索算法、粒子群算法、蚁群算法等。遗传算法是一种基于生物进化理论的优化算法，它通过模拟基因突变、自然选择和交叉配对等过程来寻找最优解。模拟退火算法是一种基于物理退火过程的优化算法，它通过随机搜索和接受劣质解的方式来寻找最优解。禁忌搜索算法是一种基于人类记忆原理的优化算法，它通过记忆已经搜索过的解来避免重复搜索，从而提高搜索效率。粒子群算法是一种基于鸟群觅食原理的优化算法，它通过模拟鸟群觅食过程中的行为来寻找最优解。蚁群算法是一种模拟蚂蚁觅食和建造巢穴行为的优化算法，它在解决旅行商问题、车辆路径问题等方面表现出很好的性能。智能优化算法在许多领域都有广泛的应用，如机器学习、数据挖掘、生产调度和物流配送等。这些算法能够有效地解决许多复杂问题，并且具有较好的鲁棒性和通用性。

5.3.1 遗传算法概述

遗传算法是由密歇根大学的约翰·霍兰德及其同事于 20 世纪 60 年代提出的。在 20 世纪 80 年代中期之前，对于遗传算法的研究还仅仅限于理论方面，直到第一届世界遗传算法大会在匹兹堡召开。随着计算机计算能力的提高和实际应用需求的增多，遗传算法逐渐进入实际应用阶段。1989 年，《纽约时报》作者约翰·马科夫写了一篇描述第一个商业用途的遗传算法的文章——《进化者》（*Evolver*）。之后，越来越多种类的遗传算法出现并被应用于众多领域中。《财富》杂志 500 强企业中，大多数都用它进行时间安排、数据分析、未来趋势预测、预算规划以及其他组合优化问题解决。

在微软公司的 Office 系列产品中，Excel 就采用了遗传算法进行优化计算。例如，Excel 的“规划求解”功能使用遗传算法来寻找满足约束条件的优化解。通过调整可变单元格的值，遗传算法可以找到使目标单元格的值为最小或最大的解。这个功能在处理复杂的线性规划问题时非常有用，可以帮助用户找到最优的解决方案。此外，Excel 还使用了遗传算法进行数据分析和预测，通过分析历史数据并使用遗传算法进行模型优化，预测未来的趋势和模式，帮助用户做出更好的决策。

谷歌公司很早就应用了遗传算法。例如，在谷歌的搜索排名算法中，就采用了遗传算法来优化搜索结果。通过模拟生物进化过程，遗传算法能够自动调整搜索结果的排列顺序，使更符合用户需求的搜索结果能够排在前面。此外，谷歌还使用遗传算法来解决其他问题，如数据挖掘、机器学习、图像识别等。在谷歌的机器学习框架 TensorFlow 中，遗传算法也被用于优化神经网络的参数，提高模型的准确性和效率。

5.3.2 遗传算法的基本原理

生物是宇宙中最巧妙的设计，经历了亿万年的演化才形成现在多姿多彩的形态，其最显著的特点就是完美地实现了对生存环境的适应性。这种非凡的进化机制为人类解决一些可以类比的复杂问题提供了重要启示，尤其在计算机科学领域，研究人员设计了相应的算法来将这些生物机制转化为实用技术。研究发现，正如达尔文的进化论，生物体的能力是通过进化和自然选择这种不定向的机制获得的。于是，研究人员使用计算机编程来模拟自然界的进化和自然选择机制，以探索更多潜在的问题解决方案。

大多数生物都是通过以下两个主要过程实现进化的：自然选择和有性生殖。前者决定种群中哪些成员能生存下来并产生后代，后者确保后代基因之间进行混合和重组。当精子和卵子融合时，匹配的染色体相互排列，然后其中一部分交叉，从而交换遗传物质。相比于每个后代只是单亲基因的复制，这种基因重组机制能显著加快进化速度。事实上，对于农业专家来讲，他们能够采用杂交和基因选择相结合的方法来培育更好的农作物，如杂交水稻等。

生物遗传物质的主要载体是染色体，DNA 是其中最主要的遗传物质，染色体由多个基因组成。染色体中基因的位置称为“基因座”，基因所取的值叫作等位基因。基因和基因座决定了染色体的特征，也就决定了生物个体的性质和状态。在遗传算法中，基于计算机的特点，染色体通常用一维字符串结构数据来表征，字符串上各个位置对应基因座，各个位置上的取值对应等位基因。因此，遗传算法模拟了染色体的表达方式，或者说模拟了生物基因型的表达方式。一定数量的个体组成一个种群并进行联合进化，个体对环境的适应程度用适应度函数的值来表示。

下面用计算机常用的二进制字符串为例来表达上述概念。某个体的染色体编码如图 5-27 所示。随机生成多个个体，它们将组成一个种群，如图 5-28 所示。

图 5-27 个体染色体编码示意图

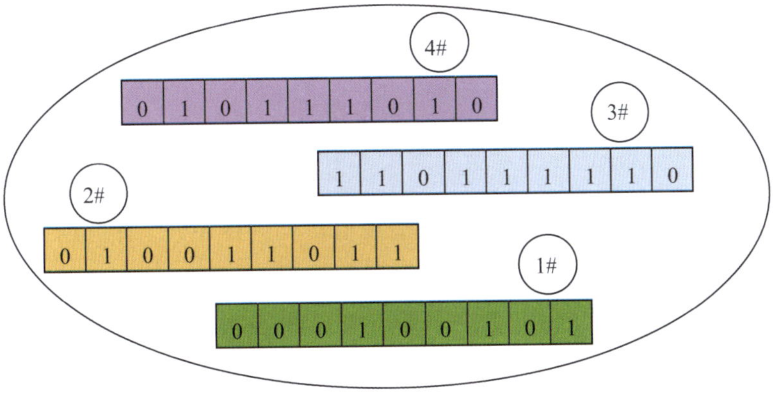

图 5-28 种群组成示意图

如果定义一个平方函数 $f(x)=x^2$ 来代表适应度函数，则可得到：

1＃个体染色体的 x 值$=(000100101)_2=(37)_{10}$，$f(x)=37^2=1369$。

2＃个体染色体的 x 值$=(010011011)_2=(155)_{10}$，$f(x)=155^2=24025$。

3＃个体染色体的 x 值$=(110111110)_2=(446)_{10}$，$f(x)=446^2=198916$。

4＃个体染色体的 x 值$=(010111010)_2=(186)_{10}$，$f(x)=186^2=34596$。

如图 5-29 所示，如果 1＃个体和 2＃个体在某个(如第四个)基因座的位置进行染色体混合(称为“交叉操作”)，此时形成 5＃和 6＃两个新的个体。1＃和 2＃称为“父代”，5＃和 6＃称为“子代”。

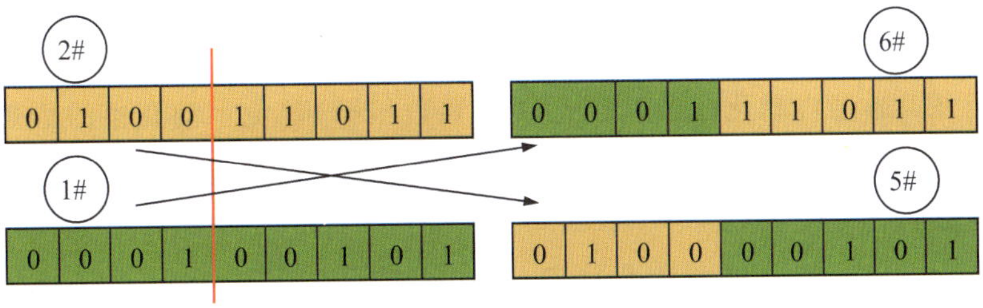

图 5-29 交叉操作示意图

如图 5-30 所示，如果 1＃个体的某个(如第二个)基因座的等位基因发生反转(由 0 变成 1 或由 1 变成 0)，则称为“突变操作”，此时也会生成一个新的个体——7＃。

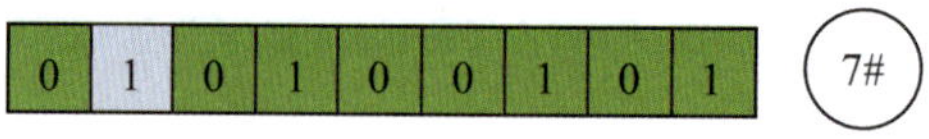

图 5-30 突变操作示意图

基于上述概念，遗传算法的步骤如下：

（1）首先随机创建一个初始种群。

（2）模拟进化机制创建一系列新种群。

算法会使用当前种群中的个体来创建下一个种群。为了创建新种群，算法会执行以下步骤：

①通过计算当前种群中每个个体的适应度值对其进行评分。评分结果称为"原始适应度值"。

②对原始适应度值进行缩放，将其转换到可用的数值范围。这些缩放后的值称为"期望值"。

③根据期望值选择父代。

④当前种群中一些适应度值较好的个体会被选为精英。这些精英将被优先选入下一代种群。

⑤从父代中产生子代。产生子代的方式有两种：一种是随机改变单个父代，称为"突变"；另一种是组合一对父代的编码条目，称为"交叉"。

⑥用子代替换当前种群中的个体，形成下一代种群。

（3）当满足停止条件时，算法停止迭代。

5.3.3 基于遗传算法的 PID 整定控制

PID 控制器是一种广泛应用于工业控制系统的反馈控制器，其性能取决于参数的设定。PID 控制器一般存在 k_P、k_I、k_D 三个主要参数，这三个参数可形成无数种组合关系。传统的 PID 参数整定通常需要经验丰富的工程师进行手动调整，而基于遗传算法的 PID 参数整定则可以通过自动化搜索找到最优的参数组合，避免手动调整的烦琐和不准确性，提高控制系统的性能和稳定性。同时，该方法也适用于多变量、非线性等复杂控制系统的参数整定。

在基于遗传算法的 PID 参数整定中，首先需要定义适应度函数，该函数用于评估 PID 控制器的性能。通常情况下，适应度函数会根据控制系统的输出误差、超调量、调节时间等指标来计算。然后，通过遗传算法的选择、交叉和变异等操作，不断搜索参数空间，寻找使适应度函数达到最优的参数组合。

具体而言，基于遗传算法的 PID 参数整定的步骤如下：

（1）定义适应度函数。根据控制系统的性能指标，设计合适的适应度函数，用于评估 PID 控制器的性能。

（2）初始化种群。随机生成一组 PID 控制器的参数作为初始种群。

(3)评估种群中每个个体的适应度。计算每个参数组合下控制系统的性能指标，从而得到每个个体的适应度值。

(4)进行模拟进化。

①选择操作：根据适应度值，选择一部分优秀的个体进入下一代种群。

②交叉操作：对选中的个体进行交叉操作，生成新的后代个体。

③变异操作：对后代个体进行随机变异，增加种群的多样性。

(5)终止条件判断。判断是否达到预设的终止条件，如迭代次数、最优解达到预设精度等。如果达到终止条件，则输出最优解；否则，返回步骤(3)继续搜索。

图 5-31 所示是一个 PID 控制系统框图。为了实现 PID 控制器 k_P、k_I、k_D 三个参数的自整定，采用遗传算法进行优化求解。在控制系统设计中，主要考虑三个重要指标：稳定性、准确性和快速性。其中，系统的上升时间 t_r 用来衡量系统的快速性，上升时间越短，控制效果越好。同时，如果过于强调系统的快速性，会使控制量 $u(t)$ 过大，可能引发系统饱和而导致系统不稳定，因此需要将限制控制量大小作为优化目标。另外，系统准确性通常用误差 $e(t)$ 来表示，因此，也需要将控制误差大小作为优化目标。遗传算法的优化目标，也就是个体的适应度函数 $J(t)$ 表示如下：

$$J(t)=\int_0^{\infty}(w_1\ |\ e(t)\ |+w_2u^2(t))\mathrm{d}t+w_3t_r$$

式中，$e(t)$ 为系统误差；$u(t)$ 为控制器输出；t_r 为系统响应的上升时间；w_1、w_2、w_3 为三个指标对应的权重。定义好适应度函数后，即可参考前述基于遗传算法的 PID 参数整定步骤进行计算。

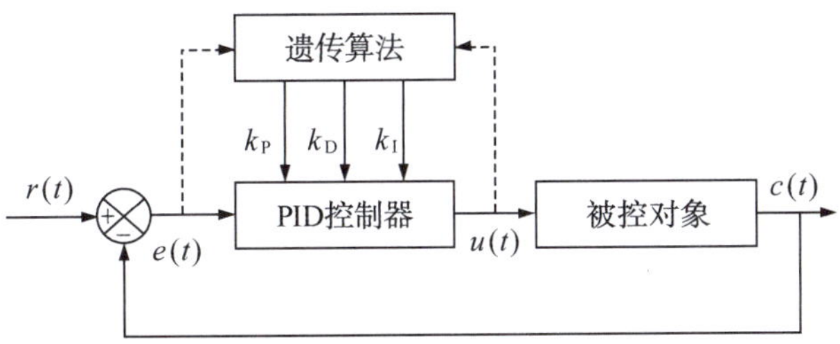

图 5-31 基于遗传算法优化的 PID 控制系统的结构框图

引导阅读

神经网络与深度学习发展简史里程碑大事记

1.第一阶段(1950—1970 年)：感知器时代

1943 年，沃伦·麦卡洛克(Warren McCulloch)和沃尔特·皮茨(Walter Pitts)在《神经活动中内在思想的逻辑演算》中提出了第一个神经网络数学模型，它被视为神经网络的开山之作。

1956 年，达特茅斯会议首次提出了人工智能的定义。

1958 年，弗兰克·罗森布拉特(Frank Rosenblatt)提出感知机模型，这是第一个能够学习权重并进行简单分类的人工神经网络，奠定了神经网络通过数据自主学习的基础。

1960 年，伯纳德·威德罗(Bernard Widrow)将感知机与最小二乘法相结合，创造了良好的线性分类器。

1969 年，马文·明斯基(Marvin Minsky)提出异或问题和感知机的线性不可分问题，证明单层或多层网络堆叠不能解决感知机的线性不可分问题，神经网络由此迎来第一次寒冬。

1970—1980 年，神经网络研究处于寒冬阶段，受到了符号主义和行为主义学派的批评。

2.第二阶段(1986—1998 年)：BP 算法时代

1986 年，杰弗里·辛顿(Geoffrey Hinton)提出 BP 算法，并结合 Sigmoid 函数，为神经网络引入了非线性映射，有效解决了感知机的遗留问题。该方法引起了神经网络的复兴。

1989 年，杨立昆(Yann LeCun)等人发表论文并提出经典卷积神经网络架构 LeNet。

1990 年，杰弗里·埃尔曼(Jeffrey Elman)发表论文并提出简单循环网络(SRNs)，其核心概念就是如今人们熟知的循环神经网络(RNN)。

1991 年，塞普·霍克赖特(Sepp Hochreiter)指出 BP 算法存在梯度消失问题和梯度爆炸问题，再次给神经网络泼了一盆冷水。

1997 年，塞普·霍克赖特和尤尔根·施密德胡伯(Jürgen Schmidhuber)为了解决 RNN 的梯度消失问题，提出了长短期记忆网络(LSTM)。

1998 年，杨立昆等人提出了 7 层卷积神经网络 LeNet-5，实现了手写数字识别功能。该神经网络使用了卷积、池化和激活函数等关键概念，是现代深度学习的基础。

1990—2000 年代，机器学习和统计学习同时期兴起。例如，支持向量机(SVM)因理论完备、可解释性强，且解决了一些神经网络的历史遗留问题，获得了广泛关注。同时，由于神经网络自身理论缺陷和当时计算能力限制，再次进入发展低谷。

3.第三阶段(2006 年至今)：深度学习时代

21 世纪初，借助图形处理器和分布式计算，计算机算力显著提升，为深度学习奠定了基础。

2006 年，杰弗里·辛顿等人提出深度置信网络(DBN)，标志着深度学习时代来临。

2011 年，泽维尔·格洛洛特(Xavier Glorot)等人提出 ReLu 激活函数，很好地解决了 Sigmoid 激活函数的梯度消失问题。ReLu 激活函数流行至今。

2012 年，亚历克斯·克里泽夫斯基(Alex Krizhevsky)等人提出 AlexNet 网络，使用 ReLu 激活函数、随机失活(Dropout)、最大池化等技术，并首次引入局部响应归一化(LRN)层、数据增强以及深网络(Alexnet 网络共 8 层)等，在图像分类竞赛 ImageNet2012 中大获全胜，引发持续至今的全球深度学习研究热潮。

2014 年，牛津大学计算机视觉组提出的 VGGNet 网络在 ImageNet2014 竞赛中斩获定位任务冠军和分类任务亚军。其研究团队通过系统实验证实，AlexNet 网络采用的 LRN 层并不能带来性能提升，同时开创性地发现多个 3×3 小卷积核的串联使用效果显著优于单个大卷积核，这一设计理念影响深远，沿用至今。

2014 年，克里斯蒂安·塞格迪(Christian Szegedy)等人提出 GoogLeNet 网络，指出获得高质量模型最保险的做法就是增加网络模型的深度或宽度，其副作用是容易过拟合、计算复杂、会出现梯度消失，为此他们提出将全连接层甚至一般的卷积都转化为稀疏连接，提出了著名的 inception 模块，以学习不同尺度的特征。

2014 年，伊恩·古德费洛(Ian Goodfellow)等人提出生成对抗网络(GAN)。

2015 年，何恺明(Kaiming He)团队提出残差网络(ResNet)，在 ILSVRC2015 竞赛中夺得冠军，其跳连接方式允许保留之前网络层的输出，解决了梯度消失、网络退化问题，并且其强大的非线性表达能力为复杂问题的解决提供了新思路。

2016 年，轻量级卷积神经网络 SqueezeNet 问世，其研究者系统总结了 CNN 模型设计的四大方向：①模型压缩，使其变成小模型；②微观结构优化，对单个卷积层进行优化设计，如 1×1 小卷积核、可分解卷积或模块化卷积；③宏观架构创新，如改变网络深度、连接方式；④不同超参数、网络结构优化器组合优化。

2016 年，谷歌 DeepMind(Google DeepMind)开发的 AlphaGo 击败围棋世界冠军李世石，创造了人工智能发展史上的重要里程碑。

2017 年，谷歌大脑(Google Brain)团队提出了 Transformer 模型，这是一种基于自注意力机制(Self-Atention)的新型架构，在自然语言处理(NLP)任务中取得了巨大成功。Transformer 模型的提出为后续的 BERT、GPT 等模型奠定了基础。

2018 年，OpenAI 提出了 GPT，这是一个具有里程碑意义的大规模预训练模型。

2018 年，Google 发布基于 Transformer 的双向编码器表示(BERT)，这是一种预训练的深度双向表示，显著提高了多项 NLP 任务的性能。

2018 年，脸书(Facebook)推出 PyTorch 开源库，凭借动态计算图等优势，迅速成为深度学习研究的主流工具。

2018 年，DeepMind 的 AlphaZero 程序在国际象棋、围棋和日本将棋等多个领域中击败世界级选手，展示了深度学习与自我对弈训练的强大能力。

2019 年，OpenAI 推出 GPT-2 模型，该模型成为当时最大的预训练语言模型，引发了大众对大规模预训练模型的讨论和关注。

2019 年，DeepMind 的 AlphaStar 首次在《星际争霸Ⅱ》中以 5∶0 的成绩战胜人类职业选手，展示了复杂环境下的深度学习能力。

2020 年，OpenAI 发布拥有 1750 亿参数的语言模型 GPT-3，其能力在多个领域刷新了纪录，成为 AI 生成文本和程序代码的标杆。

2020 年，DeepMind 的 AlphaFold 系统在蛋白质结构预测竞赛 CASP 中取得突破性成果，被誉为计算生物学领域的重大突破。

2021 年，OpenAI 发布了基于 GPT-3 的图像生成模型 DALL · E，它能够根据文本描述生成高质量、复杂的图像。

2021 年，随着视觉变换器（ViT）的提出，Transformer 架构开始在计算机视觉领域被广泛应用。

2022 年，OpenAI 推出了 GPT-3.5 模型，其具备极高的语言理解和生成能力，成为当时最先进的自然语言处理模型。

2023 年，智谱 AI 与清华大学合作推出了 ChatGLM 聊天机器人，它具备与人类对话的能力。

2024 年，OpenAI 再次向世界扔了一枚 AI 炸弹——视频生成模型 Sora，被认为是通用人工智能（AGI）的又一个里程碑。

思考题

1.在布尔代数的逻辑中，常用 0 表示逻辑假，1 表示逻辑真，而模糊数学则使用[0,1]之间的实数表示逻辑概念，请分别使用这两种方法来分析气象预报中雨天和晴天的概念，并比较它们各自的优势。

2.若要设计一个根据食物质量来调节功率的微波炉，你认为采用什么样的隶属函数更合适？请给出分析原因。

3.为什么要使用多层神经网络？神经网络各层的作用分别是什么？

4.在神经网络控制系统中，神经网络模块的作用是什么？请举例说明。

5.请概述遗传算法的基本原理。

6.遗传算法中的染色体都有哪些编码形式？假设在某函数优化问题中，函数的优化变量分别是 $x\in[-10,10]$的整数，$y\in[-1,1]$的实数，请给出染色体的编码方案。

7.请分析遗传算法在 PID 参数整定中的作用。

第六章 自动控制技术的应用实例

当今时代不仅是数字化、网络化和智能化的时代，而且是自动化的时代，自动化技术的应用领域已远远超出工业生产、航空航天、国防军事等传统领域范畴。随着科技的发展，自动化技术已经渗入各行各业，如微电子、计算机、互联网、物联网、机器人、3D 打印、云计算、高速列车、磁悬浮列车、智能手机、智能家电、智能交通、纳米材料、量子技术、基因技术等。自动化的身影无处不在，到处都可以看到自动化系统在运行、在工作。本章列举了部分应用实例，帮助读者了解自动化技术的实际应用，并启发他们思考未来自动化技术如何继续改变人类的生活。

引导阅读

时代的声音：AI 时代，想与机器人当工友吗？

前有马斯克在欧洲科技创新展览会上称：未来人们可能都不需要工作，AI 可以提供人们想要的一切商品和服务；后有 AI 写出百万字小说《天命使徒》，让“人人皆可写长篇”；再到 2024 年的高考作文题，也选择以 AI 作为切入点……这一系列事件广泛探讨了 AI 给人类生产生活所带来的影响。

走进某企业的 ABS 电动机装配车间，一条不足 2 m 宽的过道两边，分别是传统生产线与智能生产线。数字化升级后，仅需 36 道工序、39 个工位、5 台机器人、2 名工人，便可在 7.5 s 内生产一台 ABS 电动机。与传统生产线相比，智能生产线中操作人员减少 80%，生产效率提高 30%……一个智能制造生态系统逐步成形。

“虽然生产线可能不再需要工人，但在后台需要配备许多专职技术人员去维护产线运转，也需要很多软件工程师根据不同的产品，编写不同的软件程序，让无人化的设备运转起来。因此，用人需求是从前台走向了中后台，这是一个关键的改变。”该企业的人才招募顾问涂女士直言，随着数字化转型的加速，用工结构必将发生改变，但这种改变未必是直接的、机械的岗位“替代”，而是工作场景和专业要求的改变。

6.1 机器人闭环伺服控制系统

6.1.1 机器人概述

“Robot”这个词源于1920年捷克作家卡勒鲁·查培克的科幻话剧《罗萨姆万能机器人制造公司》(RUR)。剧中主人翁名叫 Robota(捷克语，意为“苦力”或“劳仆”)，是一个形状像人的机器，可以听从人的命令做各种工作。作为技术名词，“机器人”的英文称谓“Robot”就是由 Robota 演变而来的。

机器人是20世纪人类最伟大的发明之一。由于机器人一直处于开放、扩散和深入发展的状态，所以至今还没有一个严格而准确的定义。美国是工业机器人的发源地，美国机器人协会(RIA)把机器人定义为：一种用于移动各种材料、零件、工具或专用装置，通过可编程动作来执行各种任务，并具有编程能力的多功能操作机(manipulator)。日本是工业机器人王国，其工业机器人协会(JRA)把机器人定义为：一种带有记忆装置和末端执行器，能够通过自动化操作来代替人类劳动的通用机器。1987年，国际标准化组织(ISO)对工业机器人进行了定义：工业机器人是一种具有自动控制操作和移动功能，能完成各种作业的可编程操作机。目前，中国在工业机器人领域的发展正处于快速增长期，不仅在市场规模和技术创新方面取得了显著成就，而且在政策支持和国际影响力方面也显示出强大的发展潜力，备受瞩目。基于此，我国科学家对机器人进行了重新定义：机器人是一种自动化的机器，其独特性在于具备一些与人或生物相似的智能能力，如感知能力、规划能力、动作能力和协同能力，是一种具有高度灵活性的自动化机器。上述各种定义有共同之处，可归纳为三个基本特征：①像人(或像某种动物)或人的某一部分，并能模仿人(或动物)的某些动作；②具有智力或感觉与识别能力；③本质上是人造的机器或机械电子装置。

随着人们对机器人技术智能化本质认识的加深，机器人技术开始源源不断地向人类活动的各个领域渗透。结合这些领域的应用特点，人们发展了各式各样的具有感知、决策、行动和交互能力的特种机器人和各种智能机器，如移动机器人、微纳机器人、水下机器人、医疗机器人、军用机器人、空中机器人、娱乐机器人等。对不同任务和特殊环境的适应性，也是机器人与一般自动化装备的重要区别。这些机器人从外观上早已脱离最初仿人形机器人和工业机器人的形状，更加符合各种不同应用领域的特殊要求，其功能和智能程度也大大提升，从而为机器人技术开辟了更加广阔的发展空间。

中国工程院院士宋健指出：机器人学的进步和应用是20世纪自动控制领域最有说

服力的成就，是当代最高意义上的自动化。机器人技术综合了机械、材料、控制、计算机、通信和人工智能等多学科的发展成果，代表了高新技术的发展前沿。它在人类生产、生活应用领域的规模化应用，正在全球范围内引发人们重新认识机器人技术的巨大作用和深远影响。比尔·盖茨曾预言，机器人将重复个人计算机兴起的道路，成为人们日常生活的一部分，甚至彻底改变人们目前的生活方式。因此，世界各国对机器人技术都给予了极大的关注，投入巨资进行机器人的研究、开发与应用。

6.1.2 机器人系统组成、控制原理及分类

根据现行定义，机器人是一种由程序控制的、具备人类或动物的某些功能，能够完全或部分代替人类进行工作的机器，如模拟手臂运动，实现地面运动、空中飞行或在水下航行等功能。它的外形可以像人，也可以完全不像人，重在其功能。目前，机器人已从第一代示教再现型、第二代具备感知和简单自适应能力的型号，发展到第三代智能机器人。智能机器人可以通过传感器了解外部环境或者自身的状态与变化，甚至可以自主进行逻辑推理、判断与决策。

机器人由传感系统、控制系统、驱动装置、传动机构和执行机构组成（见图 6-1）。机器人控制原理示例如图 6-2 所示，这是一个典型的闭环控制系统。其中，控制系统是机器人的大脑；传感系统是机器人的感觉器官，常用的传感器有视觉、触觉、力/力矩传感器，还有温度、压力、流量、位置、测速传感器等；交互系统是人与机器人的交互工具，包括显示器、键盘、示教盒、摄像头和麦克风等设备。

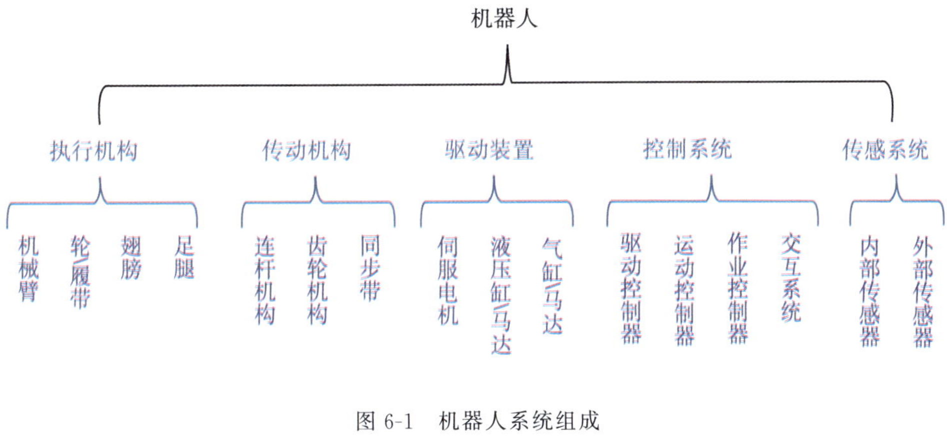

图 6-1 机器人系统组成

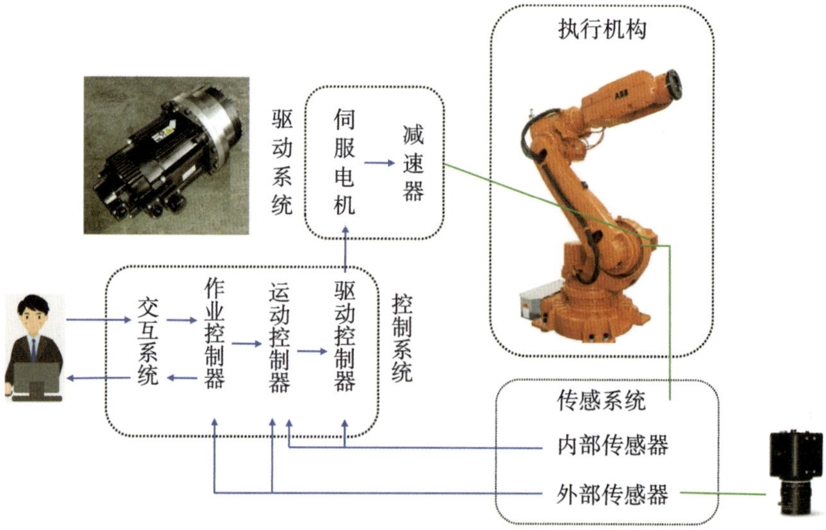

图 6-2　机器人控制原理示例

机器人一般分为三大类：工业机器人、服务机器人和特种机器人。

工业机器人是指面向工业领域的多关节机械臂或多自由度机器人，主要从事焊接、搬运、码垛、包装、喷涂和切割等工作。工业机器人是代替人类自动执行某些单调、频繁和重复的长时间作业，或危险、恶劣环境下的作业，以及在核工业部门完成对人体有害物料的搬运或工艺操作的机器装置，它可以接受人类指挥，也可以按照预先编排的程序运行。智能化的工业机器人还可以根据人工智能技术自主推理、决策与执行任务。工业机器人由主体、驱动系统和控制系统三个基本部分组成。主体即机座和执行机构，包括臂部、腕部和手部，有的机器人还有行走机构。大多数工业机器人有 3～6 个自由度，其中腕部通常有 1～3 个自由度。驱动系统包括动力装置和传动机构，用以使执行机构产生相应的动作。控制系统按照输入程序对驱动系统和执行机构发出指令信号，并进行控制。

服务机器人是指在非结构复杂环境里为人类提供服务的多种高技术集成的先进机器人，其应用范围很广，主要从事维护保养、修理、运输、清洗、保安、救援、医疗、监护等工作。国际机器人联合会经过几年的搜集整理，为服务机器人进行了初步定义：服务机器人是一种半自主或全自主工作的机器人，它能完成有益于人类健康的服务工作，但不包括从事生产的设备。人们一般也会把其他贴近人类生活的机器人列入其中。

特种机器人是指代替人类在高危环境和特殊工况中工作的机器人，主要包括军事应用机器人、极限作业机器人和应急救援机器人等。特种机器人一般应用于专业领域，由受过专业训练的人员操作或使用，以辅助其他机器人或代替人类执行任务，包括空间机器人、水下机器人、军事机器人、农业机器人和建筑施工机器人等。例如，空间机器人可以在外太空进行维修工作，水下机器人可以进行深海探测和打捞作业。我国特种机器人市场发展较快，各种类型产品不断出现，在应对地震、洪涝灾害和极端天气，以及矿难、火灾、安防等公共安全事件中，特种机器人有突出的表现。

6.1.3 工业机器人闭环伺服控制系统

基于反馈原理建立的控制系统被称为“自动控制系统”。反馈原理通过捕捉系统输出的变化信息反向调节系统的输入或运行过程，从而实现对系统的精准控制，即通过比较系统输出与输入（期望输出）之间的偏差，并消除这种偏差，以获得预期的系统性能。在反馈控制系统中，既有从输入端到输出端的信号前向通路，也有从输出端到输入端的信号反馈通路，这两者共同组成一个闭合回路。因此，反馈控制系统又被称为“闭环控制系统”。

反馈控制是自动控制的主要形式，自动控制系统多数是反馈控制系统。在工程上，常把在运行中使输出量和期望值保持一致的反馈控制系统称为“自动调节系统”，而把用来精确地跟踪或实现某种过程的反馈控制系统称为“伺服系统”或“随动系统”。

下面以工业机器人为例，从自动控制理论的角度分析其闭环伺服控制系统。工业机器人闭环伺服控制系统的结构框图如图 6-3 所示，该系统由位置环、速度环和电流环三个闭环组成。这三个闭环相互协作，共同实现对工业机器人的精确控制和高效运行。

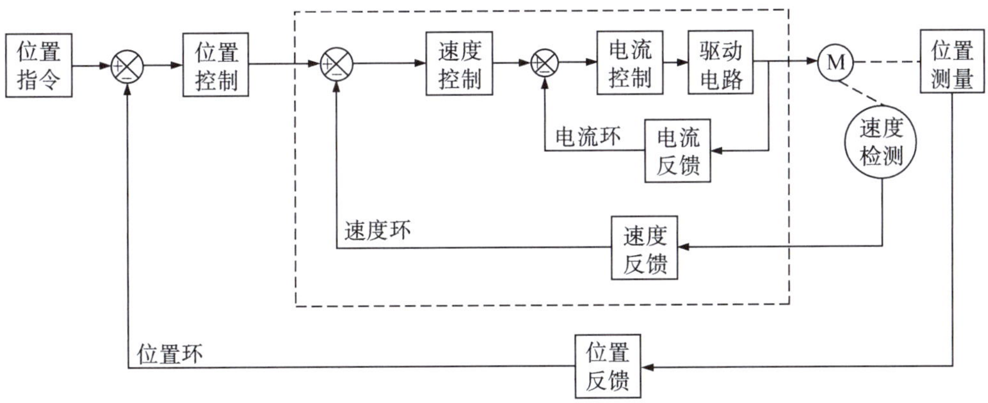

图 6-3 工业机器人闭环伺服控制系统的结构框图

（1）位置环：位置环的输入信号是外部脉冲，可作为位置环的指令信号。该指令信号与电动机编码器反馈的脉冲信号进行比较，生成位置偏差值。该偏差值经过位置环的 PID 调节器处理后，输出与速度反馈信号的差值作为速度环的设定值。位置环的反馈信号来源于电动机编码器。

（2）速度环：速度环的输入是位置环 PID 调节器的输出，称为“速度设定”。速度设定与速度反馈信号进行比较生成的差值在速度环内进行 PID 调节（主要是 PI 调节），其输出作为电流环的设定值。速度环的反馈信号通过电动机编码器输出，经速度运算器处理得到。

（3）电流环：电流环的输入是速度环 PID 调节后的输出，称为“电流环设定值”。电流环设定值与电流环反馈进行比较生成的差值在电流环内进行PID调节，其输出信号传给电动机驱动器。电流环的核心功能是控制电动机的相电流，从而控制电动机的输出力矩。电流环的反馈信号来源于驱动器内部的霍尔元件(将磁场感应转化为电流/电压信号)。

工业机器人闭环伺服控制系统的功能框图如图6-4所示，该系统包括控制器，被控对象，放大元件，执行元件，测量、反馈元件等部分。

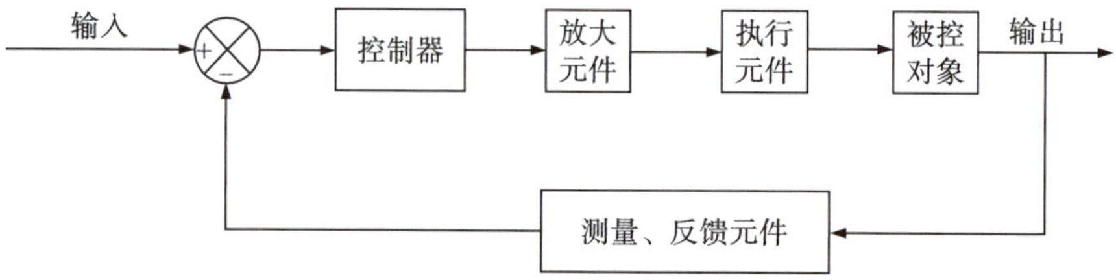

图6-4　工业机器人闭环伺服控制系统的功能框图

(1)比较环节：比较环节将测量、反馈元件检测到的实际输出值与输入值进行比较，计算出两者之间的偏差，通常由专门的电路或计算机实现。

(2)控制器：控制器通常基于计算机或PID控制电路工作，其主要任务是根据比较环节输出的偏差信号，按控制规律输出信号，以控制放大元件和执行元件的动作。

(3)放大元件：放大元件将过于微弱的偏差信号加以放大，以足够的功率来驱动执行元件或被控对象。

(4)执行元件：执行元件根据控制信号，将各种形式的输入能量转换成机械能，驱动被控对象完成指定动作。

(5)被控对象：被控对象指被控制的物体，如机械手臂、机械工作平台。

(6)测量、反馈元件：测量、反馈元件是对输出进行测量，并将测量结果转换为比较环节所需量纲的装置，通常包括传感器和转换电路。

通常情况下，工业机器人闭环伺服控制系统是指应用于多轴(5～7个轴)运动控制的精密伺服控制系统。多轴运动控制系统一般由作业控制器、运动控制器与伺服控制器组成。作业控制器负责作业任务规划；运动控制器负责运动控制指令译码，各位置控制轴之间的相对运动、加减速控制等，其主要作用是降低整体系统运动控制的路径误差；伺服控制器负责伺服电动机的位置控制，其主要作用是降低伺服轴的跟随误差。

工业机器人闭环伺服控制系统中最常用的执行元件包括直流伺服电动机(DC servo motor)、交流伺服电动机(AC servo motor)和步进电动机(stepping motor，俗称"步进电动机")。它们均是将电能转换为机械能的一种能量转换装置，其主要特点、工作原理及控制方式如表6-1所示[①]。

① JFET.一文解析工业机器人电动伺服系统结构分析[Z/OL].(2023-08-11)[2025-04-10].https://news.eeworld.com.cn/qrs/ic648808.html.

表 6-1　常用伺服电动机对比一览表

电动机类型	主要特点	构造及工作原理	控制方式
直流伺服电动机	只需接通直流电即可工作，控制简单；启动转矩大、体积小、质量轻、转速和转矩容易控制、效率高；需要定时维护和更换电刷，使用寿命短，噪声大	由永磁体（PM）定子、线圈转子、电刷和换向器构成，通过电刷和换向器使电流方向不断随转子转动而改变，实现连续旋转运动	转速控制采用电压控制方式，这是因为控制电压与电动机转速成正比；转矩控制采用电流控制方式，这是因为控制电流与电动机转矩成正比
交流伺服电动机	没有电刷和换向器，不需维护，也没有产生火花的危险；驱动电路复杂，价格高	按结构分为同步电动机和异步电动机，采用永磁体转子的是同步电动机，采用绕组应式转子的是异步电动机。无刷直流电动机在结构上与同步电动机相同，特性与直流电动机相同	有电压控制和频率控制两种方式，异步电动机通常采用电压控制
步进电动机	直接用数字信号进行控制，与计算机的连接比较容易；没有电刷，维护方便且寿命长；启动、停止、正转、反转容易控制。缺点是能量转换效率低，易失步等	按产生转矩的方式分为永磁体式、可变磁阻（VR）式和混合（HB）式。PM 式产生的转矩较小，多用于计算机外围设备和办公设备；VR 式能够产生中等转矩；HB 式能够产生较大转矩，因此应用最广	单相励磁的精度高，但易失步；双相励磁的输出转矩大，转子过冲小，是常用控制方式，但效率低；单-双相励磁的分辨率高，运转平稳

工业机器人对伺服电动机的要求较高。首先，伺服电动机需要快速响应，即从接收指令信号到完成指令所要求的工作时间要短。响应时间越短，伺服电动机的灵敏度和快速响应性能就越好，这通常通过伺服电动机的机电时间常数来衡量。其次，伺服电动机需要较大的起动转矩惯量比。在驱动负载时，要求伺服电动机具有大的起动转矩和较小的转动惯量。此外，伺服电动机应具备控制特性的连续性和线性。电动机的转速应能随控制信号的变化而连续变化，有时还需要转速与控制信号成正比或近似成正比，以便实现精确控制。为了配合机器人的体型，伺服电动机还必须满足体积小、质量轻、轴向尺寸短等要求，以便在有限的空间内安装。同时，伺服电动机必须能够承受苛刻的运行条件，包括频繁的正反向和加减速运行，以及在短时间内承受数倍过载。这些特点使得伺服电动机能匹配工业机器人的高性能要求，保证其高效、稳定地工作。

引导阅读

时代的声音:中国的工业机器人市场

中国的工业机器人市场发展迅速,是全球第一大工业机器人应用市场,约占全球市场份额的三分之一。中国生产制造业智能化改造升级的需求日益凸显,工业机器人的市场需求依然旺盛。据国际机器人联合会统计,2022 年中国工业机器人市场规模超过 500 亿元,占全球总销量的 45%,稳坐全球工业机器人第一大市场地位。2016—2023 年中国工业机器人市场规模如图 6-5 所示。

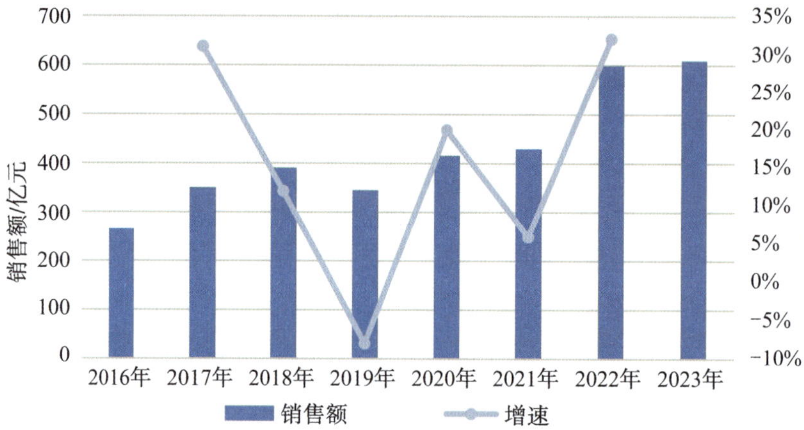

图 6-5　2016—2023 年中国工业机器人市场规模(销售口径)

6.2　人形机器人控制系统

6.2.1　人形机器人的研究意义

人形机器人又称“仿人机器人”(humanoid robot),是指模仿人类形态和行为设计制造的机器人,能够在人类的生活环境中工作,操控为人类设计的各种工具,被广泛应用于辅助甚至替代人类的生产活动。人形机器人的研究在现代社会中具有深远而重要的意义,主要体现在对现代社会生活环境的拟人化适应、替代人类完成工作任务以及在人机交互中带来的亲近感等方面。

首先,现代社会的生活环境是由人类建造并为人类设计的。人形机器人通过模仿人的形态和行为,更好地适应并融入这样的环境,使其能够在人类设计的各种场景中工作,更加灵活地执行各种任务。例如,人形机器人可以在人口稠密的城市环境中执行任务,或者在居民区提供服务和协助。

其次，人形机器人可以替代人类完成工作任务，可走人类走的道路，使用人类的工具。这意味着在危险、高强度或高度重复的工作中，人形机器人可以减轻人类的体力劳动负担。例如，在紧急救援、危险环境勘测等领域，人形机器人可以替代人类，提高任务的安全性和效率。这对于人类社会的可持续发展和人类劳动力资源的有效利用都具有积极意义。

最后，人形机器人的拟人化设计能够给人类带来亲近感。通过模仿人的外观和动作，人形机器人能够与人类更加自然地互动。这种亲近感在服务型机器人和陪伴型机器人中尤为重要。人形机器人可以成为老年人、儿童等特殊群体的伴侣，提供贴近人类情感需求的服务，有助于缓解人口老龄化问题和人际关系紧张问题。

人形机器人的研究不仅是机器人领域的重要组成部分，也是多个学科尖端技术的交叉融合。人形机器人被国际公认为机器人技术的集大成者，其发展将推动整个智能机器人领域的技术升级和变革。这不仅是一个国家机器人技术水平的重要标志，也是科技创新的深刻挑战和机遇。

人形机器人作为人工智能最理想的实体化载体，代表了人类对机器人制造技术和应用的终极梦想。人形机器人的发展不仅将带来各行业技术的飞跃，更将推动社会产业结构的深刻变革。未来，人形机器人将在工业、医疗、服务等领域发挥越来越重要的作用，成为科技创新和社会进步的核心力量。

在全球范围内，人形机器人已经成为大国科技竞争的新焦点和必争之地。这不仅是技术的较量，更是创新和智慧的角逐。未来，人形机器人的商业化应用将赋能各行各业，带来万亿级的新兴市场。人形机器人技术的发展，将引领人类社会进入一个更加智能、便利和高效的时代。

6.2.2 人形机器人的控制系统构成

人形机器人是一种集成了机械、电子、计算机等多学科知识的先进智能系统，其广泛应用涵盖了工业、医疗、军事等多个领域。人形机器人的核心在于其控制系统，它负责协调和管理机器人的各个部分，使其能够完成特定任务。

(1)传感器系统：传感器系统是人形机器人控制系统的基础，通过感知周围环境变化为机器人提供必要的信息。传感器系统通常包括视觉传感器、关节角度传感器和力觉传感器等。视觉传感器用于获取环境图像信息，关节角度传感器用于测量关节的转角，力觉传感器则用于感知机器人与外部环境之间的接触力(如抓取或碰撞力)。这些传感器通过数据采集与处理，将环境信息转化为数字信号，传递给控制系统的其他模块。

(2)运动控制系统：运动控制系统是人形机器人控制系统的重要组成部分，负责控制机器人的运动和姿态。该系统包括关节传动系统、驱动器和运动控制算法。关节传动系统通过机械结构实现关节运动，驱动器提供必要的动力，而运动控制算法通过分析和处理传感器数据，实现机器人的精准运动和姿态调整。

(3)决策与规划系统：决策与规划系统是人形机器人控制系统的核心，负责制定机器人的行动计划和决策。该系统包括感知与定位、路径规划和任务规划等模块。感知与定位模块通过分析传感器数据确定机器人在环境中的位置和姿态，路径规划模块确定机器人到达目标位置的最优路径，任务规划模块决定机器人执行的具体任务和行动策略。

(4)人机交互系统：人机交互系统是人形机器人控制系统中的关键环节，使机器人能够与人类进行有效交流与合作。该系统包括语音识别、图像识别和自然语言处理等模块。语音识别模块使机器人能够理解人类的口头指令，图像识别模块使机器人能够识别人类的面部表情和手势，自然语言处理模块则负责理解和生成自然语言，使机器人能够与人类进行有意义的对话。

(5)安全与监控系统：安全与监控系统是人形机器人控制系统的重要组成部分，负责监测机器人和周围环境的安全状况，并采取相应措施确保机器人的安全运行。该系统包括碰撞检测、紧急停止和远程监控等模块。碰撞检测模块通过传感器感知机器人与障碍物之间的距离，从而防止碰撞事件发生；紧急停止模块能够在危险情况下立即停止机器人的运动；远程监控模块允许操作人员通过远程设备监视和操控机器人的运行状态。

6.2.3 人形机器人的基本行走控制原理

为了使机器人能够像人类一样行走，首先需要构建人形机器人的数学模型，然后通过控制算法对其关节进行协调控制。

6.2.3.1 人形机器人的模型构建

由于人形机器人的关节及连杆众多，结构复杂，因此在研究行走控制算法时，需要对机器人模型进行简化处理。最基本且具有代表性的简化模型是线性倒立摆(linear inverted pendulum, LIP)模型和零力矩点(zero moment point, ZMP)模型。这些模型借鉴了人类行走的原理，使机器人在行走时能够保持平衡、稳定，并适应不同的环境和任务。

(1)LIP 模型：LIP 模型是一种经典的动态系统模型，将机器人抽象为一个倒立的摆杆，如图 6-6 所示。图 6-6 中 x-y 平面为水平面，z 轴与水平面垂直并指向上方。该模型的核心思想是将机器人的身体视为一个简化的摆杆，摆杆底部对应机器人的脚，其顶端为机器人的“重心”，摆杆长度可调节，以保证机器人质心高度保持不变。该倒立摆绕其支点转动时，机器人质心可以在一个虚拟的约束水平面内运动，水平面的高度为 z_c。

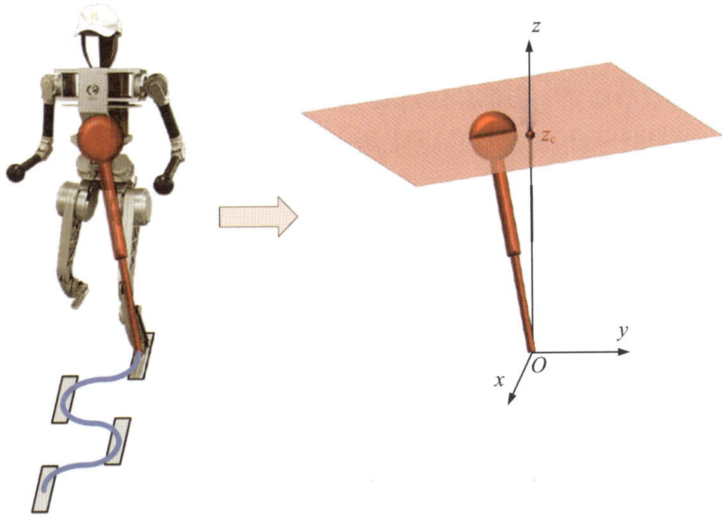

图 6-6 LIP 模型示意图

(2)ZMP 模型:零力矩点是机器人行走时地面上的一个虚拟点,当机器人的支撑脚与地面接触时,该点的动态反作用力在水平方向上不产生任何力矩,即该点处水平惯性和重力的总和等于 0。当零力矩点位于机器人足部与地面的支撑面内时,机器人能保持平衡,如图 6-7 所示。因此,通过控制零力矩点的位置,可以实现对机器人的稳定控制。

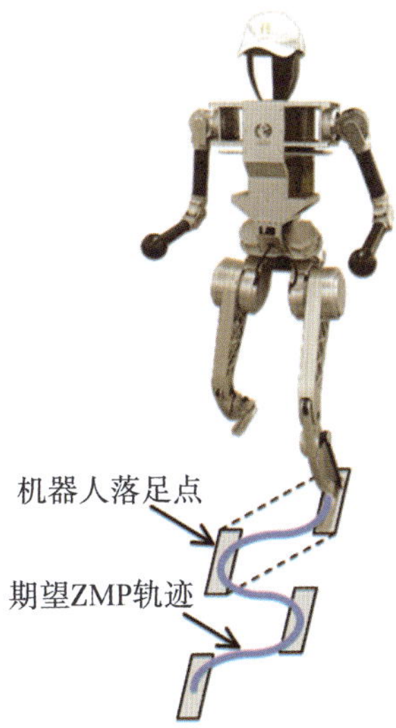

图 6-7 ZMP 模型示意图

6.2.3.2 人形机器人的控制方法

基于 LIP+ZMP 模型的人形机器人行走控制方法是一种经典的步态生成与平衡控制策略,主要用于实现动态稳定的步态规划与实时调整,其核心思想主要体现在以下两个方面：

（1）步态生成与轨迹规划：根据预设的行走目标（如步长、步频、行进方向），利用 LIP 模型计算期望的重心轨迹；采用基于 ZMP 模型的轨迹生成算法，通过设定期望的 ZMP 轨迹（如在单支撑相位内沿脚底支撑边缘移动）反推重心轨迹。通过优化方法（如预览控制、二次规划等）进一步调节重心轨迹，确保在各种行走条件下零力矩点能始终满足稳定性约束。

（2）在线修正与实时控制：在实际行走过程中，机器人可能受到外界干扰或环境变化的影响。通过实时监测零力矩点位置，比较实际零力矩点和期望零力矩点之间的偏差，利用补偿策略（如调整步伐位置、步态节奏或姿态）动态修正重心轨迹，维持行走稳定性。

6.2.3.3 控制方法的代表性应用

上述控制方法已在一些代表性的人形机器人中得到了应用。其中，最具代表性的是本田公司研发的 Asimo 机器人。Asimo 机器人通过整合 LIP 模型与 ZMP 模型的控制算法，成功获得了媲美人类的行走稳定性，能够在不同地形上行走自如。此外，优必选科技开发的 Walker 和德国宇航中心研制的 TORO 等机器人也采用了类似的行走控制策略。

6.2.4 人形机器人控制技术的发展趋势

6.2.4.1 行走能力

人形机器人的行走能力一直是研究领域的热点之一。随着仿生学、材料学以及设计与制造水平的飞速发展，人形机器人的本体设计和关节驱动水平迎来质的飞跃。未来的人形机器人将更加接近人类的结构构型和运动能力。人形机器人的运动机构将趋于高度集成化，从而显著提高机器人的整体稳定性和运动效率。

（1）高度集成化运动机构：高度集成化的运动机构是未来人形机器人行走能力的核心。这将使得机器人在复杂崎岖的地形中能够自主高动态地运动。传统的机械结构正在逐渐演变为更加灵活和多功能的运动机构，使机器人能够适应各种复杂环境，如救援现场、工业生产线等。这种高集成化设计不仅提高了机器人的适应能力，还增强了其在各种环境中的灵活性。

（2）运动控制算法的演进：随着运动控制算法的发展，未来人形机器人将能够更加智能地应对不同环境。传统的基于模型规划的算法将逐渐被基于技能学习的算法所取代。机器人将通过大量数据来学习运动技能，使其在复杂环境中自主规划路径、调整姿态，并且在受到扰动后迅速恢复平衡，呈现出更高的鲁棒性、抗扰性和地形自适应性。新的算法将使机器人具备更强的环境感知和决策能力，灵活应对不同情境。

（3）生物启发的设计：生物启发的设计理念将在提高人形机器人行走能力中发挥更大作用。通过学习生物的行走方式，机器人的设计将更贴近生物学原理，从而在复杂环境中拥有更强的运动能力。例如，借鉴人类的骨骼-肌肉结构与运动机理，改善机器人的行走机构及控制算法。这种仿生设计不仅增强了机器人的运动能力,还提高了其在复杂环境中的适应性和生存能力。

(4)智能感知与导航系统:未来人形机器人的行走能力不仅依赖于机械结构和运动控制算法,还将依赖于先进的感知与导航系统。视觉、声音、力觉等传感器的结合,使得机器人能够实时感知周围环境,更加灵活地规划行走路径。同时,导航系统的智能化将使得机器人能够避开障碍物、适应复杂地形,并在未知环境中实现高效导航。先进的感知与导航系统将使机器人具备更强的环境理解和自主决策能力,提高其在各种环境中的运动表现。

6.2.4.2 作业能力

人形机器人的作业能力在工业、服务和医疗等领域具有巨大潜力,其未来的发展将主要体现在作业手臂的仿人化、高度集成化和灵巧化,以及作业技能自学习与提升。

(1)仿人化作业手臂:未来人形机器人的作业手臂将呈现出更强烈的仿人化趋势。通过模仿人类的手臂结构和运动方式,机器人能够更加灵活地执行各种操作。仿人化设计不仅涉及机械结构,还包括关节传动、传感器集成和精密控制等多个方面。通过这些技术的结合,机器人能够实现更加自然和流畅的动作,提高作业效率和精度。例如,机器人可以模仿人类的抓取和搬运动作,适应多样化的工业环境。

(2)高度集成化和灵巧化:高度集成化的作业手臂将使机器人在有限的空间内完成更多样化、更复杂的任务。未来,作业手臂不仅是工业机器人的延伸,更是服务机器人和协作机器人的关键组成部分。通过将多种功能高度集成于一体,机器人可以在狭小空间内灵活工作,执行复杂的多任务操作。例如,在医疗领域,集成化作业手臂可以在手术过程中执行精细操作,提高医疗精度和安全性。机器人的灵巧化使其能够执行复杂的动态作业,如装配、焊接和质检,从而更好地适应不同的应用场景。

(3)环境感知和交互感知能力:未来的人形机器人将具备更强大的环境感知和交互感知能力。传感器的不断升级,包括视觉、声音、力觉等多种传感器的整合,将使机器人能够更好地感知周围环境,理解人类的意图,并与人类进行更自然、更智能的交互。例如,机器人可以通过视觉传感器识别物体和人脸,通过声音传感器识别人类的指令和情感。这将推动人形机器人在服务、协作和娱乐等领域的广泛应用,如智能家居助手、医疗护理机器人和互动娱乐机器人。

(4)腿臂协同与全身控制:未来人形机器人的作业能力将在腿臂协同和全身控制方面取得重大突破。通过更加紧密、协调的腿臂协同,机器人能够更灵活地移动和执行操作任务。全身控制使得机器人在执行复杂任务时可以更好地协调各个部分,提高整体效率和稳定性。

(5)作业技能的自学习与提升:未来的作业手臂将突破预编程任务的限制,通过自学习的方式提升作业技能。基于认知-学习框架的算法将使人形机器人能够通过实践不断积累经验,逐渐掌握更高难度、更复杂的操作技能。这种自学习的能力将使得人形机器人在应对新任务和未知环境时更加灵活和智能。

6.2.4.3 小结

未来人形机器人技术的发展将呈现出令人瞩目的趋势。在行走能力方面，高度集成化的仿生运动机构、先进的运动控制算法、生物力学启发设计以及智能感知与导航系统的进步将使得人形机器人能够更灵活地在各种复杂环境中行走。在作业能力方面，仿人化的作业手臂、高度集成化和灵巧化的末端执行器、环境感知和交互感知能力、腿臂协同与全身控制以及作业技能的自学习与提升将使人形机器人在不同领域中展现出更高水平的作业能力。在智能水平方面，新一代人工智能技术的融合、多模态信息的自主发育与群体进化、跨媒体感知与协同控制、机器学习的广泛应用以及类脑智能计算的引入将使得人形机器人具备更多的自主感知、决策认知能力，实现多任务自主决策。

引导阅读

时代的声音：波士顿动力公司人形机器人 Atlas 展现非凡运动能力

在波士顿动力公司的实验室内，Atlas 人形机器人最初以仰卧姿态静止于地面。随后，它突然以惊人的关节反转动作站了起来，腿部以一种人类难以模仿的方式巧妙旋转，展现出其超凡的运动能力。

完成站立后，Atlas 首先以背对镜头的姿态出现，随后头部完成 180°旋转，躯干随即同步转向。我们可以清晰地看到它的头部——一个环形灯光围绕着屏幕。就在它离开镜头，步出画面时，躯干再次随头部旋转了 180°。

这些突破性动作让我们意识到：人形机器人的研发不应局限于模仿人类。假设人们能够按照自己的构想来设计机器人，为何不赋予机器人超越人类生理限制的功能呢？基于这一理念，Atlas 的关节采用了定制化、高功率且高度灵活的执行器，不仅赋予它极为宽广的运动范围，更融合了顶尖运动员的力量特性。

在末端执行器设计方面，新版 Atlas 创新性地采用三指构型，这一设计体现了波士顿动力公司不再完全依赖模仿人类的设计模式。机器人与外界交互时，可靠性和稳健性至关重要。因此，Atlas 的手指数量被精心控制在五个以下，旨在简化其复杂性，确保执行器的高效运作。

6.3 毕业纪念智能饰品中的自动化技术

6.3.1 问题的提出

智能首饰作为一个新兴产业，通过将珠宝首饰与现代芯片技术相结合，开创了可穿戴设备的新品类。虽然这一领域具有十分广阔的发展前景，但在技术研发、美观设计、智能化功能、人机交互体验、消费观念、数据分析、产品款式等方面仍存在一定的问题。聚焦毕业生群体，传统的毕业纪念品缺乏新意，没有记忆存储、互动、交流等功能。如果针对性地设计一款智能毕业纪念饰品，那么很有可能成为一个不错的商品。智能饰品应用在毕业纪念饰品中，可以很好地保留传统饰品的纪念意义，而且还能给毕业生提供更方便多样的纪念方式，智能化的技术甚至可以创造性地将原本不存在的纪念功能展现到人们面前。如此看来，智能饰品在毕业纪念饰品领域中有着广阔的发展前景。

6.3.2 设计理念及目标

(1)设计理念：如果将智能饰品的设计重心放在智能技术上，与现有的智能穿戴设备相比将会缺乏竞争力。值得注意的是，饰品本身是有纪念和观赏价值的，如果使用智能技术，从纪念和观赏的角度入手，既能顺应时代发展，实现智能化功能，又不失饰品本身的价值。

(2)设计目标：智能饰品的功能分为硬件和软件两方面，硬件功能有蓝牙通信、灯光提示、振动提示、触摸按键；软件功能设计灵活多样，按照功能类别可分为定位功能、特殊日期或特殊信息提醒、信息存储与复现、群聊公告等。设计一款专用 App，拥有智能饰品的用户都可以有自己的账号，并加入不同的班级。每个班级有自己的编号、班名等。

(3)整体设计框架图：如图 6-8 所示，一款完整的智能饰品，在智能功能方面包含硬件电路设计和软件设计。

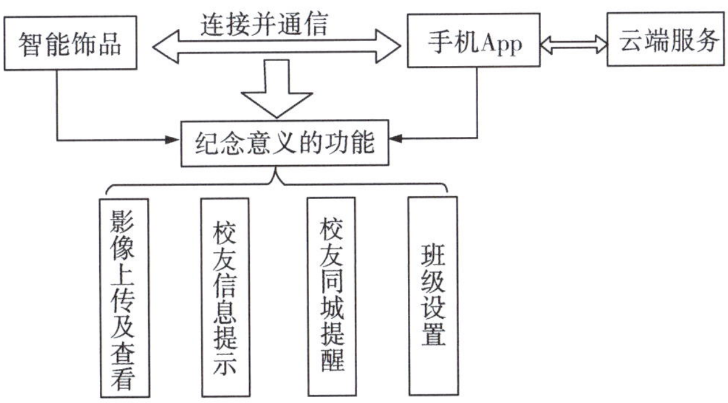

图 6-8 整体设计框架图

6.3.3 硬件设计

硬件设计包括主控芯片、功能性电路及印制电路板(PCB)设计三部分。主控电路和 PCB 使用 Altium Designer 进行设计。

主控芯片选用 nRF52832 芯片，该芯片是一款小型化、多功能的核心板，图 6-9 为主控芯片及其附属电路。

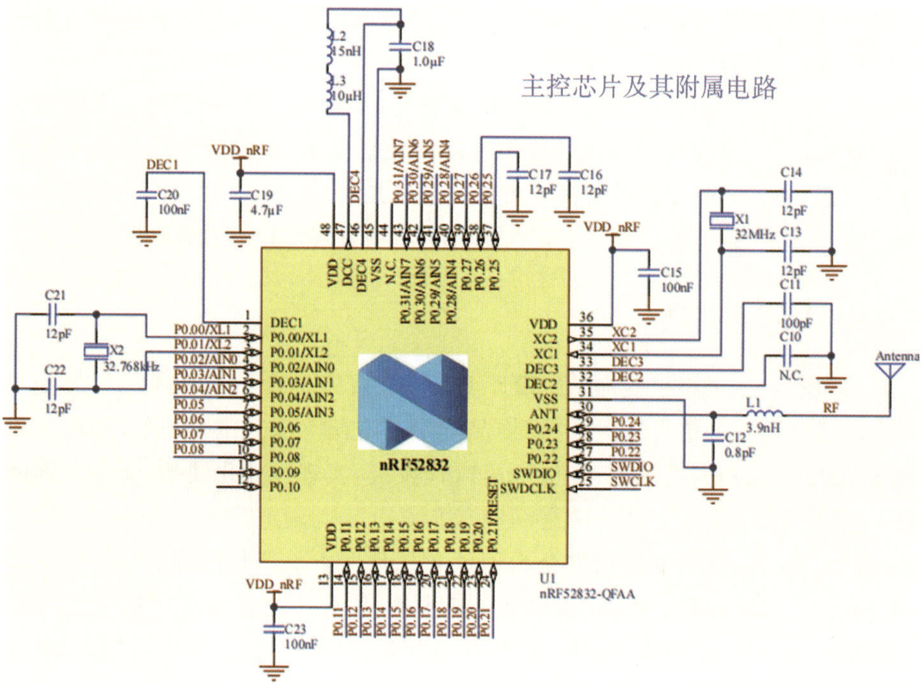

图 6-9　主控芯片及其附属电路

图 6-9 为芯片 nRF52832 及其附属电路，其电路元件及连接方式为默认配置。

(1)采用 2.4 GHz 无线收发器，具备 −96 dBm 的高接收灵敏度，支持低功耗模式。在蓝牙低功耗(BLE)模式下，可提供 1 Mbps 和 2 Mbps 的数据传输速率。

(2)搭载集成浮点运算单元(FPU)的 ARM© Cortex©-M4 32 位处理器，主频高达 64 MHz。

(3)具备灵活的电源管理功能，支持 1.7～3.6 V 的宽电压供电，并能够通过64 MHz 内部振荡器实现快速唤醒。在系统关闭模式下，当电压为 3 V 时，其功耗仅为0.3 μA；若在关闭模式下保持 64 kB 内存内容不丢失，功耗则上升至 0.7 μA。在系统开启模式下，无内存保留且允许通过实时时钟(RTC)唤醒时，3 V 电压下的功耗为 1.9 μA。

(4)采用 QFN48 封装，大小为 6 mm×6 mm(体积小)。

(5)晶振电路部分，采用外部晶振来实现精确的振荡计数和计时功能，主要用于定时器操作和波特率配置等。与内部晶振相比，外部晶振具有更高的稳定性和计数精度，尤其在一定的温度变化范围内，其精确度显著优于内部晶振。

(6)天线电路部分专为蓝牙通信设计，能够发送和接收特定频率的电磁波。本设计选用的是市场上成熟的 2.4 GHz 铜线天线，经理论验证和实物测试，证明其性能稳定可靠。因此，无需进行额外的计算和设计，直接采用此天线即可满足需求。

(7)芯片电源滤波电路部分，通过在电源线上并联电容，为芯片的供电端口提供稳定的电源电压。这种设计有效地滤除了电源中的噪声，确保了芯片工作的稳定性。

功能性电路包括四个部分，分别为三基色 LED 指示灯、触摸按键、基础配置电路、振动马达，如图 6-10 所示。

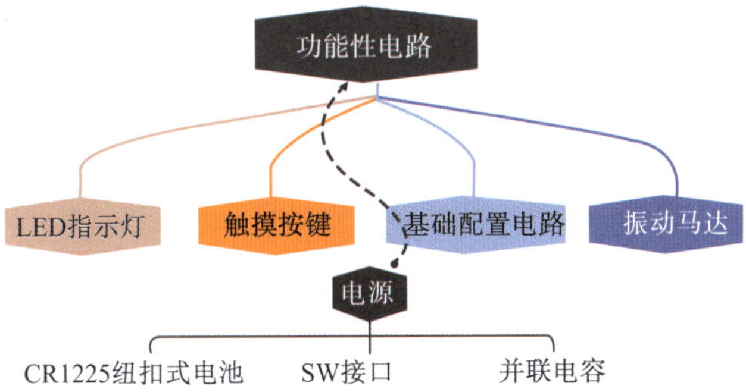

图 6-10 功能性电路

在 PCB 的设计过程中，重点考虑体积最小化需求，因此采用四层板结构，以实现紧凑型硬件电路板设计。这种四层板设计不仅包括传统的上下两层走线层，还在板内嵌入了两层负片，分别作为 GND 层和 3.3 V 电源层。这样的设计有效减少了电源线和地线的走线数量，从而进一步压缩了电路板的体积。PCB 的主要构成材料为高分子聚合材料，保证了电路板的轻巧与坚固。最终制作的毕业纪念智能饰品电路板如图 6-11 所示。

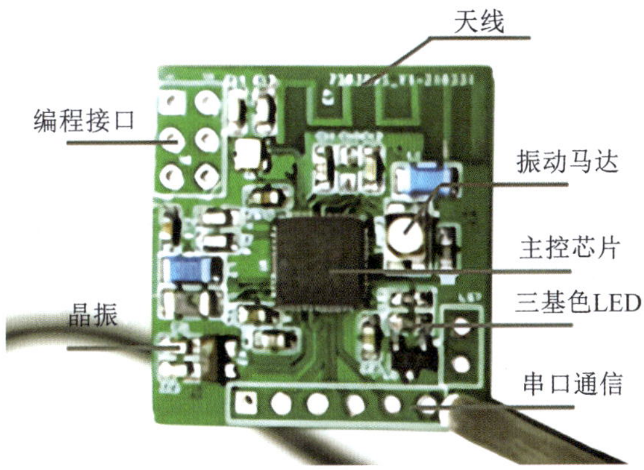

图 6-11 电路板实物图

6.3.4 软件设计

软件功能可分为八部分，分别为账号注册与登录、初始界面设置、蓝牙搜索与连接、手机电量提示、班集体添加、寄语定制、同城提醒和 VR 地图。

6.3.4.1 蓝牙通信程序设计

智能饰品内置芯片 nRF52832 的蓝牙程序采用模块化设计，其基础程序包含初始化、启动广播、空闲处理和事件处理四个部分。

在程序中需要先将各部分进行初始化，然后启动广播发送广播信号，连接成功后进入空闲处理状态，当有事件触发时进入相应的事件处理状态。空闲处理一般是为了降低整个电路板的功耗，此时蓝牙芯片会进入“休眠状态”，只有当下一个事件发生时才能重新被唤醒，而不是一直保持运行状态。

手机端（手机 App）与智能饰品为主-从式通信结构。手机 App 作为主机，可随时向智能饰品发送指令，或读取智能饰品的状态；智能饰品内置芯片 nRF52832 作为从机，负责接收手机 App 传送的指令并作出相应反应。从机接收主机发送的数据：主机通过写 RX 特征值将数据传送给透传设备，透传设备在写事件中获取数据。从机发送数据给主机：将数据写入属性表中 TX 特征值，并将 TX 特征值传递给主机。

对于一个从机来说，首先需要它发出广播信号，以便主机可以检测到它，然后与之建立连接。广播信号中需要包含从机的简要信息，如用户名、ID 等。对于智能饰品，作为从机同样如此。在程序上，编写广播配对程序事件时，要充分考虑广播信号所包含的内容、广播事件处理函数以及超时时间。首先，广播信号需要包含设备名称以及固有的通用唯一识别码（UUID）。智能饰品的用户可自定义设备名称，以便于识别和区分。UUID 是芯片在出厂时即已经确定的全球唯一的 ID，可以在根本意义上区别不同的芯片，也是后续批量生产后区分某个产品的重要数据。广播事件处理函数用于处理正常广播和广播超时后需要执行的操作。正常广播时，智能饰品相应的指示灯点亮，直至连接成功后熄灭，或者广播超时后熄灭。智能饰品的蓝牙连接有超时时间设置，当超过这个时间后，蓝牙广播自动停止，重新启动即可重新打开蓝牙。超时设置是为了避免无人连接时，智能饰品无效广播浪费过多的电量。

蓝牙连接成功后，自动开启通用访问规范（GAP）服务和通用属性规范（GATT）服务（两种必要的服务），以及一种自定义的配置文件（profile）。GAP 服务的作用是确定设备信息，GAP 服务中包含设备名称、外观特征、外围设备首选连接参数、中心设备地址解析和可解析私有地址五个特征值。GATT 服务的作用是协商和跟踪 GATT 连接参数和更新数据长度。

除去上述两种强制包含的服务，蓝牙通信程序中还自定义了一种服务，该服务用于实现智能饰品所需的自定义功能。此服务中加入了两个参数 TX、RX，分别用以发送数据和接收数据。同时，当该服务相关事件触发时，程序控制相应的硬件作出反应，以此来实现智能饰品与手机 App 的通信。

6.3.4.2 三基色 LED 指示灯与振动马达的程序设计

程序上只需要控制三个阴极引脚即可控制灯的亮灭、转换、亮度，因此三基色 LED 灯的控制非常简单。首先，在智能饰品内置芯片的程序代码中将需要用到的引脚定义出来；然后，将控制这些引脚高低电平的代码打包成一个函数，当需要在某个事件中控制三基色 LED 灯的状态时，只需要调用打包好的函数即可。三基色 LED 灯既可作为指示灯，也可通过彩色光效提醒用户，在程序中常与其他功能协同作用，因此采用调用函数的方法可以极大提升三基色 LED 灯控制的灵活性。

振动马达的电路设计与三基色 LED 灯不同，但对于内置芯片来说，都只需要控制相应的引脚即可控制其状态。

6.3.4.3 触摸按键的程序设计

当按下触摸按键时，TOUCH 引脚将输出高电平，当无接触时，TOUCH 引脚将输出低电平。因此，程序需要检测相应引脚的电平状态来检测触摸按键是否被按下。需要注意的是，触摸按键是用户直接操控智能饰品的唯一途径，因此人们希望触摸按键可以拥有不止一种触发方式。本设计设置了两种触发方式：单击和长按。具体而言，利用定时器检测触摸按键按下的时间及频次，不同的按键方式触发不同的中断事件，依此执行不同的操作。程序编写思路：首先，定义出 TOUCH 引脚，设置该引脚的触发方式（高电平触发）；然后，编写相应中断程序，结合定时器区分触发模式（长按、单击），编写不同模式下的事件函数。

6.3.4.4 通信协议

通信双方直接接收或发送的都只是一个数据包，如果通信双方没有一套公用的“语言”，主机按照自己的想法发送指令，从机按照自己的想法读取指令，无疑会出现很多差错。因此，通信双方必须拥有一套公用的“语言”，来规定如何发送或接收数据，正确读取数据内容，执行相应操作，这套公用的“语言”称为“通信协议”。

通信协议针对所做实物，基于 nRF52832 芯片所开发的智能饰品内置控制板与对应的手机 App 之间的通信所用。通信方 A 为主机（手机 App），通信方 B 为从机（控制板）；CRC 校验采用异或校验。通信命令格式如表 6-2 和表 6-3 所示。

表 6-2 通信方 A 的命令格式

命令代码	命令长度	数据	CRC 校验
1 Byte	1 Byte	1～255 Byte	1 Byte

表 6-3 通信方 B 的命令格式

返回代码	返回命令长度	返回数据	CRC 校验
1 Byte	1 Byte	1～255 Byte	1 Byte

6.3.5 智能饰品的功能实现

结合手机 App 完成智能饰品的功能实现，既需要手机 App 的功能设计，又需要硬件程序及电路设计，中间的通信还需要通信协议维护。图 6-12 给出了智能饰品的功能实现流程框图。

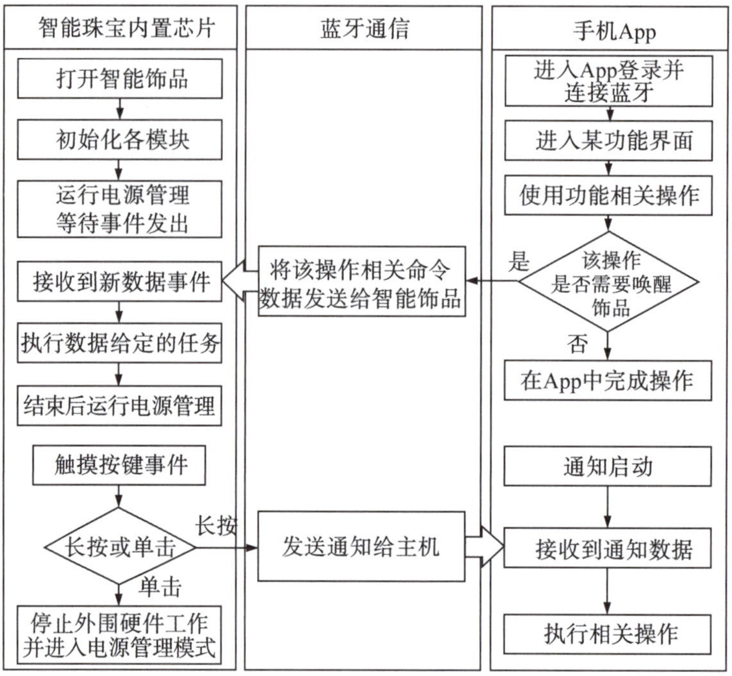

图 6-12　功能实现流程框图

功能实现的首要前提是智能饰品与手机 App 的蓝牙连接成功。打开智能饰品并启用手机 App，打开蓝牙搜索并配对，匹配成功后智能饰品发出红光提示连接成功。智能饰品实物如图 6-13 所示。

(a)智能饰品外观图

(b)智能饰品蓝牙连接成功

图 6-13　智能饰品实物图

(1)留念照片上传功能的实现效果：进入手机 App 照片上传功能界面，单击“上传照片”，即可进入手机相册选择需要上传的照片。照片上传成功后，智能饰品发出蓝光提示。同班所有人员均可进入相册查看照片。

(2)短信寄语功能的实现效果：当手机接收到同学(另一个拥有智能饰品的用户)发送的短信寄语(或接收到同学的电话)，智能饰品将发出绿光，并开始振动，提醒用户有同班同学的来信。

(3)同城提醒功能的实现效果：打开手机 App 并与智能饰品连接，当检测到同班同学(另一个智能饰品的用户)进入其所在城市时，智能饰品将以灯光闪烁与间歇振动的交替方式提示用户，示意有同学与自己在同一个城市。

引导阅读

智能饰品兴起：科技与时尚的深度融合，还是消费主义的又一陷阱？

近年来，智能饰品作为一种新兴的消费品类，正逐渐从科技圈渗透到时尚界，成为众多消费者追捧的对象。从智能手环到智能项链，从健康监测到智能通知，智能饰品以其独特的功能和时尚的设计，吸引了大量年轻消费者的目光。然而，在这股热潮背后，我们不禁要问：智能饰品的兴起，是科技与时尚的深度融合，还是消费主义的又一陷阱？

智能饰品的兴起，无疑得益于科技的进步和设计的创新。随着传感器、无线通信等技术的不断发展，智能饰品得以集成更多功能，如心率监测、睡眠分析、运动追踪等，满足了现代人对健康管理的需求。同时，设计师们也将时尚元素融入智能饰品中，使其不仅具有实用性，更成为一种时尚配饰。这种科技与时尚的深度融合，无疑为智能饰品市场注入了新的活力。

然而，智能饰品的兴起也伴随着一些争议。一方面，智能饰品的价格普遍较高，对于普通消费者来说，购买一款智能饰品可能是一笔不小的开销。另一方面，智能饰品的功能虽然丰富，但并非所有功能都是消费者真正需要的。一些消费者在购买智能饰品后，发现其实际使用频率并不高，甚至成为"闲置品"。这不禁让人质疑，智能饰品是否只是消费主义的一种手段，通过不断推陈出新、制造消费热点，来刺激消费者的购买欲望？

此外，智能饰品的数据安全和隐私问题也值得关注。智能饰品在收集用户健康数据的同时，也可能将用户的个人信息暴露给第三方。一旦这些信息被不法分子利用，将对用户的隐私和安全造成威胁。因此，智能饰品厂商在追求技术创新的同时，也应加强数据安全保护，确保用户信息的安全。

当然，我们不能因为智能饰品存在一些问题就全盘否定它。智能饰品的兴起，反映了现代人对科技与时尚结合的追求，也体现了消费者对个性化、差异化产品的需求。对于智能饰品厂商来说，要想在激烈的市场竞争中脱颖而出，就必须不断创新，提升产品质量和服务水平，同时注重消费者的实际需求和反馈，避免陷入消费主义的陷阱。

综上所述，智能饰品的兴起既是科技与时尚的深度融合，也伴随着消费主义的风险。作为消费者，我们应理性看待智能饰品的兴起，根据自身需求和实际情况进行选择；作为厂商，则应注重产品质量和服务水平，加强数据安全保护，共同推动智能饰品市场的健康发展。只有这样，智能饰品才能真正成为科技与时尚的完美结合，为消费者带来更好的使用体验。

6.4 自动驾驶车辆跟驰控制系统

引导阅读

交通拥堵数据

2024 年 11 月，北京市的一周交通拥堵指数如图 6-14 所示，拥堵指数越高，表示拥堵越严重，晚高峰最高拥堵指数为 2.606。

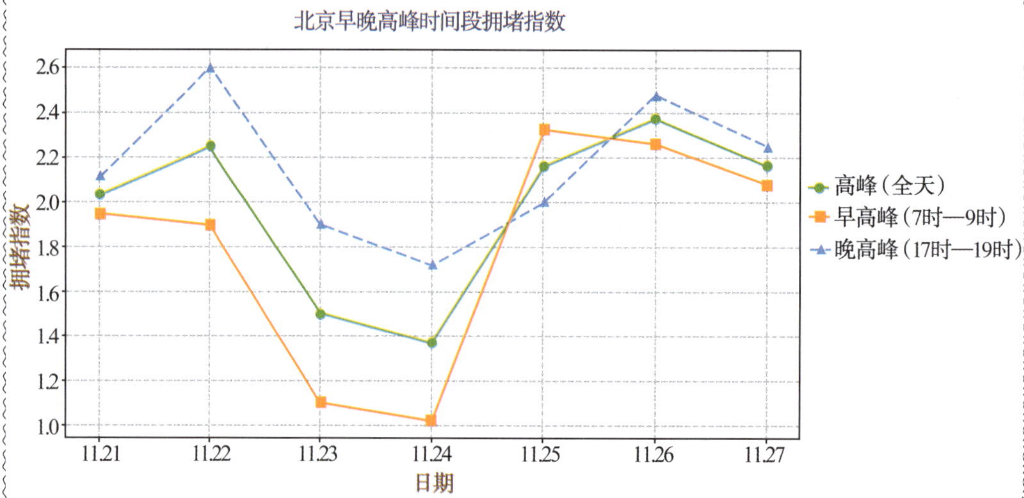

图 6-14 北京市的一周交通拥堵指数

2024 年 11 月 28 日北京的交通拥堵状况如图 6-15 所示，其中朝阳区拥堵指数达到 1.693，车行平均速度只有 29.57 km/h，拥堵里程达到 80.21 km。

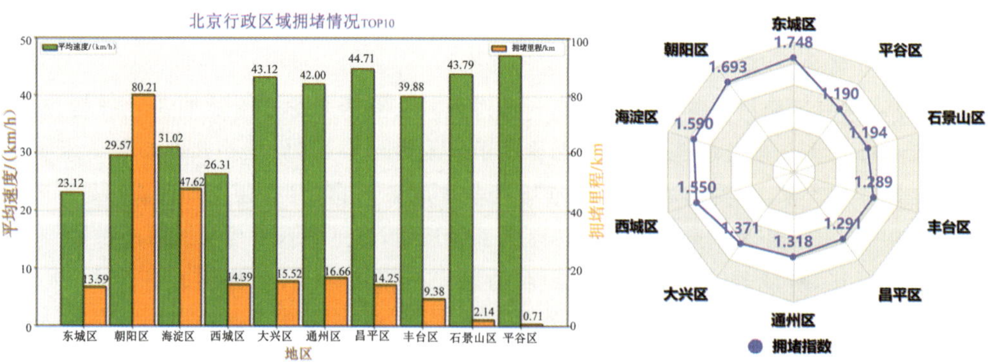

图 6-15 2024 年 11 月 28 日北京的交通拥堵状况

6.4.1 问题提出

交通拥堵已成为当今社会人们关注的重要问题。随着汽车保有量的日益增长，城市交通负荷加剧，交通拥堵频繁发生，人们的出行效率明显降低；车辆的能源燃料消耗及尾气排放量显著增加，不仅影响了居民的生活质量，而且对环境造成了巨大的污染和破坏。解决交通拥堵问题已刻不容缓。

近年来，自动驾驶技术逐步成熟，为缓解交通拥堵提供了新的选择和方案。自动驾驶汽车能够自动感知周围环境，无须人工干预或只需部分人工干预即可实现自主驾驶。研究表明，在先进自动驾驶技术的支撑下，车辆以相同速度和预先设定的车辆安全间距自主形成队列行驶，能够显著提升交通安全和运行效率，缓解交通拥堵，减少能源消耗和尾气排放等，从而大大提高居民的出行效率，改善生活环境。因此，在实际交通系统中，自动驾驶车辆跟驰控制系统成为智能交通系统研究的热点之一。

6.4.2 跟驰控制系统

假设跟驰控制系统中有 N 辆车，所有的车辆分布在一条单行道上，平均密度 $\rho=1/h$，其中 h 表示车辆平均车头距。图 6-16 表示了第 n 辆车跟随第 $n+1$ 辆车的跟驰控制系统，其中 $x_n(t)$表示第 n 辆车在 t 时刻的位置。

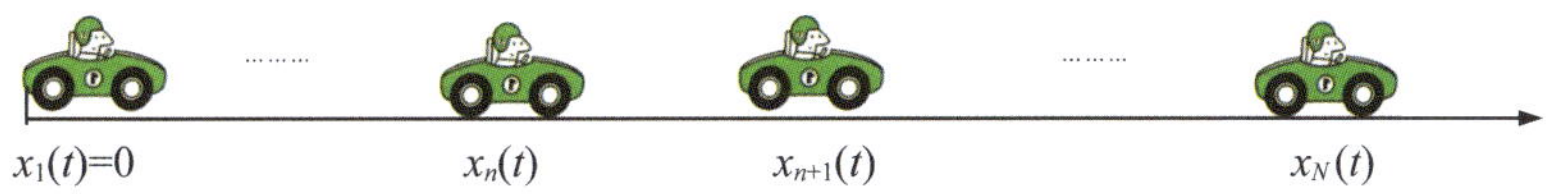

图 6-16 跟驰控制系统示意图

经典跟驰理论模型是路易斯 · A.派普斯(Louis A. Pipes)于 1953 年提出的，该模型的动力学方程如下：

$$\frac{\mathrm{d}^2 x_n(t)}{\mathrm{d}t^2}=\frac{1}{T}\left(\frac{\mathrm{d}x_{n+1}(t)}{\mathrm{d}t}-\frac{\mathrm{d}x_n(t)}{\mathrm{d}t}\right) \tag{6-1}$$

式中，T 为后车司机对前车反应的延迟时间。

1995 年，坂东勉(Bando Misturu)等提出了最优速度模型，被广泛运用到交通流理论的研究中，该模型的动力学方程如下：

$$\frac{\mathrm{d}^2 x_n(t)}{\mathrm{d}t^2}=a\left(F(\Delta x_n(t))-\frac{\mathrm{d}x_n(t)}{\mathrm{d}t}\right) \tag{6-2}$$

式中，$\Delta x_n(t)=x_{n+1}(t)-x_n(t)$，表示在 t 时刻第 n 辆车和第 $n+1$ 辆车的车间距离；a 为灵敏度系数，$a=1/T$，在自动驾驶的条件下，a 为自动驾驶汽车上传感器的灵敏度系数；$F(\Delta x_n(t))$为最优速度，计算方程如下：

$$F(\Delta x_n(t))=\frac{v_{\max}}{2}(\tanh(\Delta x_n(t)-h_c)+\tanh(h_c)) \tag{6-3}$$

式中，v_{max} 为车辆的最大行驶速度；h_c 为安全距离。

如图 6-17 所示，在传统的跟驰控制系统中，驾驶员利用眼睛观察前车运行状态，通过大脑判断前车运动状态的改变并做出应对措施，驾驶员手动操控车辆加速或者减速。在自动驾驶的情况下，自动跟驰控制系统如图 6-18 所示，车辆利用传感器、激光雷达等设备检测前车状态，将测到的信息传输给中央控制器，进行处理后形成操作指令，传递给执行器以控制车辆加速或者减速。

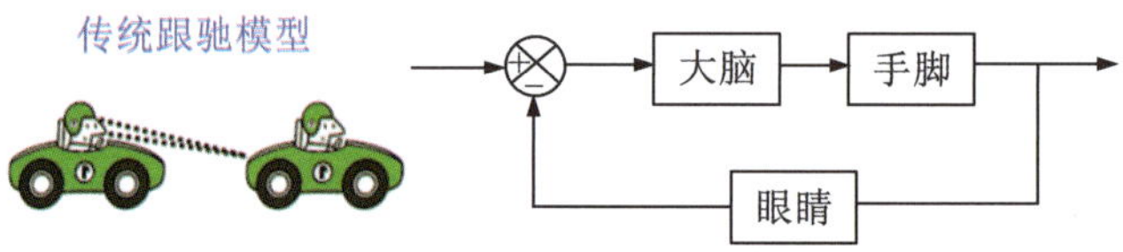

图 6-17　传统跟驰控制系统示意图

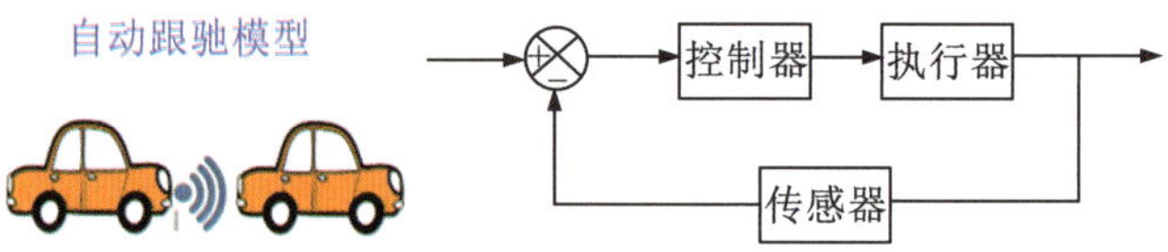

图 6-18　自动跟驰控制系统示意图

6.4.3　跟驰控制系统的基本原理

6.4.3.1　跟驰模型的控制理论分析

对最优速度模型进行线性化处理，假设交通流系统中所有车辆以恒定的车头距 h 前进，则交通流系统有如下稳定状态：

$$(v_n^*(t)\quad \Delta x_n^*(t))^{\mathrm{T}} = (F(h)\quad h)^{\mathrm{T}} \tag{6-4}$$

式中，$v_n^*(t)$ 和 $\Delta x_n^*(t)$ 分别为 t 时刻第 n 辆车在稳定状态的速度变量和车头距变量。

对最优速度方程[即式(6-3)]进行泰勒展开，忽略泰勒展开式中二阶及以上的项，可以得到如下方程：

$$F(\Delta x_n(t)) = F(h) + F'(h)(\Delta x_n(t) - h) \tag{6-5}$$

将式(6-5)代入最优速度模型[即式(6-2)]中，得到式(6-6)。

$$\ddot{\tilde{x}}_n(t) = a\cdot(F'(h)\Delta\tilde{x}_n(t) - \dot{\tilde{x}}_n(t)) = a[F'(h)(\tilde{x}_{n+1}(t) - \dot{\tilde{x}}_n(t)) - \dot{\tilde{x}}_n(t))] \tag{6-6}$$

式中，$\dot{\tilde{x}}_n(t) = \dot{x}_n(t) - F(h)$。将 $\tilde{x}_n(t)$ 项和 $\tilde{x}_{n+1}(t)$ 项分别移动到等号左右两侧，并进行拉普拉斯变换，可以得到跟驰控制系统的传递函数 $\Phi(s)$。

$$\Phi(s) = \frac{V_n(s)}{V_{n+1}(s)} = \frac{aF'(h)}{s^2 + as + aF'(h)} \tag{6-7}$$

式中，$V_n(s)$ 和 $V_{n+1}(s)$ 分别表示 $v_n(t)$ 和 $v_{n+1}(t)$ 的拉普拉斯变换。根据单位反馈控制原

理，可以得到系统结构框图（见图 6-19），然后求出系统的开环传递函数 $G(s)$。

$$G(s)=\frac{aF'(h)}{s^2+as} \tag{6-8}$$

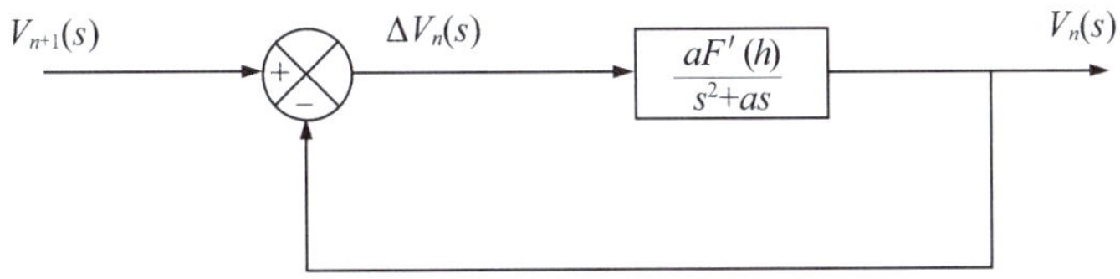

图 6-19 基于最优速度模型的跟驰控制系统的结构框图

6.4.3.2 速度反馈控制策略对跟驰控制系统的性能改善

通过将输出量的速度信号反馈到系统的输入端，并与误差信号进行比较，可以增大系统的有效阻尼比，改善系统的动态性能。根据经典反馈控制理论，如果在系统中引入速度反馈补偿项，系统性能将得到显著改善。如图 6-20 所示，基于速度反馈控制策略，改进的系统开环传递函数 $G^*(s)$ 和闭环传递函数 $\Phi^*(s)$ 如下。为了简化，令 $F'(h)=\Omega, k_f=\frac{\lambda_f}{a\Omega}$。

$$G^*(s)=\frac{a\Omega}{s^2+(a+\lambda_f)s} \tag{6-9}$$

$$\Phi^*(s)=\frac{a\Omega}{s^2+(a+\lambda_f)s+a\Omega} \tag{6-10}$$

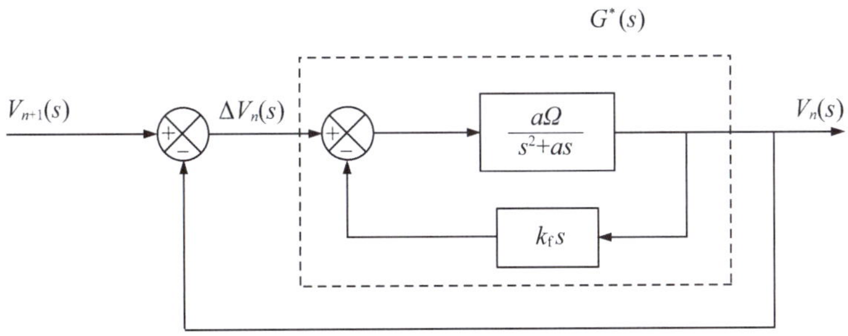

图 6-20 速度反馈控制系统的结构框图

下面通过数值仿真模拟实验来验证速度反馈控制策略对交通流的影响。选择式(6-3)作为最优速度方程，将式(6-9)进行拉普拉斯反变换，得到改进后的最优速度模型如下：

$$\ddot{x}_n(t)=a(F(\Delta x_n(t))-\dot{x}_n(t))-\lambda_f(\dot{x}_n(t)-F(h)) \tag{6-11}$$

假设共有 $N=100$ 辆车均匀分布在长 $L=1700$ m 的道路上，没有超车和变道车辆，设第 N 辆车为头车，则在周期性边界条件下，第 $N+1$ 辆车为第一辆车。平均车头间距为 $L/N=17$ m。仿真持续时间为 199000 个时间步长，每个时间步长为 0.1 s。在仿真开始时，将一个小的扰动 $\delta=0.5$ 加到系统中，可得如下公式：

$$x[50][0]=x[49][0]+L/N-\delta,\quad x[51][0]=x[50][0]+L/N+\delta \tag{6-12}$$

分别取速度反馈系数为 $\lambda_f=0.0,0.2,0.4,0.6$。仿真结果如图 6-21 和图 6-22 所示，图 6-21 表示在 19000 s 时的车头距密度波时空变换过程，图 6-22 表示在 19000 s 时的速度密度波时空变换过程。从图中可以看出，随着反馈系数的不断增大，密度波的振幅不断减小，说明交通流越稳定，仿真结果与稳定性分析结果越一致。

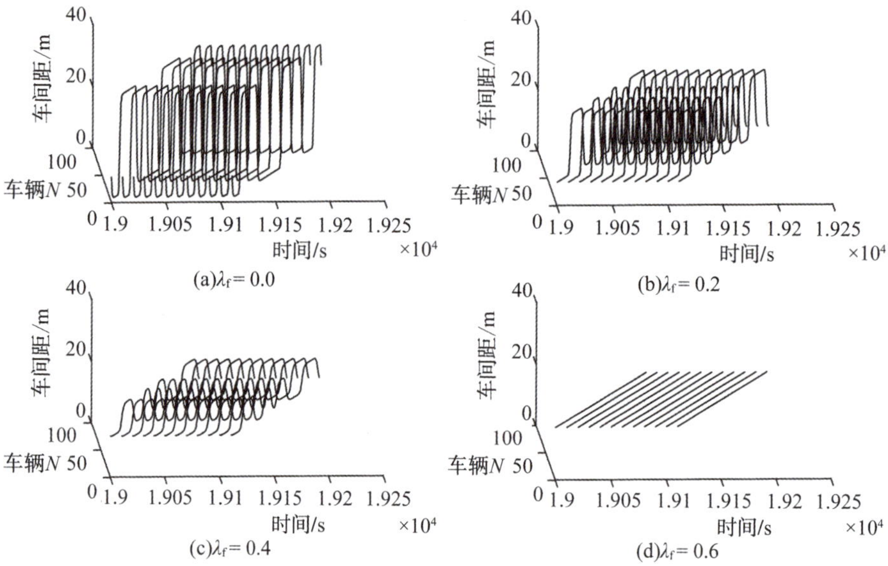

图 6-21　不同的速度反馈系数下，所有车辆在 19000 s 时的车头距密度波时空变换过程

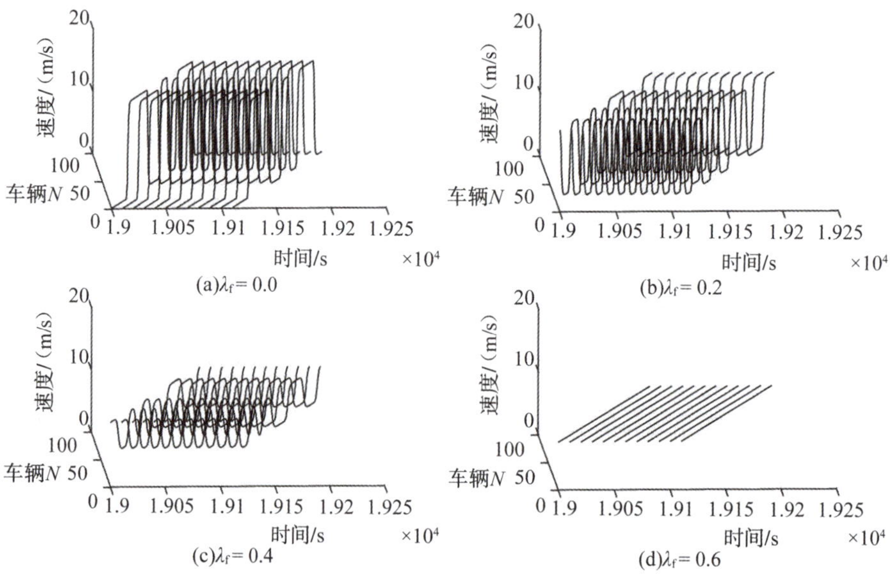

图 6-22　不同的速度反馈系数下，所有车辆在 19000 s 时的速度密度波时空变换过程

6.4.3.3　比例微分控制策略对跟驰控制系统的性能改善

根据经典控制理论，画出带有 PD 控制项的跟驰控制系统结构框图，如图 6-23 所示。

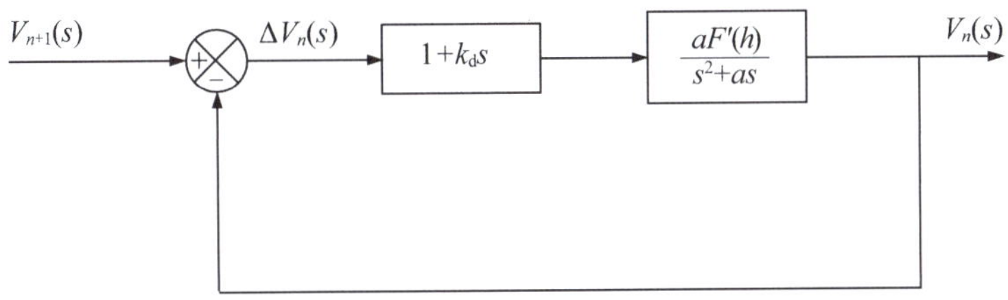

图 6-23 比例微分控制跟驰控制系统的结构框图

控制系统采用误差信号 $\Delta V_n(s)$ 与其微分信号的线性组合作为控制信号,即系统输出同时受误差信号及其变化速率的双重作用。从图 6-23 可以得到新的开环传递函数 $G'(s)$ 和闭环传递函数 $\Phi'(s)$。为了简化,令 $F'(h)=\Omega, k_d=\frac{\lambda_d}{a\Omega}$,则

$$G'(s)=\frac{a\Omega+\lambda_d s}{s^2+(a+\lambda_d)s} \tag{6-13}$$

$$\Phi'(s)=\frac{a\Omega+\lambda_d s}{s^2+(a+\lambda_d)s+a\Omega} \tag{6-14}$$

通过数值仿真模拟实验来验证比例微分控制策略对跟驰控制系统的影响。选择式(6-3)作为最优速度方程,对式(6-14)进行拉普拉斯反变换,得到改进后的最优速度模型。

$$\ddot{x}_n(t)=a(F(\Delta x_n(t))-\dot{x}_n(t))+\lambda_d \Delta v_n(t) \tag{6-15}$$

分别取比例微分系数为 $\lambda_d=0.1, 0.3, 0.5, 0.7$。设置与速度反馈控制策略相同的仿真条件。仿真结果如图 6-24 和图 6-25 所示,图 6-24 表示在 19000 s 时的车头距密度波时空变换过程,图 6-25 表示在 19000 s 时的速度密度波时空变换过程。从图中可以看出,随着反馈系数的不断增大,密度波的振幅不断减小,说明交通流越稳定,仿真结果与稳定性分析结果越一致。

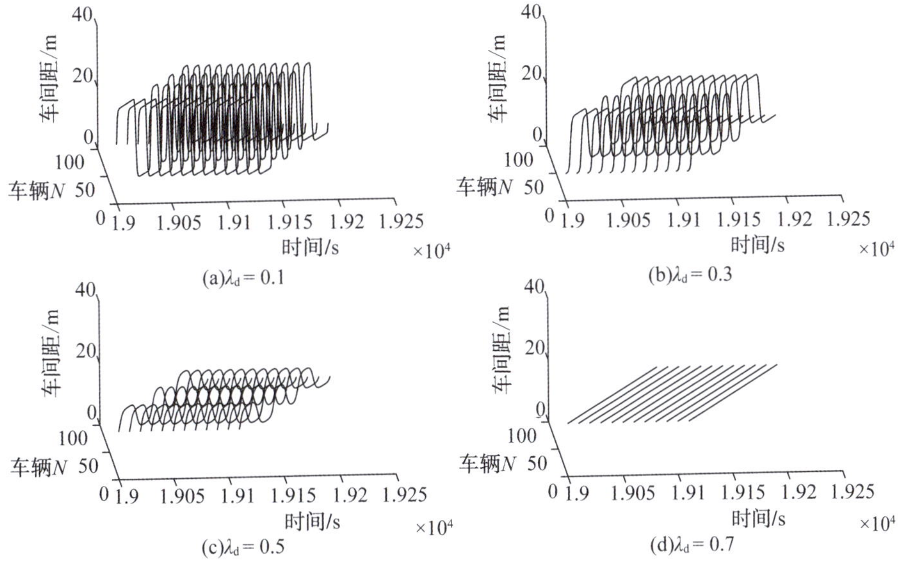

图 6-24 不同的比例微分系数下,所有车辆在 19000 s 时的车头距密度波时空变换过程

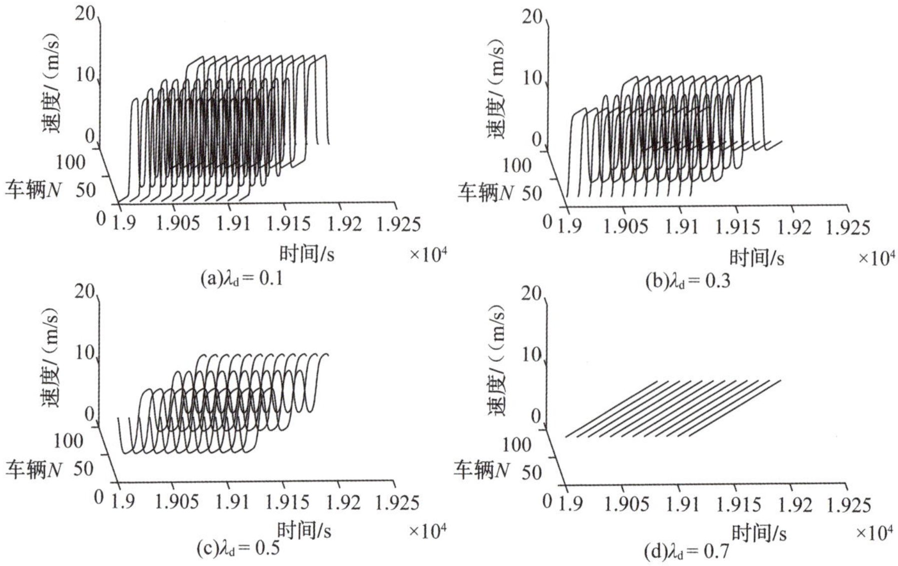

图 6-25 不同的比例微分系数下，所有车辆在 19000 s 时的速度密度波时空变换过程

6.4.4 实验展示

下面通过一个实际实验来验证控制策略的有效性。用于实验的智能小车为 JetAcker，是一款采用阿克曼底盘的 ROS 机器人小车，如图 6-26 所示。它采用经典的阿克曼前轮转向结构，该结构被广泛应用于新能源汽车领域，是自动驾驶领域比较热门的选择。JetAcker 搭载了深度相机和激光雷达等，可作为无人驾驶、SLAM 建图导航开发平台。

本实验用三辆 JetAcker 智能小车构建跟驰控制系统，包括一辆领头车和两辆跟随车，如图 6-27 所示。实验中，采用式(6-3)所示的最优速度模型，其中取 $v_{\max}=0.7$ m/s，$h_c=1$ m，头车的初速度设置为 $F(1)+\sin(t)$ m/s，期望车间距为 1 m。图 6-28、图 6-29、图 6-30 为实验结果。图 6-28 所示为无控制器情况下，车辆 2 和车辆 3 的车间距、速度随时间的变化情况；图 6-29 所示为速度反馈控制策略下，车辆 2 和车辆 3 的车间距、速度随时间的变化情况，其中速度反馈系数为 0.8；图 6-30 所示为比例微分控制策略下，车辆 2 和车辆 3 的车间距、速度随时间的变化情况，其中比例微分系数为 0.8。

结论：当使用了控制器后，无论是速度反馈控制器还是比例微分控制器，车间距的收敛性更好，速度的波动也更小，这说明使用控制器后车辆的跟驰效果更佳，系统的稳定性提升。实验结果表明，速度反馈控制器和比例微分控制器能够显著提升跟驰控制系统的动态性能和稳定性。

图 6-26 JetAcker 智能小车

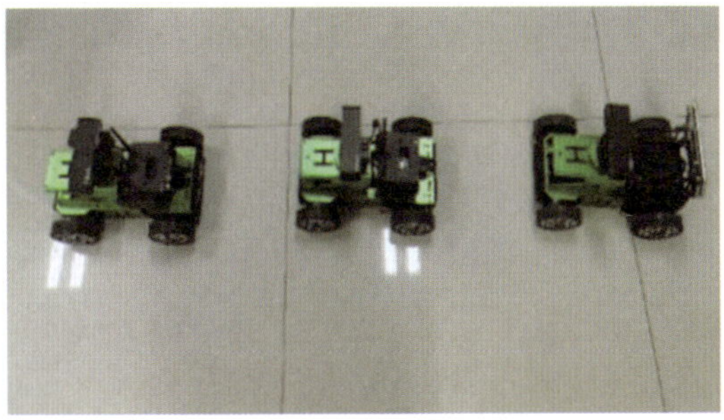

图 6-27 三车跟驰控制系统示意图

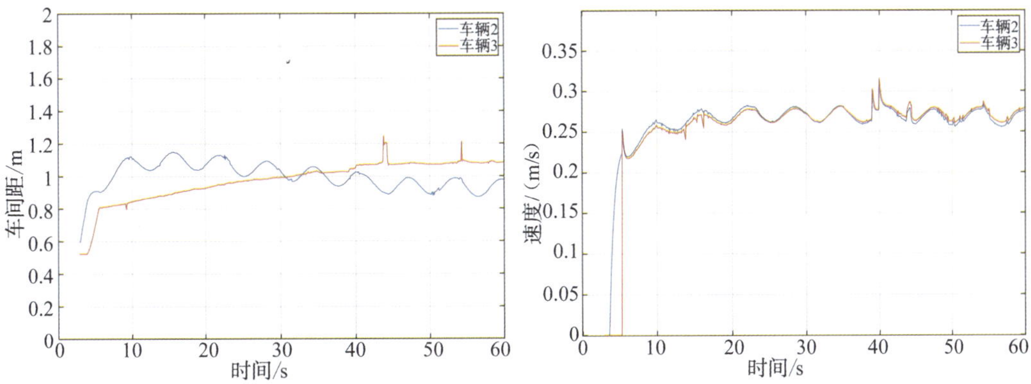

图 6-28 无控制器情况下跟驰控制系统的车间距、速度变化图

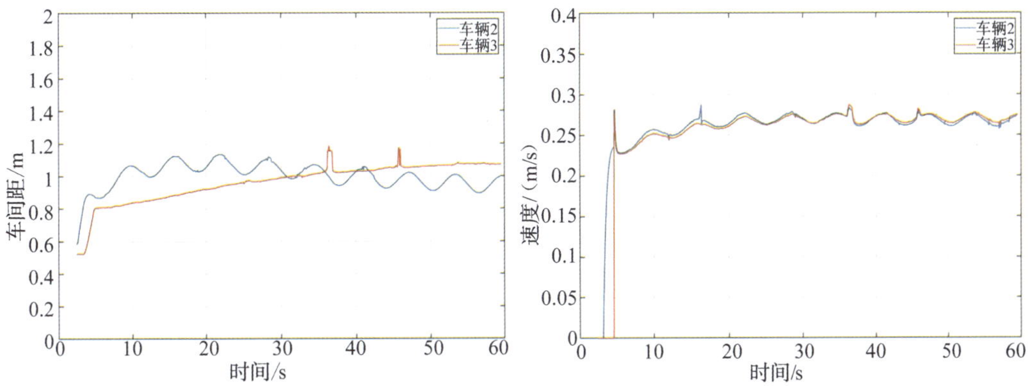

图 6-29 速度反馈策略下跟驰控制系统的车间距、速度变化图

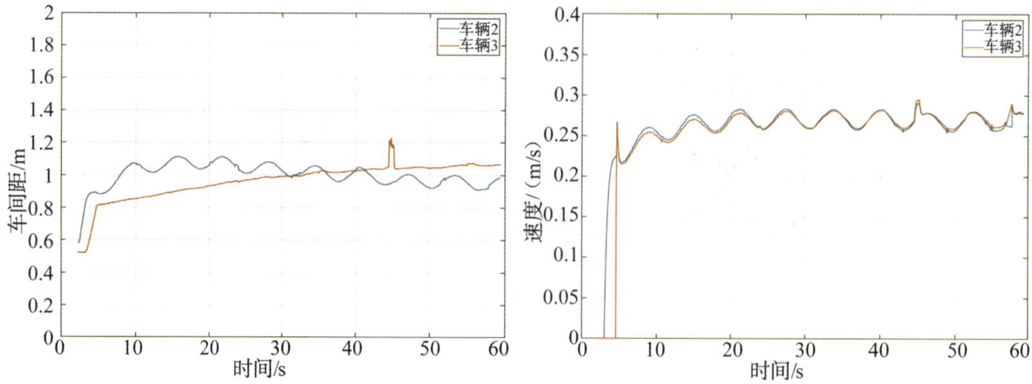

图 6-30　比例微分策略下跟驰控制系统的车间距、速度变化图

6.5　使用神经网络和遗传算法学习“飞翔的小鸟”游戏

引导阅读

无人机的应用

无人驾驶飞机简称“无人机”，英文缩写为 UAV，是一种通过无线电遥控设备或内置程序控制装置操纵的飞行器。近年来，无人机因其卓越的性能和灵活性，在军事和民用领域得到了广泛应用。在民用领域，无人机已被广泛用于航拍摄影、农业植保、电力巡检、森林防火、高空灭火、应急通信以及物流配送等方面，为社会发展带来了显著助力。

电力巡检：装载高清数码摄像机、照相机及全球定位系统(GPS)的无人机，可以沿电网自主巡航，实时传输拍摄影像。监控人员通过电脑即可同步查看影像并进行操控，极大地提高了巡检效率。与传统的人工巡线方式相比，无人机巡检不仅摆脱了崎岖地形和复杂环境的限制，还避免了一线巡查工潜在的安全风险。

农业植保：无人机在农业植保中的应用包括精准施药、作物监测、数据采集与分析、土地调查、智能化管理和灾后评估。它通过精确控制喷药量和施药区域，减少农药使用量并提高作业效率。同时，配备传感器的无人机可实时监测作物的生长情况，生成数据报告，帮助农民及时发现问题，优化种植方案，推动可持续农业发展。无人机显著提升了农业管理效率，为农民提供了先进的管理工具。

环保应用：在环境保护领域，无人机的应用主要包括环境监测、环境执法、环境治理三类。第一，无人机可以快速观测空气质量、土壤状况、植被覆盖和水质变化，并在突发环境污染事件中实现实时跟踪与监控。第二，搭载采集与分析设备的无人机可在特定区域巡航，监测企业废气、废水排放状况，精准锁定污染源头，辅助环保部门高效执法。第三，搭载催化剂和气象探测装置的柔翼无人机，可用于空中喷洒作业，例如消除雾霾，与农业植保的农药喷洒原理相似。

6.5.1 “飞翔的小鸟”游戏

“飞翔的小鸟”曾经是一款非常流行的益智游戏，其游戏界面如图 6-31 所示。游戏中，玩家操控一只小鸟在随机出现的管道缝隙中穿越，小鸟一旦碰到管道则游戏结束。小鸟飞翔的距离越远，玩家的分数越高。玩家的操作仅限于单击屏幕使小鸟向上跃升上移，否则小鸟将会在重力作用下下降。同时，游戏场景滚动，形成小鸟向右飞行的效果。由于管道间隙是随机的，玩家的目标是通过精准操控使小鸟穿过最近的管道间隙，以免小鸟触碰到管道而导致游戏失败。

图 6-31 “飞翔的小鸟”游戏界面

6.5.2 游戏控制方案

可设计一个人工神经网络作为小鸟的“大脑”（见图 6-32），其核心功能是通过学习判断执行振翅（Flap）动作的最佳时机，游戏的机制为——在振翅后，小鸟会上升，随后由于重力自然下落，需选择合适的振翅时机来实现对飞行轨迹的精准控制，从而确保小鸟能够顺利穿越每一个管道间隙。由于每个管道的间隙都是随机的，实际操作时这个振翅上飞的时机还是很难把握的，因此游戏新手往往会因操作失误而导致游戏快速结束。同样，对于人工神经网络来讲，其初期参数由于没有收敛到最优值，也会导致小鸟连续被撞。因此，需引入遗传算法来加速参数的优化收敛。

在遗传算法中，设定多只小鸟同时出发，小鸟会陆续碰撞管道，而晚些碰撞的小鸟能够飞行更远的距离，也就意味着这些小鸟拥有良好的网络参数（基因）。这些拥有良好基因的小鸟参数将被保留并与新生成的参数组成新的种群重新开始游戏，如此经过多代种群的不断进化，小鸟的基因将变得越来越优秀，最后生存下来的这些精英小鸟将能够飞行非常远的距离，甚至达到不死的“王者”水平，如图 6-33 所示。

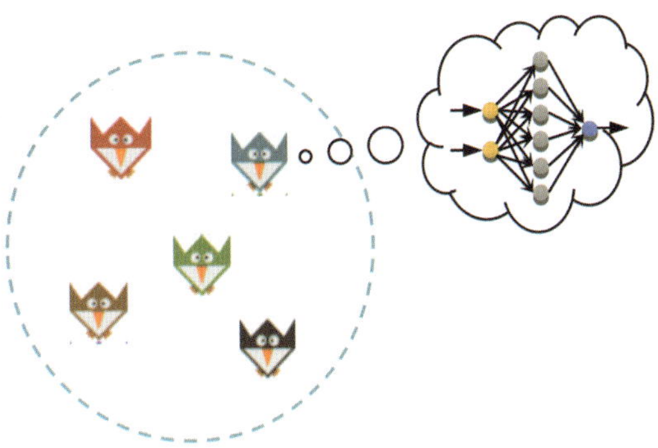

图 6-32 使用人工神经网络作为小鸟的大脑示意图

图 6-33　遗传算法迭代后的精英小鸟

6.5.3　游戏算法设计

6.5.3.1　人工神经网络设计

设计一个三层人工神经网络作为小鸟的大脑，如图 6-34 所示。

(1)输入层：本层用来模拟小鸟的视觉，感知自身位置与管道间隙的距离，因此可以使用数值变量 x 表示与最近管道间隙的水平长度，y 表示与最近管道间隙的垂直长度，并使用两个神经元来接收这两个数值变量。

(2)隐藏层：本层由六个神经元组成。通过引入隐藏层，人工神经网络获得了非线性映射能力，能够记忆和逼近复杂的控制规则。

(3)输出层：本层的控制量只有一个，也就是确定小鸟是否需要振翅上飞。因此，这里使用一个神经元作为网络的输出。当输出值超过 0.5 时，小鸟执行振翅动作，也就是振翅上飞；否则小鸟保持自由落体状态，在重力作用下自然下降。

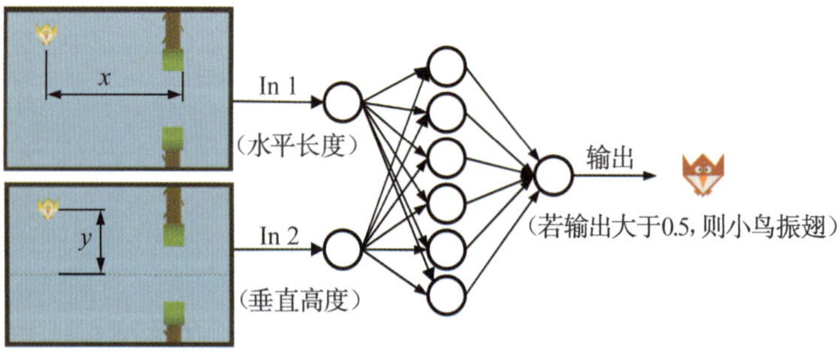

图 6-34　神经网络结构示意图

6.5.3.2　遗传算法设计

遗传算法是一种仿生的优化策略，模仿了自然界中自然选择、交叉和变异的进化机制，用来训练和优化人工神经网络。

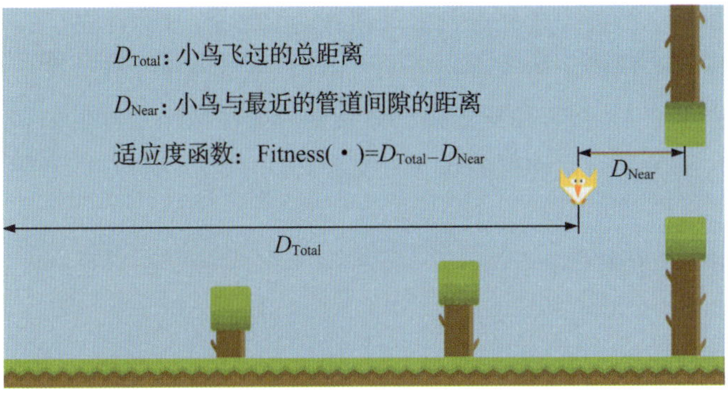

图 6-35 根据游戏机制建立数学模型

基于适者生存的基本思想，优秀的个体将会有更大的概率得到更优秀的后代。在这里，定义一个适应度函数(fitness function)来评价个体的优秀程度。适应度函数值越大，表明个体越优秀。简单来说，使用小鸟飞过的总距离 D_{Total} 表示适应度函数值，即小鸟的适应度函数值越大表明小鸟生存的时间越长，飞行的距离越远，这只小鸟也就越优秀。为了对飞行相同距离的优秀个体做进一步的区分，适应度函数中增加了一个惩罚项，即减去小鸟与最近的管道间隙的距离。因此，最终的适应度函数为：

$$\text{Fitness}(\cdot)=D_{Total}-D_{Near}$$

算法的具体执行过程如下：

(1)创建初始种群：生成 10 只小鸟作为初始种群，每只小鸟都拥有一个独立的人工神经网络，此时网络的参数是随机的。

(2)演化：10 只小鸟同时在游戏环境中飞翔。它们的决策依赖于各自的神经网络，因此它们的行为是独立的。每只小鸟都会根据自己的神经网络实时处理环境信息并作出飞行决策。

(3)计算适应度函数：计算每只小鸟的适应度函数。当某只小鸟撞到管道时，记录其最好的适应度函数值。这一步骤包括不断监测每只小鸟的飞行距离和与最近的管道间隙的距离，以便在小鸟碰撞时准确计算其适应度函数值。

(4)精英保留策略：当所有小鸟都发生碰撞后，本代演化结束，准备进入下一代迭代进化。根据适应度函数值选择表现最好的几只小鸟作为“精英”，这些精英将直接进入下一代或作为下一代种群基因的主要来源，通过交叉和变异生成新的种群，从而保留并传递优秀的遗传信息。

在进行下一代迭代进化之前，执行以下基因优化操作：

(1)根据每只小鸟碰撞时的最高适应度函数值进行排序，从而实现对本代演化个体的优秀程度的排序。

(2)选择适应度函数值排名前四的优秀个体作为“精英”直接进入下一代种群中继续演化。

(3)对最优的两个精英个体进行交叉操作，生成一个子代个体。

(4)随机选择两个精英个体并进行交叉操作，生成三个子代个体。

(5)随机选择两个精英个体并直接复制其基因，生成两个子代个体。

(6)对以上产生的 10 个新种群子代个体做变异操作以增加种群的多样性。

(7)返回(2)，开始新一代种群的迭代进化操作。

6.5.4 仿真实例

以下为某次迭代进化的过程：

(1)第一次迭代中，10 只小鸟很快发生碰撞，其中第 9 只小鸟的适应度函数值最大，为 413.64。第一次迭代如图 6-36 所示。

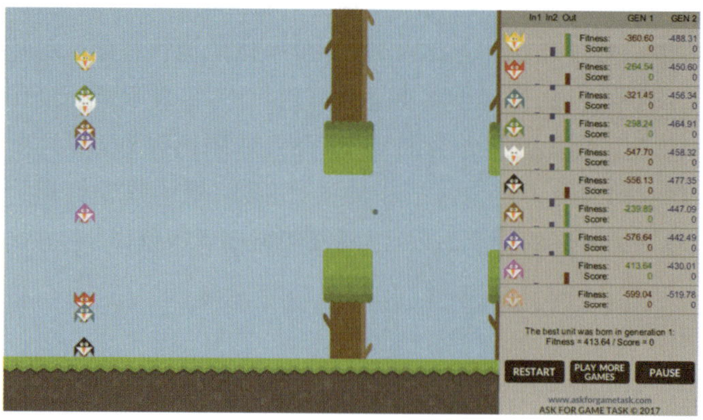

图 6-36　第一次迭代

(2)在后续的迭代中，为了保持种群的多样性进行了交叉和变异操作，这使得实际上生成的子代种群未必能比前代种群更优秀，如图 6-37 所示。因此，在第二次和第三次迭代过程中并没有产生适应度值超过 413.64 的个体。直到第四次迭代，才产生了更优秀的个体，适应度值达到 530.74。

图 6-37　继续进行迭代

(3)随后，在第五次迭代中，产生了更优秀的个体，适应度值达到 53198.54，如图 6-38 所示。这个个体已经非常优秀了，飞行穿越了 174 个管道间隙后才发生碰撞。

图 6-38　第五次迭代中产生优秀个体

(4)随后的多次迭代都没有个体能超过第五次迭代的优秀个体，直到第十次迭代，新的优秀个体的适应度值达到 66525.96，飞行穿越了 218 个管道间隙。

如果继续迭代下去，相信会产生更优秀的个体，其游戏操作水平可能会超越普通人的水平。

6.6　汽车自适应巡航控制系统

引导阅读

主流汽车制造商的汽车自适应巡航控制系统现状

沃尔沃是最早将自适应巡航控制技术与自主紧急制动技术相结合的汽车制造商之一，该技术允许汽车自动跟随前方车辆，并在遇到障碍物时自动制动。其 Pilot Assist Ⅱ系统不需要跟踪前方车辆，就可以使汽车保持在车道中心，并且可以在时速高达 80 km/h 的情况下运行。

梅赛德斯-奔驰的自适应巡航控制系统和驾驶辅助系统是所有汽车制造商中最全面的。其 Distronic Plus 系统不仅能跟上车流，还能在走走停停的情况下将汽车制动至完全停止。如果停车时间不超过 3 s，系统会自动恢复驾驶；如果停车时间较长，则需要轻踩油门踏板或按巡航控制恢复按钮。该系统的转向辅助功能可帮助汽车保持在车道中心，某些版本的系统还可以启动车道变换功能。

宝马的 Driving Assistant Plus 系统是宝马高端车型中的自适应巡航控制系统之

一。它结合了自适应巡航控制、交通拥堵辅助和车道保持辅助功能，能够在高速公路上实现自动加速、制动和转向控制。该系统还具备启停功能，特别适用于城市拥堵路况。

特斯拉的自动驾驶系统(Autopilot)虽然曾引起过争议，但它仍然是同类产品中较先进的系统之一。除了跟随车流并自动保持车道行驶外，Autopilot 还能通过打转向灯执行变道操作，并在一些高速公路匝道上进行交涉。特斯拉能够从使用该系统的汽车中提取数据并不断更新软件，这意味着随着时间的推移，Autopilot 还有很大的改进潜力。

奥迪的 Adaptive Cruise Control with Stop & Go 系统为驾驶员提供了高度的自动化体验，能够在堵车时自动控制车速和车距。奥迪的 Traffic Jam Pilot 是其在自动驾驶方面的创新，能够在特定的高速公路路段实现更高级别的自动驾驶功能，包括自动变道。

大多数汽车制造商都会给研发的自动驾驶系统起品牌名，使其更有市场。但无论名称如何，其基本理念都是使汽车可以根据周围其他汽车的行驶情况自动改变行驶状态。

6.6.1 汽车自适应巡航控制系统的提出

汽车自适应巡航控制(adaptive cruise control，ACC)系统是在定速巡航控制系统基础上发展起来的新一代汽车先进驾驶辅助系统。它将汽车定速巡航控制系统(cruise control system，CCS)和车辆前向碰撞击预警系统(forward collision warning system，FCWS)有机结合起来，既有定速巡航控制系统的全部功能，还可以通过车载雷达等传感器监测汽车前方的道路交通环境，一旦发现当前行驶车道的前方有其他前行车辆，将根据本车和前车之间的相对距离及相对速度等信息，对车辆进行纵向速度控制，使本车与前车保持安全行驶距离以避免事故发生。

6.6.2 汽车自适应巡航控制系统构成

典型 ACC 系统主要由传感器控制单元(sensor control unit，SCU)、发动机管理系统(engine management system，EMS)、电子稳定程序(electronic stability control，ESC)、人机交互界面(human machine interface，HMI)、变速器控制单元(transmission control unit，TCU)和控制器局域网(controller area network，CAN)总线组成，如图 6-39 所示。

(1)传感器控制单元：ACC 系统的核心部分，负责处理各类传感器信息，并根据这些信息协同其他控制单元调整车辆的行驶状态。

(2)发动机管理系统：控制车辆发动机，包括燃油供应和点火时间等。

(3)电子稳定程序：检测和预防车辆滑移，当车辆开始滑移时，自动调整行驶方向和速度，帮助驾驶员控制车辆。

(4)传感器：包括车距传感器(雷达)、轮速传感器、横摆角速度传感器、转向角传感器等，用于收集车辆状态和周围环境的信息。

(5)人机交互界面：允许驾驶员与 ACC 进行交互，如设置期望车速和车距。

(6)变速器控制单元：控制车辆的变速器，以改变车辆行驶速度。

(7)控制器局域网总线：车辆内部传输数据的网络，ACC 通过控制器局域网总线与其他车辆系统通信。

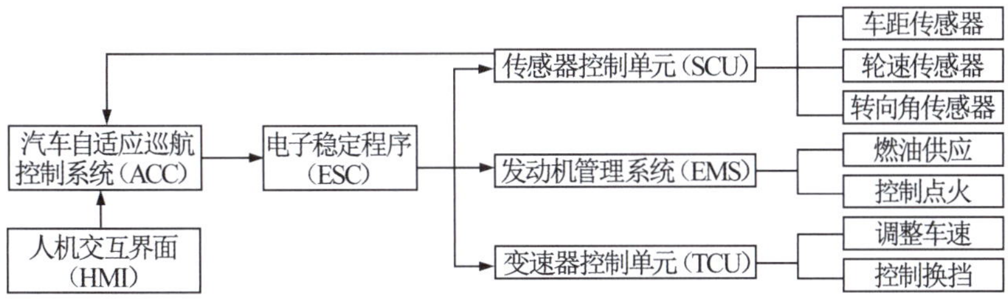

图 6-39 ACC 系统构成

在现代汽车技术中，ACC 系统的出现无疑是一个重要的里程碑。ACC 系统的设计和实现涉及多个部件的协同工作，以自动调整车速，并保持与前方车辆的安全距离，从而提高驾驶的安全性和舒适性，如图 6-40 所示。

首先，SCU 作为 ACC 系统的核心，负责处理来自各类传感器的信息，并根据这些信息控制车辆的行驶状态。这些传感器负责向 SCU 提供关于车辆状态和周围环境的实时信息。

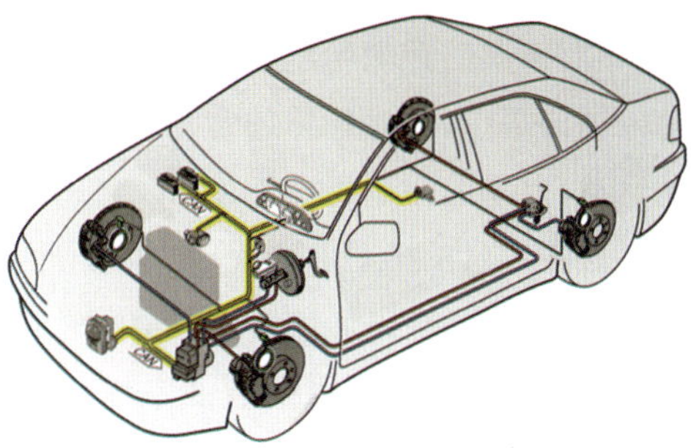

图 6-40 ACC 系统模型

其次，当 SCU 发出加速或减速的指令时，EMS 会调整发动机的工作状态，以改变车辆的行驶速度。同时，当 SCU 检测到车辆可能滑移时，ESC 会自动调整车辆的行驶方向和速度，以帮助驾驶员控制车辆。

此外，驾驶员可以通过 HMI 关联件与 ACC 系统进行交互，如设置期望的车速和车距。当驾驶员更改这些设置时，SCU 会根据新的设置调整车辆的行驶状态。

最后，当 SCU 发出改变车辆行驶速度的指令时，TCU 会控制变速器，以改变车辆的行驶速度。所有部件都通过 CAN 总线进行通信。

6.6.3 汽车自适应巡航系统控制原理

6.6.3.1 分层控制结构

ACC 系统的分层控制结构是其核心控制原理的重要组成部分。在 ACC 系统中，分层控制结构主要包括上层(或外层)控制和下层(或内层)控制两个部分。

上层控制主要描述驾驶员的跟车行为特性，根据当前的行驶环境，以驾驶员跟车模型为依据，输出安全跟车所需的期望加速度或减速度。这一层的控制重点在于根据实时的行驶环境和驾驶员的行为模型，生成对车辆行驶状态的期望值。

下层控制则依据上层控制得出的期望加速度或减速度，通过节气门和制动器的切换控制，使得车辆的实际加速度或减速度尽可能地符合上层控制的期望值。这一层的控制重点在于根据上层控制的期望值，调整车辆的实际行驶状态，使其尽可能接近期望值。

这种分层的控制结构使得 ACC 系统能够更好地适应复杂的驾驶环境，从而提高驾驶的安全性和舒适性。

6.6.3.2 目标识别

目标识别的主要任务包括两个：障碍物检测以及对目标的车距、相对速度、方位角等信息的测定。

障碍物检测是指从雷达探测到的物体返回信号中，识别出具有显著特征的频率信号。其大致过程为：通过快速傅里叶变换(fast Fourier transform，FFT)将雷达探测到的时间信号转换为频率信号，再根据信号能量阈值筛选出目标频率(低于阈值的频率视为干扰信号)。

对于目标车距、相对速度、方位角等信息的测定，ACC 系统需要具备较高的精度。例如，相对速度的探测精度要高于车距的测定。最大 5%的相对速度误差即可满足跟随行驶控制的需求，而对物体的运动状态分类(即物体是沿相同方向运动、静止还是沿相反方向运动)要求容差小于 2 m/s 和 3%的相对速度误差。

这些信息的准确探测和处理对于 ACC 系统的正常运行至关重要，它们直接影响 ACC 系统的控制效果和驾驶安全性。目标识别范围如图 6-41 所示，其中，v_{min} 表示允许车辆自动加减速所要求的最低车速；v_{max} 表示最高设定车速；τ_{min} 表示当给定车速 v_{min} 时，可以获得的最小稳态车间时距；τ_{max} 表示当给定车速 v_{max} 时，可以获得的最大稳态车间时距；l_0 是安全检测起始距离；l_1 是临界检测距离；l_{max} 是最大检测距离。

前方车辆所处区域	探测到目标	探测出距离	备注
$<l_0$(区域 A)	×	×	$l_0=\max(2,(0.25\times v_{min}))$
$l_0\sim l_1$(区域 B)	√	×	$l_1=\tau_{min}\times v_{min}$
$>l_1\sim l_{max}$(区域 C)	√	√	$l_{max}=\tau_{max}\times v_{max}$

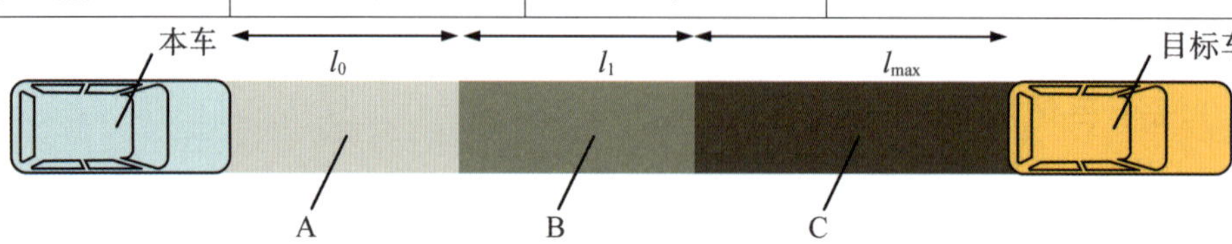

图 6-41　目标识别范围

6.6.3.3 目标选择

目标选择对 ACC 系统的性能至关重要，因为选择不当既有可能导致忽略关键目标，也有可能导致错误地跟踪非关键目标。

ACC 系统的目标选择模块的功能是根据前方车辆状态进行定速巡航和自动跟车状态的选择，系统根据前方车辆的相对速度、相对距离和设置的巡航车速等信息进行预处理，提取出潜在危险目标进行跟踪。

为了选出合适的目标，首先要对本车与潜在目标车辆的侧面距离和预测的本车路线作对比；其次，在每一个探测周期内计算前方潜在目标车辆位于本车道上的可能性，只有当潜在目标车辆位于本车道的可能性达到最高时，才能将其选为目标。

考虑到错误检测的风险和现有雷达无法进行准确的物体分类（如车道上的饮料瓶或静止车辆），目前的 ACC 系统通常不对静止物体进行分析，只考虑同一行驶方向上的运动物体。

6.6.3.4 跟随控制

ACC 系统中的跟随控制是其核心控制原理的重要组成部分。跟随控制的主要任务是根据前方车辆的状态（如车距和相对速度），计算出应采用的加速度或减速度。这个过程通常涉及一些复杂的算法和模型，如 PID 控制器、模糊逻辑控制器、神经网络控制器等。ACC 系统的跟随控制主要包括以下几个步骤：

(1)控制输入：包括油门/刹车控制、转向角度控制和换挡控制。这些控制输入是由驾驶员或 ACC 系统提供的，用于控制车辆的行驶状态。

(2)车辆状态估计：通过收集各类传感器的数据（如车速、加速度等），估计车辆的当前状态。

(3)目标检测与追踪：通过雷达或其他传感器检测前方潜在的目标车辆，并追踪其状态，如车距、相对速度等。

(4)距离控制算法：根据车辆的当前状态和目标车辆的状态，通过距离控制算法计算出期望的加速度或减速度。

在实际操作中，跟随控制需要先确定目标车辆的状态，然后根据这些状态信息，计算出期望的车速和车距。接着，跟随控制会根据这些期望值，通过调整车辆的加速度或减速度，使车辆能够与目标车辆保持安全距离。

在这个过程中，跟随控制需要考虑各种因素，如车辆的动态性能、驾驶员的驾驶习惯、道路条件等。这些因素都会影响跟随控制的效果，因此在设计和实现跟随控制时，需要进行详细的分析和考虑。

6.6.3.5 目标丢失策略和弯道控制

如果传感器的视场角（field of view，FOV）不够大，弯道行驶时可能会发生丢失目标的情况；即使在直行情境下，当前方目标反射率较低（如摩托车等）或无法有效分离物体时，也存在丢失目标的可能性。

为了解决这个问题，ACC 系统需要一套有效的目标丢失策略，以确保在丢失目标时能够安全地控制车辆，该策略通常包括：

(1)恢复到定速巡航模式：如果 ACC 系统丢失了目标，它可能会自动切换到定速巡航模式，即按照驾驶员设定的速度继续行驶。

(2)发出警告信号：ACC 系统可能会通过仪表盘或其他方式向驾驶员发出警告信号，提示驾驶员需要手动接管车辆。

(3)减速或停车：在某些情况下，如果 ACC 系统丢失了目标，它可能会自动减速或停车，以确保行驶安全。

在转弯时，ACC 系统要具有一定的横向探测能力，否则容易丢失目标。为此，ACC 系统通常会引入卫星导航和摄像头，以提高其在弯道上的探测能力。具体实现可能包括以下几个步骤：

(1)通过方向盘转向角计算车轮转向角：辅助 ACC 系统了解车辆的转向情况。

(2)通过车轮转向角计算当前车辆运行轨迹的道路半径：辅助 ACC 系统了解车辆的行驶轨迹。

(3)通过横摆角速度计算动态轨迹曲率：辅助 ACC 系统了解车辆的行驶状态。

(4)融合处理通过不同方法算出的道路曲率值：辅助 ACC 系统得到更准确的道路曲率信息。

这些步骤共同构成了 ACC 系统的弯道控制过程。在这个过程中，ACC 系统需要根据实时的道路状况和车流信息，动态调整车辆的行驶状态，以保持与前方车辆的安全距离。

6.6.4 汽车自适应巡航控制系统的发展趋势

ACC 系统能够有效利用当前道路信息、车流信息，建立城市智能道路交通控制系统，实时地对各个路口车流进行调度与控制，为当前城市交通网络提供最优通行决策。因此，使用 ACC 系统能够实时了解道路状况信息，对当前路口通行方案实施智能控制，从而减少车辆的等待时间，缓解道路拥堵状况。

ACC 系统的发展历史可追溯到 20 世纪 70 年代。1971 年，美国伊顿(Eaton)公司便已开始从事 ACC 系统相关研究，其研究原型是日本三菱公司提出的停车距离控制(parking distance control，PDC)系统。20 世纪 90 年代，三菱汽车在日本率先推出第一款 ACC 系统，此后丰田、本田、福特、博世等汽车公司也纷纷加入 ACC 系统的研发行列。国内汽车制造商(如比亚迪等)也在持续跟进 ACC 系统相关技术的研究。

6.6.4.1 汽车自适应巡航控制系统传感器的发展情况

早期的 ACC 系统主要依赖雷达进行距离和速度测量。雷达通过发射无线电波并接收反射波来工作，通过计算无线电波的传播时间，就可以得到距离信息。雷达的优势在于测量精度高，不受光照和天气的影响；但其缺点是价格较高，且无法获取目标的形状和颜色等信息。

随着技术的发展，摄像头开始被应用于 ACC 系统。摄像头可以获取丰富的视觉信息，包括目标的形状、颜色、大小等，这对于 ACC 系统的决策非常有帮助。例如，通过摄像头，ACC 系统可以识别前方的车辆、行人、交通标志等，从而做出更准确的决策。但是，摄像头受光照和天气的影响较大，且处理图像数据的计算量较大。

为了克服雷达和摄像头的局限性，现代 ACC 系统通常会采用多传感器融合的方式。例如，雷达和摄像头可以结合使用，雷达提供精确的距离和速度信息，摄像头提供丰富的视觉信息。通过多传感器融合，ACC 系统可以获取更全面、更准确的环境信息，从而做出更优的决策。

此外，随着无人驾驶技术的发展，激光雷达（light detection and ranging，LiDAR）也开始被应用于 ACC 系统，如图 6-42 所示。激光雷达可以提供高精度的距离和速度信息，且可以获取目标的三维形状信息。

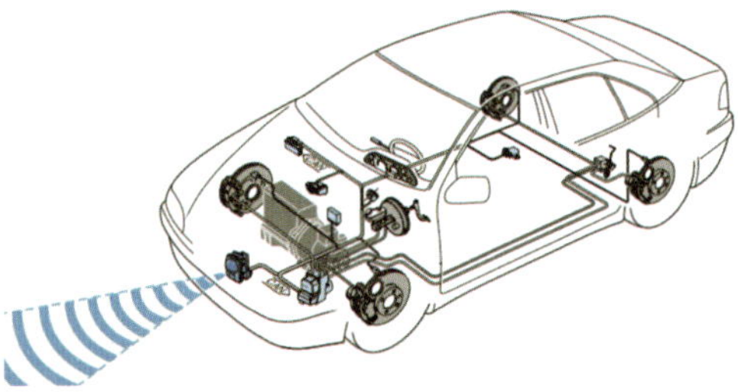

图 6-42 激光雷达示意图

6.6.4.2 汽车自适应巡航控制系统集成的发展情况

在早期的 ACC 系统中，系统集成主要涉及雷达等传感器与车辆基本控制系统的集成。传感器可以提供关于前方车辆的距离和速度等信息，而车辆的基本控制系统则可以根据这些信息控制车辆的速度和方向。

随着技术的发展，ACC 系统的系统集成逐渐涵盖更多的车辆系统。例如，现代 ACC 系统可能需要与发动机管理系统、自动变速箱控制单元、电子稳定控制系统、电子驻车系统等集成。这些系统可以提供更多的控制选项，从而使 ACC 系统能够实现更高程度的自动化。

此外，ACC 系统的系统集成还涉及人机交互界面的设计。随着 ACC 系统功能的增加，人机交互界面的设计也变得更加复杂。例如，特斯拉的 Autopilot 系统允许用户自行选择是否关闭变道提示，并实现自动变道。这就需要设计出易于理解和操作的用户界面，以提升用户的使用体验。

在未来，随着无人驾驶技术的发展，ACC 系统的系统集成可能会涉及更多的车辆系统，如激光雷达、深度摄像头等新型传感器，以及更复杂的控制算法和人机交互界面。这将使 ACC 系统能够提供更安全、更舒适的驾驶体验。

引导阅读

未来交通:10 年与 30 年的变革蓝图

展望未来,10 年与 30 年后的交通出行将会是怎样的?在县级行政中心,除了部分偏远地区,人们将享受到前所未有的便捷:15 min 内即可接入国道,30 min 可到达高速公路,60 min 内便能踏上铁路之旅。而在地级市行政中心,45 min 内便能乘坐高铁,60 min 可抵达机场,地级市间当日往返将成为常态。中心城区至综合客运枢纽的通行时间将缩短至半小时以内,而中心城区内各综合客运枢纽之间的公共交通转换时间也将不超过 1 h。

一个名为“全国 123 出行交通圈”的宏伟构想即将变为现实:都市区内 1 h 通勤,城市群之间 2 h 通达,全国主要城市 3 h 交通互联。想象一下,早晨乘坐高铁前往异地工作,傍晚再乘高铁归家,享受与家人共进晚餐的温馨时光,这样的生活将在更多地方成为日常。

物流领域也将迎来前所未有的变革。随着运输结构的优化与物流成本的降低,交通枢纽将全面融入寄递业务,实现与寄递枢纽的无缝对接。一个名为“全球 123 快货物流圈”的物流网络也将逐步成形:国内 1 天送达,周边国家 2 天可达,全球主要城市 3 天内货物必达。

国家综合立体交通网主骨架将构建“6 轴、7 廊、8 通道”的宏伟布局,将重点区域依据交通运输需求量级划分为“极、组群、组团”三类。其中,京津冀、长三角、粤港澳大湾区和成渝地区双城经济圈被确立为四大“极”。在四大“极”之间,将构建 6 条综合性、多通道、立体化、大容量、快速化的交通主轴;在“极”与“组群”、“组群”与“组群”之间,将布局 7 条多方式、多通道、便捷化的交通走廊;而在“极”或“组群”与“组团”、“组团”与“组团”之间,将打通 8 条交通通道。

6.7 机械臂控制系统

6.7.1 机械臂控制系统的问题描述

机械臂控制系统是一种广泛应用于工业、医疗、军事等领域的重要技术。其核心问题是如何利用合适的控制方法,使机械臂完成各种任务,如定位、搬运、装配等。在实际应用中,机械臂需要具备高精度、高速度、高可靠性等特点,同时需考虑系统成本和能源消耗等因素。因此,机械臂控制系统的设计和优化是一个复杂而又具有挑战性的任务。机械臂控制系统面临的主要问题包括:

(1)运动控制:如何实现机械臂的精准运动控制,以满足不同任务的需求,如路径跟踪、速度控制等。

(2)感知与定位:如何利用各类传感器获取环境信息,并准确地确定机械臂的位置和姿态,以便进行有效的控制。

(3)运动规划:在充分考虑机械动力学、工作空间限制等条件的情况下,如何生成合适的运动轨迹,以实现任务目标。

(4)控制算法:如何设计高效的控制算法,以实现对机械臂的稳定控制和性能优化。

(5)系统集成与优化:如何将机械臂控制系统的各个组成部分(硬件、软件、传感器等)进行有效集成,并对系统进行优化,以提高整体性能和可靠性。

理解和解决上述问题对于构建高性能的机械臂控制系统至关重要。

6.7.2 机械臂控制系统的构成

机械臂控制系统由多个组成部分构成,包括机械结构、传感器、执行器、控制器等。各组成部分共同协作,实现对机械臂运动的精确控制。

(1)机械结构:机械结构决定了机械臂的运动自由度和工作空间范围。常见的机械结构有串联型、并联型等,每种结构都有其特点和适用场景。

(2)传感器:传感器用于感知机械臂及其周围环境的信息,如位置、姿态、力和力矩等。常用的传感器有编码器、惯性传感器、视觉传感器等。

(3)执行器:执行器负责将控制信号转化为机械臂的实际运动,常见的执行器有电动机、液压缸、气动缸等。

(4)控制器:控制器是机械臂控制系统的核心,负责生成控制信号并将其发送给执行器,以实现对机械臂的精确控制。控制器通常包括硬件和软件两部分,硬件部分包括处理器、接口电路等,软件部分则包括控制算法、运动规划算法等。

机械臂控制系统的各个组成部分各具特点,对其进行合理设计和优化对于构建高性能的机械臂至关重要。

6.7.3 PID 控制算法在机械臂控制系统中的应用

PID 控制算法在机械臂控制系统中广泛应用,用于实现对机械臂位置、速度、力矩等参数的精确控制。下面将详细介绍 PID 控制算法在机械臂控制系统中的应用细节。

6.7.3.1 位置控制

在机械臂控制系统中,常见的任务之一是实现对机械臂末端执行器的位置控制。PID 控制算法通过对机械臂的位置误差进行调节,生成控制输出,使机械臂末端执行器能够精确地移动到目标位置。

(1)误差计算:根据机械臂的正运动学模型,计算机械臂末端执行器当前位置与目标位置之间的位置误差。

(2)PID 计算:利用 PID 控制器的比例、积分和微分环节计算位置控制输出。

(3)控制执行:将 PID 控制器的输出作为控制信号传输至机械臂的执行器,驱动机械臂末端执行器进行位置调节,直至达到目标位置。

6.7.3.2　速度控制

除了位置控制外，PID 控制算法还常应用于机械臂的速度控制。通过控制机械臂各关节的速度，可以实现对机械臂运动的精确调节和控制。

(1)速度反馈：利用机械臂的编码器或其他速度传感器获取机械臂各关节的实时速度反馈信号。

(2)速度误差计算：计算目标速度与实际速度之间的误差，并将其作为 PID 控制器的输入。

(3)PID 计算：与位置控制类似，利用 PID 控制器的比例、积分和微分环节计算速度控制输出。

(4)控制执行：将 PID 控制器的输出作为控制信号传递给机械臂的执行器，调节机械臂各关节的速度，使其逐渐接近目标速度。

6.7.3.3　力矩控制

在某些应用场景中，需要对机械臂的力矩进行精确控制，以实现对外部物体的抓取、搬运等操作。PID 控制算法也可以应用于机械臂的力矩控制。

(1)力矩反馈：利用力传感器等装置获取机械臂末端执行器施加的力矩反馈信号。

(2)力矩误差计算：计算目标力矩与实际力矩之间的误差。

(3)PID 计算：利用 PID 控制器计算控制输出，调节机械臂的动力学参数，以实现对力矩的精确控制。

(4)控制执行：将 PID 控制器的输出作为控制信号传递给机械臂的执行器，调节机械臂的力矩输出，使其达到目标力矩水平。

通过以上方式，PID 控制算法可以实现对机械臂的位置、速度、力矩等参数的精确控制，从而满足不同应用场景的需求。同时，PID 控制算法具有简单易用、稳定可靠的特点，适用于各种机械臂控制系统的设计与实现。

6.7.4　未来发展趋势

机械臂控制系统作为现代工业中不可或缺的一部分，正在不断地演进和发展。未来，随着科技的不断进步和应用场景的不断扩展，机械臂控制系统将呈现出多个重要的发展趋势。

(1)智能化与自主化：未来机械臂将朝着智能化和自主化方向发展。随着人工智能、机器学习和深度学习等技术的不断成熟和应用，机械臂将具备更强的感知、学习和决策能力。未来的机械臂将通过不断地学习和优化，自主完成任务规划、路径规划、避障等任务，更加灵活和高效地工作。智能化的机械臂将能够根据环境变化和任务需求自主调节和优化控制策略，从而适应不同的工作场景和任务要求。

(2)多模态感知：未来的机械臂将借助多种传感器技术，实现对环境的多模态感知。除了传统的视觉传感器外，还将结合声音、触觉、激光雷达等传感器，实现更加全面和准确的环境感知。通过融合多种感知信息，机械臂能够更准确地感知和理解环境，识别和定位目标物体，实现更精确、更智能的控制。未来，这种多模态感知机械臂将能够应对更复杂和多样化的工作场景，为工业生产、服务机器人、医疗护理等领域提供更加智能和个性化的解决方案。

(3)协作与交互：未来的机械臂将广泛应用于人机协作和人机交互场景。机械臂不再是孤立运行的机器设备，而是与人类共同协作的伙伴。在工业生产中，机械臂将与工作人员共同完成任务，实现生产线的灵活生产和智能制造。在服务机器人领域，机械臂将与用户进行自然而有效的交互，为用户提供更加个性化和便捷的服务。这种协作与交互模式将促进人机共生，推动人类社会向着更加智能和人性化的方向发展。

(4)柔性化与可扩展性：未来的机械臂将具备更强的柔性和可扩展性，能够适应不同的工作场景和任务需求。通过采用柔性材料和创新结构设计，机械臂能够适应更复杂的环境和灵活多变的任务。与此同时，机械臂控制系统将更加开放和可定制化，允许用户根据具体需求进行定制和扩展，为各行各业提供个性化的解决方案。具备柔性化和可扩展性的机械臂将推动工业制造、物流配送、医疗护理等领域的发展，为未来社会带来更大的效率提升和更多的创新驱动。

(5)安全性与可靠性：随着机械臂在各个领域的广泛应用，其安全性和可靠性也将成为关注焦点。未来的机械臂将采用更先进的安全控制技术，包括碰撞检测、人机协作安全等，以确保在工作过程中不会对人员和环境造成伤害。同时，机械臂控制系统将更加可靠稳定，能够应对各种突发和异常情况，保障系统的正常运行和工作效率。安全性和可靠性是未来机械臂发展的重要方向，也是推动机械臂技术广泛应用的关键因素。

引导阅读

机械臂为电子元件生产注入智慧动力

随着机器人技术的持续进步，机械臂的应用领域日益拓展，其在产业界的应用前景被广泛看好。在电子元器件的生产线上，机械臂依据精准的指令，灵活舞动，高效地完成各项生产任务。这种自动化机械装置的引入，显著提升了电子元器件的生产效率。

机械臂在电子元件领域的应用尤为突出。它们能够依据指令，精确地定位到指定的点位进行作业，无论是微小的电阻、电容，还是复杂的集成电路板，机械臂都能准确无误地完成抓取、放置、焊接等一系列操作。以往，机械臂的设计和生产主要集中在泛工业领域，不同行业所采用的设备配置差异不大。然而，如今针对电子元器件生产特别定制的设备，在负载能力和传送速度方面均实现了显著提升，更好地满足了行业对精细化生产的高要求。这些设备经过精心的研发、组合与调配，负重能力可达 18 kg，皮带直连的精度高达 0.05 mm，跳动精度更是达到了 0.02 mm，运行投料的速度可达每分钟 14 次。这样的性能不仅有效减少了生产误差，实现了高速生产，还极大地提高了电子元器件的生产效率和质量。

与人工生产制造模式相比，机械臂在灵活性、精准性和安全性等方面展现出了显著的优势。它们能够持续、稳定地工作，不受疲劳、情绪等因素的影响，从而确保产品的一致性和可靠性。此外，与硬件相配套的软件系统能够实时监控生产线的运行状态，进行数据追踪与分析，及时预警潜在的故障和问题，从而确保生产线的顺畅运行和智能化生产。机械臂的广泛应用，无疑为电子元件的生产注入了强大的智慧动力，推动了生产效率的飞跃式提升，也为整个制造业的智能化转型提供了有力支持。

6.8 酒精蒸馏过程中的自动化

引导阅读

白酒加工工艺

白酒酿造是一门融合了古老智慧与现代科技的工艺，其基本原理和过程精妙而复杂，主要包括酒精发酵、淀粉糖化、制曲、原料处理、蒸馏取酒、老熟陈酿及勾兑调味等环节，如图 6-43 所示。

酒精发酵：作为酿酒的核心阶段，酒精发酵依赖于糖质原料（如果实、糖蜜等）中的天然糖分，糖分在酵母或细菌等微生物的作用下，直接转化为酒精。这一过程是酒香初现的起点。

淀粉糖化：对于含淀粉的谷物原料，由于酵母缺乏糖化酶，因此需先将淀粉糊化，再借助糖化剂将其转化为糊精、低聚糖和可发酵性糖，为后续的发酵过程提供必要的糖分。

制曲：制曲是白酒酿造中的关键环节，它决定了酒的风味与品质。以谷类、豆类、薯类和果类为原料，经粉碎、加水成型后，在特定温度下培育而成。酒曲中富含霉菌、细菌、酵母菌、乳酸菌等多种微生物，它们为酿酒提供了必要的酶类。

原料处理：原料的选择与处理对酒的品质至关重要。无论是糖质原料还是淀粉质原料，都需经过精心挑选、配比及状态改变，以充分利用原料，提高糖化能力和出酒率，并赋予酒品独特的风格。

蒸馏取酒：利用酒精与水沸点的差异，通过加热使酒精从酒液中浓缩分离，再经冷却获得高酒精含量的酒品。在蒸馏过程中，原汁酒液中的酒精与味素一同被蒸馏，赋予了酒品独特的芳香与口感。

老熟与陈酿：新酿成的酒品还需经过一段时间的窖藏，即老熟与陈酿。在这一过程中，酒质逐渐变得醇厚、丰满，香气更加浓郁，酒品风格最终成形。

勾兑调味：勾兑是将不同种类、年份和产地的原酒液半成品按一定比例混合、调整，以获得均衡协调、质量稳定、风格地道的酒品。这一过程如同艺术家的调色板，为白酒赋予了千变万化的风味与魅力。

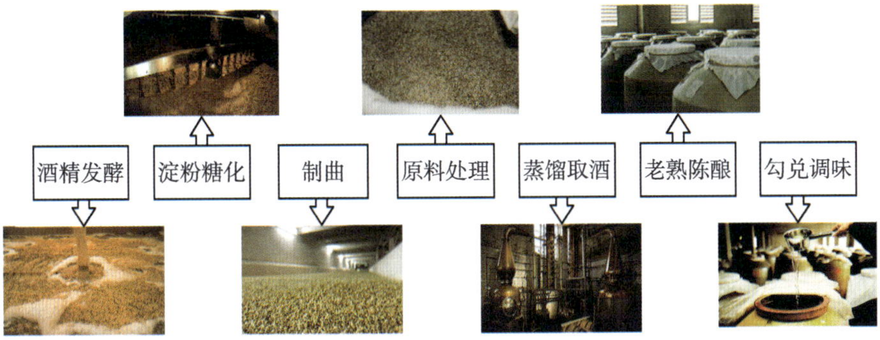

图 6-43 古法酿酒工艺流程图

6.8.1 自动化酒精蒸馏过程介绍

淡酒蒸馏是将浓度约为 8%vol 的酒精溶液经过醪液输送泵送入蒸馏设备中，最终蒸馏出浓度约为 90%vol 的酒精的过程。在此过程中，投入的酒精大约可以回收一半。

整个过程需要用到电气系统的配合方能完成。具体包括对粗馏塔、精馏塔的温度、液位、气压进行控制，对醪液的进料量进行控制。此外，还要参照精馏塔塔顶温度判断何时取酒。当精馏塔塔顶温度下降到 81 ℃左右时，就可以取酒了。

按照蒸馏工艺操作，将系统参数控制在合适的范围内(参照表 6-4)，就可以成功蒸馏出酒精。

表 6-4 取酒时的系统参数

项目	温度	气压	流量	频率
锅炉	—	≥0.25 MPa	—	—
醪液输送泵	—	—	0.15～0.2 m^3/h	—
变频器	—	—	—	39.5 Hz
粗馏塔	塔底：102 ℃ 塔顶：98～100 ℃	25～28 kPa	—	—
精馏塔	塔顶：81 ℃(取酒温度) 塔中：98～100 ℃ 塔底：106 ℃	23 kPa	—	—

6.8.2 工艺流程

通过对蒸馏设备的认识，可以总结出蒸馏工艺的流程图，如图 6-44 所示。

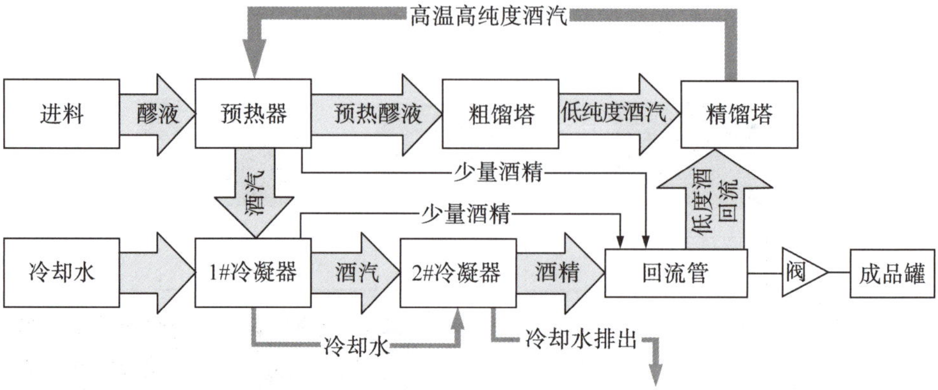

图 6-44 蒸馏工艺流程图

根据工艺流程图，醪液经过醪液输送泵被输送到预热器进行初步预热，与醪液进行换热的是来自精馏塔的高温高纯度酒汽，这样既达到了醪液加热、酒汽冷却的目的，又节省了能源。预热后的醪液进入粗馏塔的顶部，从塔顶往下落。同时粗馏塔的底部通入高温高压的水蒸气，将醪液中的酒精和部分水汽化，与液体分离成为纯度较低的酒汽，由塔顶进入精馏塔。而含少量酒精的液态水经过几层塔板后下落到塔底，达到限制液位后由排污口排出。酒汽进入精馏塔后，经过多层塔板，在塔顶是纯度较高、温度较高的酒汽，由塔顶进入预热器，在塔底逐渐积累起浓度较低的淡酒，当达到液位限制时经由排污口排出。进入预热器的酒汽和醪液换热，温度降低，少量酒汽液化，经预热器底部进入回流管。降温后的酒汽进入 1＃冷凝器，部分酒汽液化后进入回流管。未液化的酒汽进入2＃冷凝器继续冷却，冷却后进入回流管。根据精馏塔塔顶的温度，决定回流管里液化后的酒汽回流至精馏塔还是进入成品罐。只有当精馏塔塔顶温度在 81 ℃左右时，酒水才能充分分离，因为在该温度下酒精超过沸点呈气态，而水尚未达到沸点仍为液态，这样就能获得纯度较高的酒精。

6.8.3 PID 概述

NX70 系列 PLC 内置 8 路独立的 PID 控制通道，在本节所介绍的自动化酒精蒸馏系统中分别用于控制 3 个变频器和 5 个电磁阀的动作。通过专用的 PID Monitoring 监视软件，操作人员可以更加直观地进行参数设置和实时调节。PID 算法是整个系统实现自动控制的基础，因此需要对 PID 的调试过程进行详细描述。

6.8.3.1 PID 原理介绍

在实际工程中，应用最广泛的调节器控制算法为比例-积分-微分控制，简称“PID 控制”。PID 控制器凭借其结构简单、稳定性好、工作可靠、调整方便等优势，成为工业控制领域中应用最广泛的控制器之一。PID 控制不仅具有坚实的理论基础，而且在实际应用中也表现出色。在实际应用中，除了 PID 控制外，还有只采用比例和积分的 PI 控制，以及只采用比例和微分的 PD 控制，这些都是 PID 控制的简化形式，PID 控制结构图如图 6-45所示。PID 控制器就是根据系统的偏差，利用比例（P）、积分（I）、微分（D）环节计算出控制量，进而实现控制。

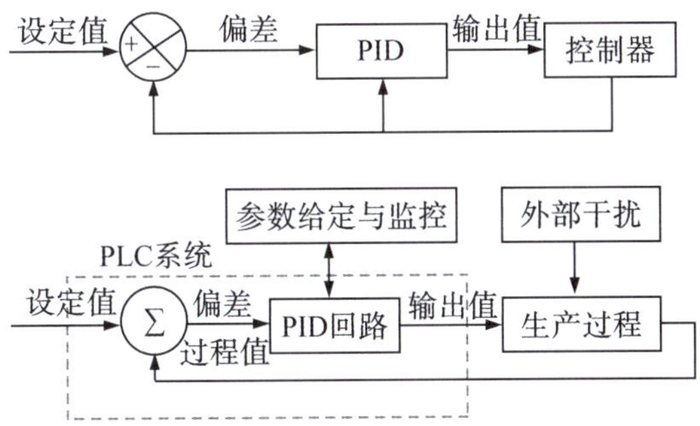

图 6-45　PID 控制结构图

6.8.3.2　PID 参数调整原则

PID 参数的预置是相辅相成的，运行现场应根据实际情况进行如下调整：若被控物理量在目标值附近振荡，首先增大积分时间，如果仍有振荡，可适当减小比例增益。若被控物理量在发生变化后难以恢复，首先加大比例增益，如果恢复仍较缓慢，可适当减小积分时间，必要时还可增加微分时间。

在实际调试中，只能先大致设定一个经验值（见表 6-5），然后根据调节效果进行修改。

表 6-5　PID 参数设置经验值

系统	积分时间/s	比例增益	微分时间/s
温度系统	20～60	3～10 %/℃	0.5～3
流量系统	40～100	0.1～1 %/(L/min)	—
压力系统	30～70	0.4～3 %/kPa	—
液位系统	20～80	1～5 %/m	—

6.8.4　NX70 系列 PLC 的 PID 配置

6.8.4.1　NX70 系列介绍

NX70 系列 PLC 内置 8 路独立的 PID 控制通道，刷新时间为 3 ms/路，即 24 ms/8 路。专用寄存器 SR8 位于某一地址（W2568），而该地址为 PID 寄存器块的起始地址，分别用专用字寄存器 F14 控制 0、1、2、3 通道的 PID 操作模式和运行/停止控制标志，F15 控制

4、5、6、7 通道的 PID 操作模式和运行/停止控制标志。PID 通道控制寄存器分配如表 6-6 所示。

表 6-6　PID 通道控制寄存器分配

通道号	位号	功能描述
LOOP0	F14.00	PID 运行/停止控制标志，1=运行，0=停止
	F14.01	参数范围，限制设定错误，1=错误，0=正常
	F14.02	PID 运行模式设置，1=手动，0=自动
	F14.03	PID 执行完成标志，1=完成，0=正在计算
LOOP1	F14.04	PID 运行/停止控制标志，1=运行，0=停止
	F14.05	参数范围，限制设定错误，1=错误，0=正常
	F14.06	PID 运行模式设置，1=手动，0=自动
	F14.07	PID 执行完成标志，1=完成，0=正在计算
LOOP2	F14.08	PID 运行/停止控制标志，1=运行，0=停止
	F14.09	参数范围，限制设定错误，1=错误，0=正常
	F14.10	PID 运行模式设置，1=手动，0=自动
	F14.11	PID 执行完成标志，1=完成，0=正在计算
LOOP3	F14.12	PID 运行/停止控制标志，1=运行，0=停止
	F14.13	参数范围，限制设定错误，1=错误，0=正常
	F14.14	PID 运行模式设置，1=手动，0=自动
	F14.15	PID 执行完成标志，1=完成，0=正在计算
LOOP4	F15.00	PID 运行/停止控制标志，1=运行，0=停止
	F15.01	参数范围，限制设定错误，1=错误，0=正常
	F15.02	PID 运行模式设置，1=手动，0=自动
	F15.03	PID 执行完成标志，1=完成，0=正在计算
LOOP5	F15.04	PID 运行/停止控制标志，1=运行，0=停止
	F15.05	参数范围，限制设定错误，1=错误，0=正常
	F15.06	PID 运行模式设置，1=手动，0=自动
	F15.07	PID 执行完成标志，1=完成，0=正在计算
LOOP6	F15.08	PID 运行/停止控制标志，1=运行，0=停止
	F15.09	参数范围，限制设定错误，1=错误，0=正常
	F15.10	PID 运行模式设置，1=手动，0=自动
	F15.11	PID 执行完成标志，1=完成，0=正在计算

续表

通道号	位号	功能描述
LOOP7	F15.12	PID 运行/停止控制标志，1=运行，0=停止
	F15.13	参数范围，限制设定错误，1=错误，0=正常
	F15.14	PID 运行模式设置，1=手动，0=自动
	F15.15	PID 执行完成标志，1=完成，0=正在计算

8 路 PID 控制通路的每一路都有 32 个字寄存器来读写它的状态，总共 256 字，每个字号所指代的内容如表 6-7 所示。

表 6-7　PID 状态寄存器分配

字号	指代内容	类型	符号	范围	通道号
0	通道状态字	I/O	—	16 位	LOOP0
1	设定值	I	SP	−327.67～+327.67	
				0.00～100.00%	
2	外部输入值（反馈值）	I	PV	−327.67～+327.67	
3		O		0.00～100.00%	
4	输出值	I	CV	−327.67～+327.67	
5		O		0.00～100.00%	
6	输出最大值	I	CV_{max}	−327.67～+327.67	
				0.00～100.00%	
7	输出最小值	I	CV_{min}	−327.67～+327.67	
				0.00～100.00%	
8	P 参数	I	K_P	0.00～327.67	
9	I 参数	I	K_I	0.00～327.67	
10	D 参数	I	K_D	0.00～327.67	
11	前向馈送或偏置	I	FF/Bias	−327.67～+327.67	
				0.00～100.00%	
12	采样周期（单位：10 ms）	I	D_t	0.01～327.67	
13	死区	I	DB	−327.67～+327.67	
				0.00～100.00%	
14	强制输出值	I	SetCV	−327.67～+327.67	
				0.00～100.00%	
15	保留	—	—	—	
16	保留	—	—	—	
17	最大比例值	I	S_{max}	−327.67～+327.67	

续表

字号	指代内容	类型	符号	范围	通道号
18	最小比例值	I	S_{min}	－327.67～＋327.67	LOOP0
19	PID 执行时间	O		0～65,535	
20～31	保留	—	—	—	
20～3F	Loop1 寄存器块				LOOP1
40～5F	Loop2 寄存器块				LOOP2
60～7F	Loop3 寄存器块				LOOP3
80～9F	Loop4 寄存器块				LOOP4
A0～BF	Loop5 寄存器块				LOOP5
C0～DF	Loop6 寄存器块				LOOP6
E0～FF	Loop7 寄存器块				LOOP7

注：I 表示输入，O 表示输出。

每路 PID 通道状态字的 16 个位号各自代表的状态如表 6-8 所示。

表 6-8 PID 通道状态字详解

位号	功能
0	PID 控制算法选择，0＝独立算法，1＝ISA 标准算法
1	保留
2	正常/反转操作设定，0＝正常(SP-PV)，1＝反转(PV-SP)
3	限制并且设置输出值(CV)，0＝no，1＝yes
4	保留
5	比例状态设置，0＝no，1＝yes
6	微分设置，0＝PV，1＝ERROR
7	停止功能设定，0＝取消，1＝设定
8	发生死区错误
9	输出值超过上限
10	输出值低于下限
11	参数设定范围错误指示，当标志为 ON 时，表示下面事件可能发生： ①PID 寄存器起始地址从 W1792 开始分配； ②比例参数范围设置 $S_{min} \leqslant S_{max}$； ③$K_D$，$K_I$ 值无效或者小于 0； ④$D_t=0$； ⑤CV 值超过－10000

续表

位号	功能
12	停止状态指示
13	保留
14	保留
15	保留

6.8.4.2 PID 编程

编写简单的PID程序，学习NX70系列PID的用法。简单PID算法梯形图如图6-46所示。

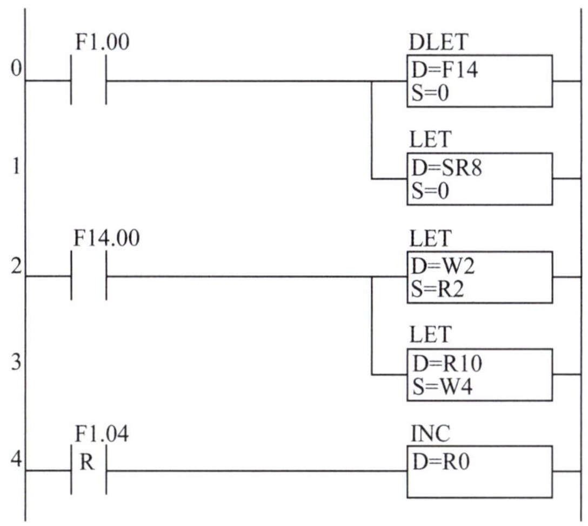

图6-46 简单PID算法梯形图

第0行：初始化PID通道0的控制标志。

第1行：设置PID寄存器的起始地址。在本例中，W0被设置为起始地址。

第2行：如果PID通道0启动，则将PV值(－327.67～＋327.67)设定为R2。

第3行：如果PID通道0启动，则将CV值(－327.67～＋327.67)输出到R10。

第4行：每秒中自动加1。这是为了确认CPU是否正常工作。

6.8.4.3 PID 地址配置

在自动化酒精蒸馏中，对PID的具体地址配置如表6-9所示。

表 6-9　PID 地址配置

PID 字	参数	2＃糖化罐液位(LIC102)	醪液流量控制(FICQ101)	粗馏塔低温(TIC201)	粗馏塔液位(LIC201)	精馏塔低温(TIC203)	精馏塔液位(LIC202)	取成品控制(TIC213)	纤维素罐液位(LIC101)
0	16 位状态字	W100	W132	W164	W196	W228	W260	W292	W324
1	SP	W101	W133	W165	W197	W229	W261	W293	W325
2	PV	W102	W134	W166	W198	W230	W262	W294	W326
3	PV%	W103	W135	W167	W199	W231	W263	W295	W327
4	CV	W104	W136	W168	W200	W232	W264	W296	W328
5	CV%	W105	W137	W169	W201	W233	W265	W297	W329
6	CV_{max}	W106	W138	W170	W202	W234	W266	W298	W330
7	CV_{min}	W107	W139	W171	W203	W235	W267	W299	W331
8	K_P	W108	W140	W172	W204	W236	W268	W300	W332
9	K_I	W109	W141	W173	W205	W237	W269	W301	W333
10	K_D	W110	W142	W174	W206	W238	W270	W302	W334
11	—	W111	W143	W175	W207	W239	W271	W303	W335
12	CYCLE	W112	W144	W176	W208	W240	W272	W304	W336
13	DEAD	W113	W145	W177	W209	W241	W273	W305	W337
14	MV	W114	W146	W178	W210	W242	W274	W306	W338
15	—	W115	W147	W179	W211	W243	W275	W307	W339
16	—	W116	W148	W180	W212	W244	W276	W308	W340
17	—	W117	W149	W181	W213	W245	W277	W309	W341
18	—	W118	W150	W182	W214	W246	W278	W310	W342
19	—	W119	W151	W183	W215	W247	W279	W311	W343
20	—	W120	W152	W184	W216	W248	W280	W312	W344
21	—	W121	W153	W185	W217	W249	W281	W313	W345
22	—	W122	W154	W186	W218	W250	W282	W314	W346
23	—	W123	W155	W187	W219	W251	W283	W315	W347
24	—	W124	W156	W188	W220	W252	W284	W316	W348
25	—	W125	W157	W189	W221	W253	W285	W317	W349
26	—	W126	W158	W190	W222	W254	W286	W318	W350
27	—	W127	W159	W191	W223	W255	W287	W319	W351
28	—	W128	W160	W192	W224	W256	W288	W320	W352
29	—	W129	W161	W193	W225	W257	W289	W321	W353

续表

PID 字	参数	2＃糖化罐液位（LIC102）	醪液流量控制（FICQ101）	粗馏塔低温（TIC201）	粗馏塔液位（LIC201）	精馏塔低温（TIC203）	精馏塔液位（LIC202）	取成品控制（TIC213）	纤维素罐液位（LIC101）
30	—	W130	W162	W194	W226	W258	W290	W322	W354
31	—	W131	W163	W195	W227	W259	W291	W323	W355
启动 PID		F14.00＝1	F14.04	F14.08	F14.12	F15.00＝1	F15.04	F15.08	F15.12
手动		F14.02＝1	F14.06	F14.10	F14.14	F15.02＝1	F15.06	F15.10	F15.14

6.8.4.4 PID Monitoring 调节 PID 参数

NX70 系列 PLC 开发了 PID 调节的上位机 PID Monitoring。通过串口通信将上位机和 PLC 连接起来，既可以通过上位机实时检测 PID 的调节效果，又可以在线修改 PID 参数，使 PID 调节更加便利。PID Monitoring 监视画面如图 6-47 所示。

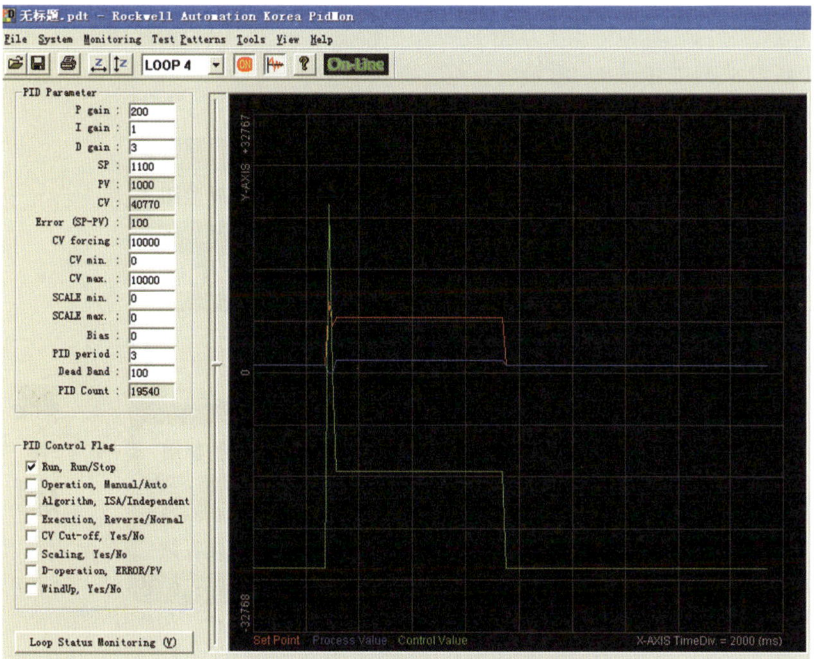

图 6-47 PID Monitoring 监视画面

6.9 渔用电动轮控制系统

6.9.1 电动轮开发背景

在《老人与海》中，老人圣地亚哥是通过徒手拖曳渔线来完成捕鱼的，因此他的双手布满了深深的褶形伤疤。后来人们发明了渔线轮，将其固定在鱼竿的前方，通过摇动手柄，带动卷线筒完成收线。但是，在面对黄鳍金枪鱼、剑鱼、石斑鱼等大型鱼类时，需要更强大的拉力、速度、持久力，单靠双手很难完成捕获。电动轮由此应运而生，它利用电动马达带动绞盘旋转，将渔线收缩并绞上渔获。相比于传统渔线轮，电动渔线轮具有一套智能拖曳系统，只需要操作电动机就可以与大型鱼类博弈，从而很轻松地捕获大型鱼类。

6.9.2 电动轮控制系统简介

电动轮控制系统一般由电源管理、ARM 微处理器、外围输入输出器件、电动机驱动等组成，其系统框架如图 6-48 所示。

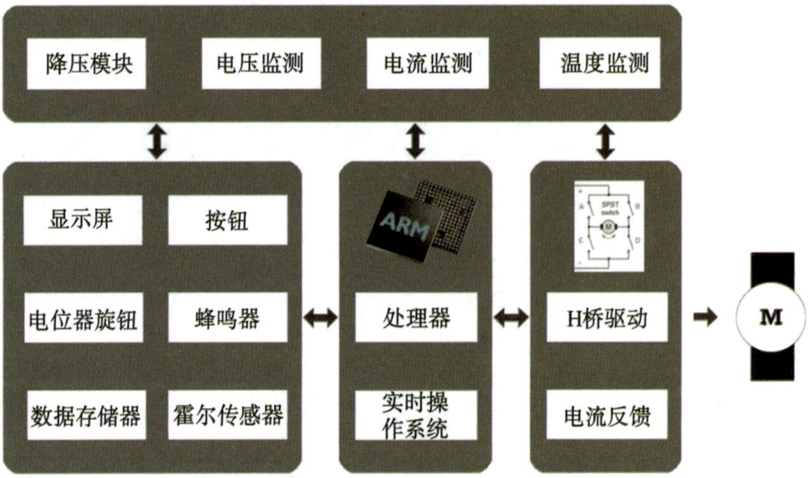

图 6-48　系统框架图

6.9.2.1　电源管理

电源管理负责对电源进行控制、监视和管理，根据需求进行降压、稳压等操作。在出现过压、过流、过温等情况时，采取相应的保护措施，以防止对电路造成损害。

6.9.2.2　ARM 微处理器

ARM 微处理器作为嵌入式系统运算和控制的核心，具有高实时性、低功耗、高集成度等特点。其中 ARM Cortex-M 系列是 32 位处理器，具有低成本、低功耗和高性能的优点。

Cortex-M 系列适用于多种应用领域，包括物联网、工业自动化、智能家居和汽车电子等。

6.9.2.3　外围输入输出器件

外围输入输出器件主要包含以下模块：

(1)显示屏：采用 LCD 点阵屏作为人机交互界面。

(2)按钮：采用轻触按键读取用户操作指令。

(3)电位器旋钮：采用电位器来调整收线挡位。

(4)蜂鸣器：用于提供操作提示、故障报警等。

(5)数据存储器：采用带电可擦写可编程只读存储器(EEPROM)来存储用户数据。

(6)霍尔传感器：采用霍尔传感器来测量旋转圈数和速度。

6.9.2.4　电动机驱动

电动机驱动采用 H 桥驱动电路，可为直流电动机提供精确的速度、位置、转矩控制。系统可以根据不同状态自动切换恒速或恒力控制模式，将渔获快速、稳定、高效地拉出水面。

6.9.3　电动轮工作原理

6.9.3.1　获取鱼饵深度

鱼饵的深度不同，所钓的目标鱼类也就不同。鱼饵的深度无法直接测量，但可以通过测量缠线绞盘转动的圈数来计算得出。

霍尔传感器是一种集成电路，可以准确、一致、可靠地将磁场变化转化为电信号。在绞盘上安装永磁体，使用霍尔传感器进行磁场检测，就可以记录转动圈数。为进一步提升检测可靠性，系统采用双霍尔传感器错位分布的设计，以实现对收线、放线的增减计数。霍尔传感器的计数原理如图 6-49 所示。

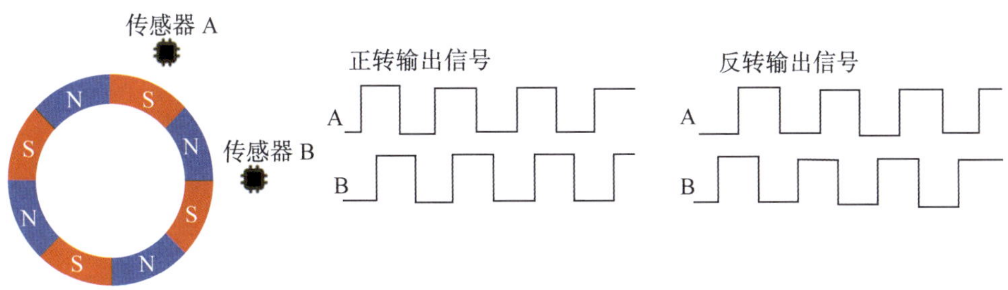

图 6-49　霍尔传感器的计数原理

6.9.3.2　卸力系统

卸力系统是一种防止大鱼冲撞导致渔线、渔竿折断的装置。卸力系统一般为旋压式，由调整旋钮、刹车片等部件组成，通过调节迫紧座和刹车片之间的压力，产生所需的阻尼。卸力系统结构如图 6-50 所示。

图 6-50　卸力系统结构

当渔线的拉力小于设定的卸力值时，电动轮处于锁止状态，此时不出线；当渔线拉力大于设定的卸力值时，电动轮处于打滑状态，此时出线。卸力系统可以缓解鱼竿、渔线的压力，避免损坏。

6.9.3.3　直流有刷电动机

直流有刷电动机由定子和转子两部分组成，定子是固定部分，而转子是旋转部分。这种类型的电动机通过电流流经换向器和碳刷组件，在绕线转子中产生磁场，因此被称为“有刷电动机”。定子的磁场是通过使用永磁体产生的。转子建立的磁场试图与静止的定子磁场对准，从而导致转子沿其轴线旋转，但由于换向延迟而无法使其对准，进而持续旋转。直流有刷电动机的结构如图 6-51 所示。

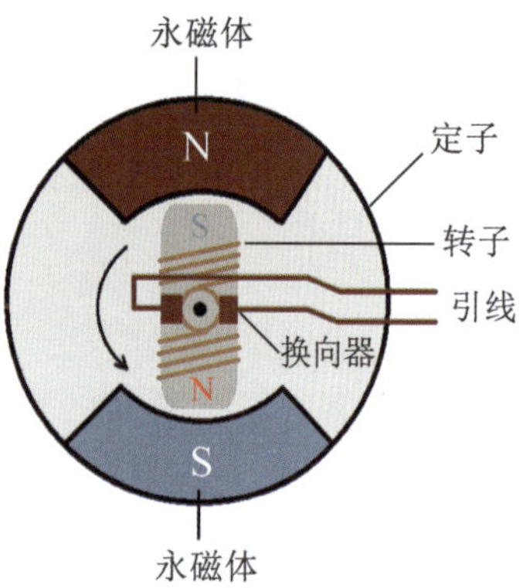

图 6-51　直流有刷电动机的结构

6.9.3.4　H 桥驱动电路

H 桥驱动电路是一种由四个晶体管组成的电子开关，负载电动机连接在左右开关中间，结构与英文字母 H 相似，因此得名 H 桥驱动电路。电子开关通常选用功率双极性晶体管（BJT）、场效应管（FET）、绝缘栅双极型晶体管（IGBT）等。H 桥驱动电路可以通过改变电流的方向，实现对电动机的正转、反转、刹车和停止等控制。H 桥驱动电路控制逻辑如图 6-52 所示。

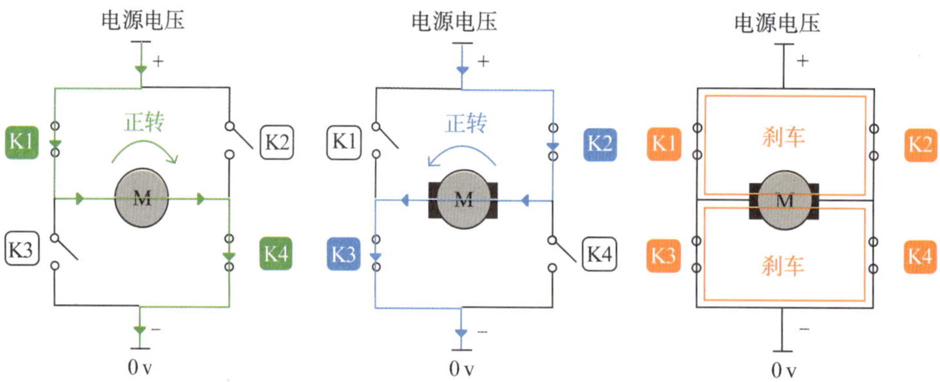

图 6-52　H 桥驱动电路控制逻辑

6.9.3.5　PWM 调速

电动机的转速取决于转子磁场的强度，磁场强度取决于电压，施加在电动机上的电压越大，转子旋转得越快，反之则越慢。如果对电动机通以额定电压，电动机将以额定转速旋转（即全速运行）。通过改变施加的直流电压，就可以改变电动机的转速。

PWM 即脉冲宽度调制，在具有惯性的系统中，可以通过对一系列脉冲的宽度进行调制，来等效地获得所需要的模拟电压。脉冲宽度调制图如图 6-53 所示，其中 U_i 为电源电压，t 为时间，T_{on} 为电源接通时间，T_{off} 为电源断开时间，T 为脉冲周期。

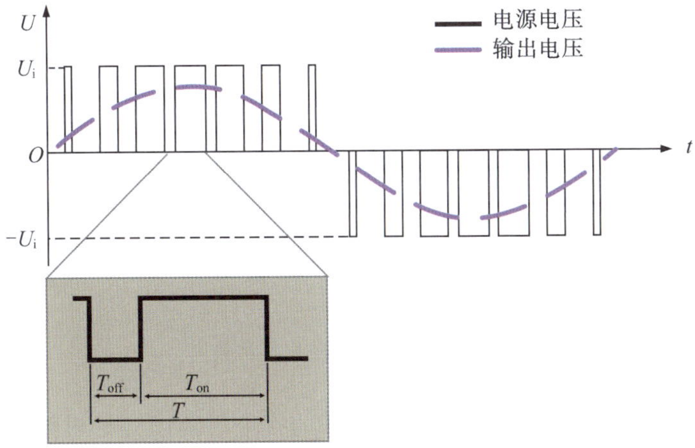

图 6-53 脉冲宽度调制图

6.9.3.6 闭环控制系统

使用 H 桥驱动电路，加上 PWM 调速，电动轮便可以运转起来。若要以 100 m/min 的线速度恒速收线，或者以 10 kg 的拉力恒力收线，就需要增加传感器作为反馈，通过特定算法实时调整输出，以达到恒速或者恒力效果。这就构成了一个闭环控制系统，它是利用输出量和期望值的偏差对系统进行控制，可获得比较好的控制性能。PID 控制框图如图 6-54 所示。在闭合系统中，即使被控对象的负载不断变化，输出也可以稳定在设定值范围内，PID 不同参数整定效果如图 6-55 所示。

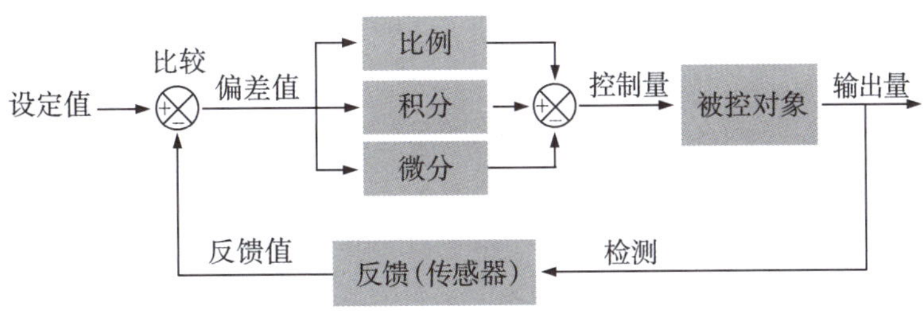

图 6-54 PID 控制框图

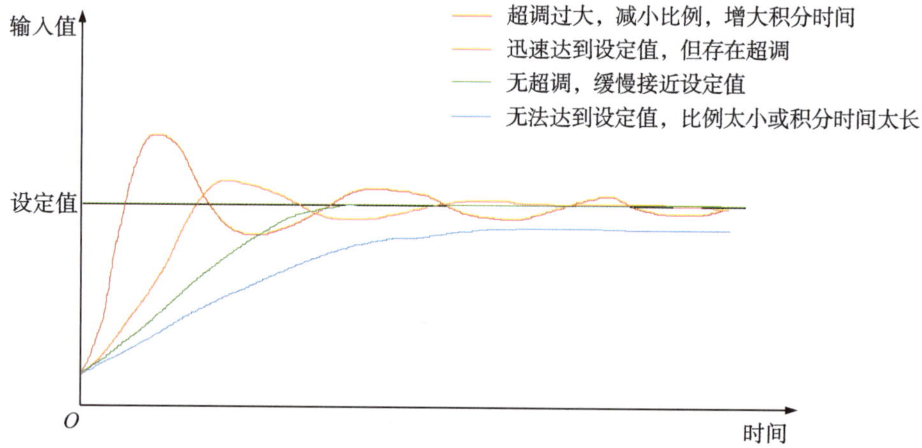

图 6-55　PID 不同参数整定效果

在实际应用中，用到的数据都是离散的，因此在编程前须先把模拟公式转换成离散公式，即把积分求面积、微分求斜率的方法换成离散的求面积和斜率的方法。

6.10　自动化立体仓库中的堆垛机控制

6.10.1　堆垛机简介

堆垛机是现代自动化立体仓库中最重要的起重运输设备，其主要作用是按照上层物流控制系统的指令，在立体仓库的通道内来回运行，将位于巷道口的货物存入货架对应的货格内，或者取出货格内的货物并运送到巷道口，稳定高效地完成货物取放，提高自动化立体仓库的周转效率。自动化立体仓库系统如图 6-56 所示。

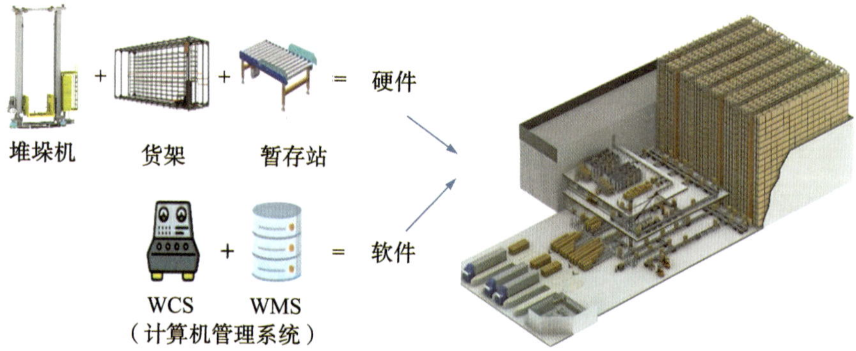

图 6-56　自动化立体仓库系统

堆垛机一般由水平行走机构、垂直提升机构和货叉机构组成,其整体结构如图 6-57 所示。

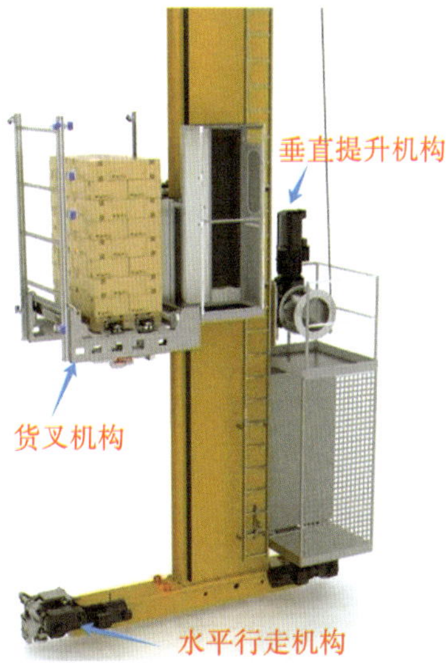

图 6-57 堆垛机整体结构

6.10.2 方案配置

自动化立体仓库由货物存储、传输、控制和管理四大系统组成。货物存储系统包含立体货架;传输系统由堆垛机、输送机等组成;控制和管理系统则通过 PLC 或计算机实现自动化控制。自动化立体仓库管理系统是一种利用自动化存储设备与计算机管理系统协作,实现仓储管理的系统,旨在实现仓库管理高度合理化、存取自动化以及操作简便化。这种系统通过采用高层货架和自动化的物料搬运设备(如堆垛机、穿梭车等),结合先进的计算机管理系统(WMS 和 WCS),显著提高仓库的存储密度、作业效率和管理水平。

堆垛机电气配置采用“汇川 AM401 PLC＋汇川 MD810 变频器＋SEW 异步电动机”,主控 PLC 与 MD810 逆变单元采用 EtherCAT 通信协议。行走、提升采用 ABZ 增量编码器作速度环,SSI 激光编码器作位置环,实现各机构的定位控制;货叉采用旋转 SSI 编码器同时作为速度环、位置环,实现货叉的定位控制。

6.10.3 功能调试

调试流程分为两大核心部分:前期准备与设置、故障诊断与排除。

6.10.3.1 前期准备与设置

外围机械与电气线路检查:首先,进行外围机械部件的详细检查,确保无物理损坏或异常。随后,进行电气线路的彻底检查,确认连接无误且安全。

参数设置：正确设置电动机和编码器的各项参数，这是确保设备精确运行的基础。

电动机调谐：完成参数设置后，进行电动机调谐，以优化其性能，确保在后续运行中达到最佳状态。

全闭环矢量控制(FVC)模式试运行及观察：随后，进行 FVC 模式试运行，并通过点动运行观察 U0-29(某个关键参数或状态指示)的变化情况，以初步评估系统状态。

6.10.3.2 故障诊断与排除

增量定位与位移比计算：在正式运行前，进行增量定位操作，并计算电动机位移与负载位移比，以评估系统定位精度。

低速全闭环运行测试：接下来，进行低速全闭环运行测试，以全面检查系统在不同工况下的稳定性和准确性。

运行状态判断：根据低速全闭环运行的结果，判断系统运行是否正常。若出现异常，则立即进入故障排查流程。

故障定位与排除：对于发现的故障，迅速定位其根源，并采取相应的措施进行排除，这可能包括调整参数、更换部件或修复线路等。

设置限位与联调：在故障解决后，设置软/硬限位，以防止设备在异常情况下进一步损坏。同时，与 PLC 进行联调，确保整个电气系统协调运行。

从前期准备到故障排查，每一步都至关重要。遵循这一流程，可以确保电气系统稳定运行，并在出现故障时迅速恢复。整个调试流程如图 6-58 所示。

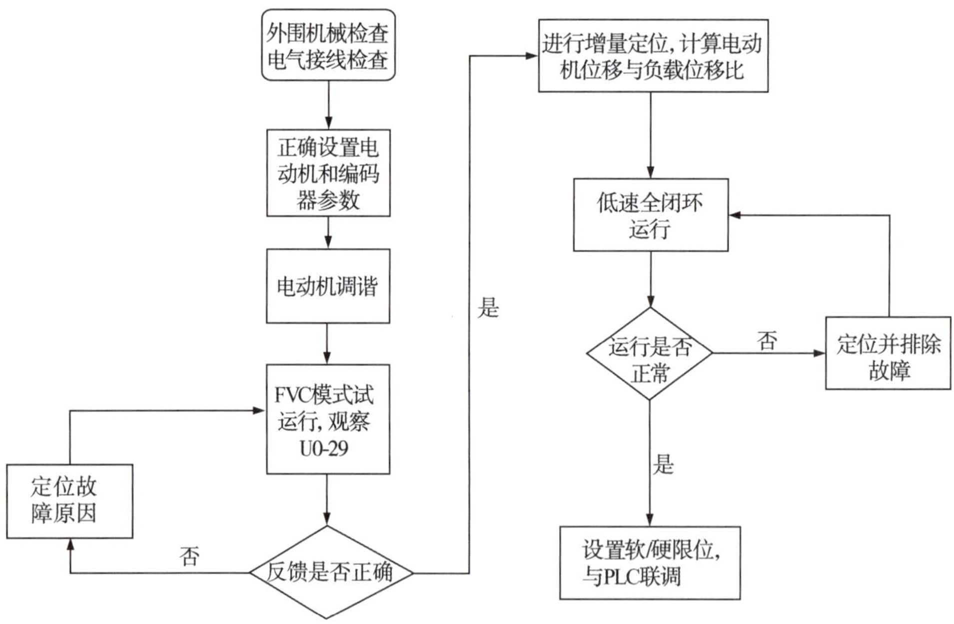

图 6-58 调试流程

6.10.4 性能调试

为让驱动器准确获得被控内部电动机参数，需要在驱动器中根据电动机铭牌以及编码器类型设置相关参数，然后进行调谐，调谐的详细步骤可参考综合手册。

6.10.4.1 速度环增益调试

通过设定速度调节器的比例增益和积分时间，可以调节矢量控制的速度动态响应特性。增加比例增益、减小积分时间，均可加快速度环的动态响应。但是比例增益过大或积分时间过小均可能使系统产生振荡。

调节方法为：如果出厂参数不能满足要求，则在默认值参数基础上进行微调，先增大比例增益，保证系统不振荡，然后减小积分时间，使系统既有较快的响应特性，超调又较小。

6.10.4.2 位置环增益调试

调整位置环增益，可以改善位置环的动态响应。增大速度前馈增益可以提高速度指令响应，减小固定速度时的位置偏差；增大位置环比例增益可以提高位置环的响应性能，但比例增益太高会导致系统振荡。

在行走机构的调试过程中，出现了这样的现象：长距离定位时运行平稳，但短距离定位存在过冲问题。后续通过优化调整，在短距离定位工况下减小速度前馈增益，该过冲问题得到了有效解决。

引导阅读

未来智能仓储技术发展趋势的深度剖析

智能仓储技术作为现代供应链管理的核心驱动力，正以前所未有的速度融合人工智能、物联网、大数据等前沿科技，旨在重塑仓储运营模式、提升作业效率，并引领物流行业迈向新的发展阶段。随着技术的持续革新与应用边界的不断拓展，未来的智能仓储技术将呈现以下显著发展趋势：

自动化程度的深度跃升：在智能仓储的未来图景中，自动化升级无疑是首要任务。传统仓储作业的人力密集型特征将被逐步淡化，取而代之的是机器人技术的全面渗透。例如，自动导引车（AGV）机器人将依据精密规划的路径自主导航，精准执行从货架取货到商品送达的全链条任务，其高效、精准的作业模式将极大提升仓储操作的效能，实现人力资源的优化配置。

物联网技术的全面融入：物联网技术的广泛应用将推动仓储设备实现前所未有的全面互联。通过物联网技术，仓库内的每一台设备、每一件货物都将被纳入实时监控与跟踪的体系之中。传感器与标签技术的深度融合，使得货物的温度、湿度等关键参数可以实时采集与分析，为仓储管理者提供精准、及时的决策支持，确保货物在运输与存储过程中的安全与品质。

大数据分析的深度挖掘：在智能仓储的未来发展中，大数据分析将成为提升运营效率与管理水平的关键工具。通过对仓储过程中产生的海量数据进行深度挖掘与智能分析，将揭示隐藏在数据背后的运营规律与关联性，为仓储管理者提供科学、精准的决策依据。例如，通过对货物流动情况与订单数据的细致分析，可以优化商品存储布局与配送路径，有效降低人力资源成本与时间成本。

人工智能技术的深度应用：人工智能技术的深度融入，将赋予智能仓储系统更加智能化的控制与决策能力。通过模仿与学习人类的智能行为，人工智能技术将实现对仓储过程的全面优化与精准控制。深度学习技术与图像辨别算法的广泛应用，使得商品分类与整合过程更加智能、高效，为仓储分拣效率的提升注入了强大动力。

系统集成与智能化水平的深度提升：未来的智能仓储技术将更加注重系统整合与智能化水平的提升。通过系统集成，各种智能仓储技术将实现信息的无缝互通与高效互动，从而提升整个仓储系统的协调性与一体化管理能力。同时，人机交互界面的优化设计将成为智能仓储技术领域的重要课题，旨在让操作更加便捷、直观，为仓储管理者提供更加友好的使用体验。

综上所述，未来智能仓储技术将朝着自动化、物联网、大数据分析、人工智能以及系统集成等方向深入发展。这些技术的深度融合与应用，将推动仓储运营的效率与质量实现质的飞跃，为物流行业带来前所未有的发展机遇与挑战。

引导阅读

科技改变生活：从 Macintosh 到元宇宙的飞跃

自 1984 年苹果推出 Macintosh 128K（初代 Mac）以来，科技以前所未有的速度改变着人们的生活。从计算、通信、连接到机器学习，再到元宇宙概念，科技领域的每一次创新都深刻重塑了人类社会的面貌。以下是过去 40 多年中，科技领域的多个关键技术里程碑以及最新的科技趋势，它们共同展现了科技如何改变人们的生活。

1993 年，万维网的诞生标志着互联网时代的正式到来。英国科学家蒂姆·博纳斯-李的发明使信息获取变得更加民主化，推动了现代互联网的形成。自那以后，在线通信、电子商务和数字经济蓬勃发展，极大地促进了全球经济的增长。

1997 年，Wi-Fi 的出现彻底改变了互联网的接入方式。无需电缆，人们可以随时随地连接网络，这极大地推动了智能手机和互联网的普及。

1998 年，谷歌搜索引擎的诞生开启了高效网络搜索的新时代。如今，谷歌仍然是全球使用率最高的搜索引擎，它改变了人们访问和浏览在线信息的方式。

2004 年，社交媒体的兴起对人们的互联生活产生了重要影响。MySpace、Facebook、Instagram 等平台重塑了人们的通信和社交互动方式，实现了大规模的全球连接和信息分享。

2007 年，iPhone 的推出重新定义了移动技术。它将多种功能融合于一台设备，为智能手机树立了新的标杆，推动了全球智能手机使用的爆炸性增长。

2009 年，比特币的发明开启了一个安全数字交易的新时代。作为第一个去中心化的加密货币，比特币引入了一种独立于传统银行系统的新型数字支付体系。

2014 年，虚拟现实（VR）的商业应用取得了重大突破。Facebook 收购 Oculus VR 公司后，致力于为消费者提供高质量的 VR 体验。随后，三星、索尼和谷歌等公司也推出了 VR 产品，推动了 VR 技术的普及和发展。

2015 年，自动驾驶汽车从科幻走进现实。特斯拉的 Autopilot 系统推动了自动驾驶技术的广泛应用，预示着未来出行方式的变革。

2019 年，量子计算的突破展现了其变革性潜力。谷歌的 Sycamore 处理器展示了量子计算的强大能力，预示着未来计算领域的革命性变化。

2020 年，新型冠状病毒感染疫情带来了前所未有的数字转型。远程办公、视频会议、远程医疗和电子商务成为人们生活的重要部分，加速了数字化转型的进程。

2020 年，一种利用量子纠缠原理进行信息传输的新型网络（即量子互联网）兴起。与经典互联网相比，量子互联网具有更高的安全性和更快的传输速度。目前，各国科学家正在积极研究量子互联网技术，未来有望为人们的生活带来革命性的变化。

2021 年，元宇宙概念逐渐兴起，成为科技领域的热门话题。元宇宙是一个虚拟的数字世界，人们可以在其中进行互动、社交和创造。随着虚拟现实、增强现实和区块链等技术的不断发展，元宇宙有望成为未来数字生活的重要组成部分。

2022 年，人工智能技术的广泛应用成为主流。智能家居设备、个性化助手等人工智能驱动的消费电子产品随处可见。特别是生成式人工智能的大规模应用，如 OpenAI 公司的 ChatGPT 和 DALL・E2，展示了人工智能技术的巨大潜力和创造力。

综上所述，从 Macintosh 到元宇宙的飞跃，科技在过去的 40 多年中深刻改变了我们的生活。这些里程碑式产品不仅推动了经济增长和社会进步，也为人们提供了更加便捷、高效和智能的生活方式。随着科技的不断创新和发展，未来的生活将更加美好和充满可能性。

思考题

1.工业机器人闭环伺服控制系统中最常用的执行元器件有哪些？它们各自的特点、工作原理和控制方式有何不同？

2.工业机器人对伺服电动机有较高要求，工业机器人选用的伺服电动机应该具备哪些性能或特点？为什么？

3.未来，人形机器人可能广泛应用于哪些领域？这些机器人在社会生活中的普及会对人们的生活方式产生哪些积极或消极的影响？

4.人形机器人通过传感器收集数据，并利用控制算法（如反馈控制）来调整姿态和运动轨迹。请用简单的例子解释什么是反馈控制。结合机器人行走时保持平衡的过程，谈谈你的理解。

5.结合毕业纪念智能饰品的设计案例提出一种创新设计，并分析说明其中应用的自动化技术。

6.跟驰控制系统采用了哪几种控制策略？试说明各种控制策略对系统的影响是什么。

7.未来在智能交通和全自动驾驶领域，你认为自动控制将在哪些方面发挥重要的作用？

8.为什么酒精和水能用蒸馏的方式分离？用蒸馏的方式能得到100%vol的酒精吗？

9.基于渔用电动轮控制系统的工作原理，对PID调节器的性能进行分析。

10.结合自动化技术的发展趋势，分析未来智能仓储技术的发展趋势。

参考文献

[1]张柏春,张久春.水运仪象台复原之路:一项技术发明的辨识[J].自然辩证法通讯,2019,41(04):43-51.

[2]邓学忠,姚明万.中国古代指南车和记里鼓车[J].中国计量,2009(8):54-56+60.

[3]陆绶观.中国科学院与中国第一颗人造地球卫星[J].中国科学院院刊,1999(6):433-440.

[4]齐真.世界第一颗人造地球卫星成功发射60周年[J].国际太空,2017,465(9):40-41.

[5]李颐黎."上得去,转起来":回顾长征一号运载火箭研制的一些往事[J].太空探索,2010,244(10):52-55.

[6]钱学森.工程控制论[M].北京:科学出版社,1958.

[7]孙晶.控制理论发展简史:为控制类课程的教与学[EB/OL].(2023-04-04)[2025-03-18].https://mp.weixin.qq.com/s/wqee3cEo3fckFE1EazeO0A.

[8]刘钊,杨牧寒,马凯悦,等.中国古代指南车的复原与改善[J].机械传动,2018,42(10):175-179.

[9]SHANNON C E. A symbolic analysis of relay and switching circuits[J]. Electrical engineering,1938,57(12): 713-723 .

[10]胡向东,李锐,徐洋,等.传感器与检测技术[M].3版.北京:机械工业出版社,2018.

[11]胡向东,唐贤伦,胡蓉.现代检测技术与系统[M].北京:机械工业出版社,2015.

[12]李现明,陈振学,胡冠山.现代检测技术及应用[M].北京:高等教育出版社,2012.

[13]徐科军.传感器与检测技术[M].4版.北京:电子工业出版社,2016.

[14]赵凯歧,吴红星,倪风雷.传感器技术及工程应用[M].北京:中国电力出版社,2011.

[15]李现明,吴皓.自动检测技术[M].北京:机械工业出版社,2008.

[16]陈晓军.伺服系统与变频器应用技术[M].北京:机械工业出版社,2016.

[17]方涛.电机控制与调速技术[M].北京:北京理工大学出版社,2020.

[18]邹建华，周帆，谷玉玲.电机与电气控制技术[M].2 版.武汉：华中科技大学出版社，2024.

[19]罗庆生，罗霄.我的机器人：仿生机器人的设计与制作[M].北京：北京理工大学出版社，2016.

[20]李卫国.工业机器人基础[M].北京：北京理工大学出版社，2018.

[21]李忠新，何永熹，王坤."智"造梦工场：典型机电系统综合创新实验教程[M].北京：北京理工大学出版社，2021.

[22]DEJAN.How to control servo motors with arduino：Complete guide[EB/OL].[2025-03-18]. https://howtomechatronics.com/how-it-works/how-servo-motors-work-how-to-control-servos-using-arduino/.

[23] TROSSEN. X-Series Research Manipulator Arms [EB/OL]. [2025-03-18]. https://www.trossenrobotics. com/robotic-arms.

[24]王划一，杨西侠.自动控制原理[M].3 版.北京：国防工业出版社，2017.

[25]王耀南.智能控制系统[M].2 版.长沙：湖南大学出版社，2006.

[26]诸静.模糊控制原理与应用[M].北京：机械工业出版社，1995.

[27]刘金琨.先进 PID 控制 MATLAB 仿真[M].5 版.北京：电子工业出版社，2023.

[28]徐丽娜.神经网络控制[M].哈尔滨：哈尔滨工业大学出版社，1999.

[29]陈国良，王煦法，庄镇泉，等.遗传算法及其应用[M].北京：人民邮电出版社，1996.

[30] ASKFORGAMETASK. Machine learning algorithm for flappy bird using neural network and genetic algorithm [EB/OL].（2017-08-10）[2025-03-18]. https://www.askforgametask.com/ tutorial/machine-learning/machine-learning-algorithm-flAppy-bird/.